"十二五"职业教育国家规划教材

经全国职业教育教材审定委员会审定

高等职业院校教学改革创新教材·网络开发系列

交换机与路由器配置

项目式教程

（第4版）

殷玉明　华　丹　主　编

王霞俊　主　审

电子工业出版社

Publishing House of Electronics Industry

北京·BEIJING

内 容 简 介

本书通过企业典型案例介绍网络参考模型、数据封装、IP地址、IPv6以及Cisco交换机、路由器的基本配置方法、交换机端口安全、端口聚合、DHCP、生成树、VLAN、静态路由、动态路由、访问列表、地址转换、广域网技术等，还介绍了可变长子网掩码、无类路由、路由重定向、路由热备份等技术，重点介绍了生成树实现负载均衡、OSPF路由、路由重定向实现不同路由协议网络互联、地址转换实现网络地址重载、路由热备份实现负载均衡等相关知识。

本书适用于高职高专计算机网络技术（工程）专业和计算机类的其他相关专业的教学，也可供计算机网络工程技术和网络管理领域的从业人员参考。

未经许可，不得以任何方式复制或抄袭本书之部分或全部内容。

版权所有，侵权必究。

图书在版编目（CIP）数据

交换机与路由器配置项目式教程 / 殷玉明，华丹主编. —4版. —北京：电子工业出版社，2022.2
ISBN 978-7-121-42858-6

Ⅰ. ①交… Ⅱ. ①殷… ②华… Ⅲ. ①计算机网络—信息交换机—高等职业教育—教材②计算机网络—路由选择—高等职业教育—教材 Ⅳ. ①TN915.05

中国版本图书馆CIP数据核字（2022）第021709号

责任编辑：贺志洪
印　　刷：天津千鹤文化传播有限公司
装　　订：天津千鹤文化传播有限公司
出版发行：电子工业出版社
　　　　　北京市海淀区万寿路 173 信箱　邮编 100036
开　　本：787×1 092　1/16　印张：17.75　字数：454.4 千字
版　　次：2010 年 9 月第 1 版
　　　　　2022 年 2 月第 4 版
印　　次：2024 年 7 月第 6 次印刷
定　　价：52.00 元

凡所购买电子工业出版社图书有缺损问题，请向购买书店调换。若书店售缺，请与本社发行部联系，联系及邮购电话：（010）88254888，88258888。

质量投诉请发邮件至 zlts@phei.com.cn，盗版侵权举报请发邮件至 dbqq@phei.com.cn。

本书咨询联系方式：（010）88254609，hzh@phei.com.cn。

PREFACE 前言

2021 年，中央网信办、国家发展改革委、工业和信息化部印发了《关于加快推进互联网协议第六版（IPv6）规模部署和应用工作的通知》，指出 IPv6 是互联网升级演进的必然趋势、网络技术创新的基础支撑。

本书修订的目的就是更好地响应这个通知的要求，在以前版本 IPv4 配置基础上逐步融入 IPv6 的配置。改革传统教材是顺序进行的，符合人们的认知规律，以便更好地适应高职高专院校以就业为导向的人才培养需求。本书的内容既注重基本知识、基本原理，又密切联系实际，解决生产一线问题，突出对高职高专院校学生动手能力的培养；注意把握读者的已有知识背景，依据读者的接受能力，循序渐进地组织教学内容。在内容的安排上以企业网络的组建过程为主线，以任务导向的形式，从不同角度采用不同的方法来剖析完整网络的组建过程。本书的主要特点是任务导向、实用性强，局部剖析、整体设计，由浅入深、层次分明，理论够用、注重实践。

本书以任务的形式介绍了 Cisco 交换机和路由器的配置命令及其使用，以完整案例展示了交换机和路由器的应用。任务 1 介绍了教材中涉及的网络基础知识，网络的层次结构、协议、数据的封装格式、IP 地址和数据通信的概念；任务 2 介绍了交换机的数据交换过程和 Cisco 交换机的基本配置命令、端口安全性、端口聚合；任务 3 介绍了基于端口的 VLAN 划分和 VTP 协议在企业网中的应用；任务 4 介绍了生成树协议在负载均衡及加速收敛方面的应用；任务 5 介绍了 Cisco 交换机的操作系统恢复、升级和密码恢复的方法；任务 6 介绍了路由器的基本配置命令；任务 7 介绍了三层交换机工作原理及使用三层交换机或路由器实现 VLAN 间通信；任务 8 介绍了 Cisco 路由器的操作系统恢复、升级及密码恢复的方法；任务 9 介绍了静态路由配置方法，用静态路由实现分支机构局域网互联、核心层与分布层互联、局域网与互联网互联；任务 10 介绍了使用动态路由协议 RIP、IGRP、OSPF、EIGRP 实现网络互联、不同自治系统之间的互联和路由热备份，动态主机配置协议，着重介绍了 OSPF 路由协议的使用；任务 11 介绍了标准访问控制列表和扩展访问控制列表的应用；任务 12 介绍了网络地址转换技术在互联网接入、负载均衡以及地址重载方面的应用；任务 13 介绍了通过广域网进行局域网互联的实现方法，包括通过帧中继的静态、动态影射实现网络互联，通过 DDN 实现局域网互联、通过 PSTN 和 ISDN 实现网络互联等；任务 14 介绍了企业网络的完整组建过程，包括 VLAN 规划、地址分配、设备配置。

本书适用于高职高专计算机网络技术（工程）专业和计算机类其他相关专业的教学，也可以供计算机网络工程技术和网络管理领域的从业人员参考。建议课时为60～72学时。

本书由常州工业职业技术学院殷玉明和华丹老师担任主编，任务2和任务5由华丹老师编写，其他任务由殷玉明老师编写，全书由常州工业职业技术学院王霞俊老师担任主审。

本书在第3版的基础上根据教学反馈情况进行了修订，修订过程中得到了各方面的大力支持，在此一并表示感谢。

限于编者学识，书中难免有疏漏和不妥之处，真诚地希望读者批评指正。

编　者

CONTENTS 目录

任务 1 认识计算机网络

　　交换机和路由器是计算机网络中的重要组网设备。进行网络设备配置涉及内容多、知识面广，需要具备一定的理论基础。本任务主要为后续内容的学习储备基础理论知识，着重讲解网络的层次结构、网络中的数据传输过程、数据的封装和 IP 地址，以及一些与配置相关的重要概念。

　　计算机网络是将分布在不同地理位置上的具有独立功能的计算机由通信介质连接起来，通过通信协议进行通信，实现资源共享的系统。

　　通信协议是指通信双方共同遵循的规则或约定，由语法、语义和时序三个要素构成。语法规定数据结构和格式，语义规定做事的内容，时序规定做事的先后顺序。常用的网络协议有 NetBEUI（NetBIOS Extend User Interface）协议和 TCP/IP 协议。NetBEUI 协议不能跨网段，而 TCP/IP 协议支持路由和跨平台工作。

　　两台计算机可以构成最小的计算机网络。按照网络的覆盖范围，可以将计算机网络分为局域网（LAN）、城域网（MAN）和广域网（WAN）。

　　典型的局域网是以太网，主要通过以太网交换机实现短距离的高速数据传输，主要采用硬件交换技术。局域网一般为一个单位所建，并为一个单位所用。主流的局域网拓扑结构为星形结构。城域网主要也使用以太网技术，但所使用的以太网交换机比局域网交换机具有更高的性能。城域网由于不在一个单位范围内，因此需要考虑数据传输的安全性问题。广域网覆盖的范围更广，一般为公众提供服务，所以更关心网络的可靠性和安全性。典型的广域网有公用电话网（PSTN）、综合业务数字网（ISDN）、帧中继网（FRI）和数字数据网（DDN）等。广域网所使用的网络设备主要是各种广域网交换机，一般使用存储转发和分组交换技术，所采用的网络拓扑结构为网状结构。

　　计算机网络是相当复杂的系统，对网络的体系结构进行分层，可以将复杂的系统分成若干个局部问题来研究和处理。所谓网络体系结构，是指网络的层次结构和各层协议的结合。

1.1 从层次化角度认识计算机网络

　　很多公司和组织提出过各自的计算机网络体系结构，网络体系结构是一种层次结构和层次上各种协议的结合。这里主要比较两种层次模型：一种是 1983 年国际标准化组织（ISO）

推出的开放系统互联（OSI）七层参考模型；另一种是 TCP/IP 的四层模型。两种层次模型的层次结构和对应关系如图 1.1 所示。

1．ISO/OSI 开放系统互联参考模型将网络分成七层

国际标准化组织的开放系统互联参考模型将网络体系结构分成七层，从高层到低层依次为应用层、表示层、会话层、传输层、网络层、数据链路层和物理层。

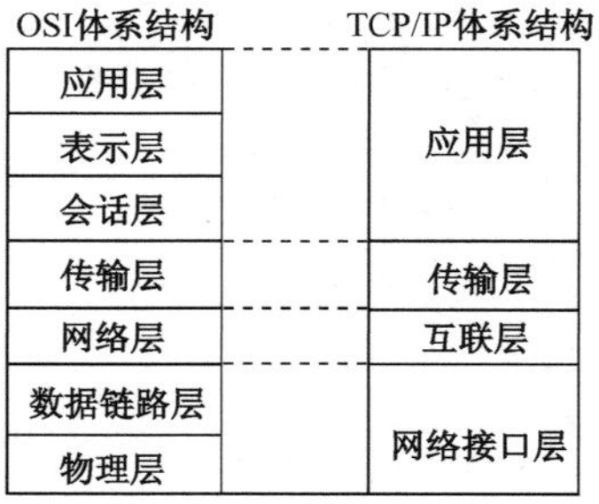

每一层都定义了各自所要完成的功能，上层利用下层的服务完成本层的功能，层与层之间的联系通过层间接口（称为服务访问点）。

每层有相应的通信协议。该通信协议是网络中不同节点的对等层实体之间的通信约定。只有对等层实体之间可以通信，不同层实体之间不能通信。实体是指完成各层特定功能的进程等。

应用层的功能是为网络用户提供使用网络的接口，为用户提供各种应用服务，如 Web 服务、文件传输服务、电子邮件服务、域名服务、网络管理服务等。

图 1.1　网络体系结构的层次

表示层主要实现数据的表示、数据格式的转换、数据的编码和解码、数据的加密和解密、数据的压缩和解压缩等。如果有必要，表示层会采用一种通用的数据表示格式在多种数据表示格式之间进行转换。

会话层主要完成不同计算机应用进程之间会话的建立、管理和终止以及数据传输等功能。

传输层负责数据端到端的可靠传输，进行传输差错校验和流量控制，向低层提出传输质量要求，向高层屏蔽具体的数据传输细节，透明地传输报文。

网络层主要解决数据包在不同物理网络之间的路由问题，为传输层提供面向连接的可靠数据传输服务和无连接的不可靠数据传输服务，包括逻辑编址、数据分组、拥塞控制、路径选择和数据转发。数据包采用逻辑地址寻址。

数据链路层在相邻节点之间建立数据链路，以帧为单位组织数据，进行数据帧的差错校验，实现相邻节点之间的可靠数据传输，使有差错的物理线路变成无差错的数据链路。数据帧采用物理地址进行寻址。

物理层定义终端用户接口的机械、电气功能和规程特性，利用传输介质为数据链路层提供物理连接，进行数据传输速率处理和数据出错率监控，透明地传送比特流。

2．TCP/IP 模型将网络分成四层

开放系统互联参考模型定义了七层，定义比较复杂，效率也较低，实现困难，没有得到很好的实际应用，但它是一个很好的分析和研究网络体系的参考模型。

TCP/IP 模型分为四层：应用层、传输层、互联层和网络接口层。各层对应的协议如图 1.2 所示。

TCP/IP 模型的互联层对应于开放系统互联七层参考模型网络层中无连接的不可靠数据传输服务，互联层中使用 IP 地址寻址。网络接口层对应于七层参考模型的数据链路层和物理层。

应用层	HTTP	Telnet	FTP	SMTP	DNS	SNMP
传输层			TCP		UDP	
互联层					IGMP	ICMP
			IP			
	ARP					
网络接口层	Ethernet	Token Ring	Wireless LAN	Frame Relay	ATM	

图 1.2　TCP/IP 体系结构

　　网络中安装了 TCP/IP 协议的计算机包含全部四层，网络接口层的任务由安装在计算机上的网卡来完成。路由器和三层交换机包含互联层和网络接口层。

　　TCP/IP 体系结构在互联网中得到广泛应用，得到了大型网络公司的普遍支持，成为了计算机网络中的主要标准体系。

1.2　分析数据在网络中的传输过程

　　通过分析数据的传输过程可以更好地理解计算机网络。开放系统互联七层参考模型和TCP/IP 的四层模型各有其优、缺点，前者过于复杂，后者网络接口层过于简单。可以使用两者结合的五层模型分析数据的传输过程，如图 1.3 所示是两个局域网通过广域网互联，处于局域网的计算机 A 与处于远程局域网的计算机 B 之间的数据传输过程。

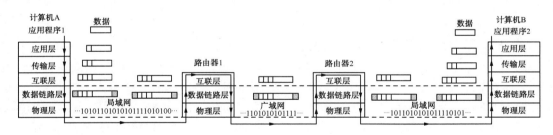

图 1.3　数据在网络中的传输过程

　　应用程序 1 的数据传输给计算机 A 的应用层，应用层利用应用层协议格式来封装数据，给数据加一个应用层的协议头，封装后的数据称为应用层协议数据单元；应用层协议数据单元通过层间接口交给传输层，传输层利用 TCP（或 UDP）协议对应用层协议数据单元进行封装，也在应用层协议数据单元前加上传输层的协议头，封装后的数据称为 TCP（或 UDP）报文，报文头中有源和目的端口号；报文通过层间接口交给互联层，互联层利用 IP 协议对报文进行分组、编号、封装，封装后的数据称为 IP 数据报（或报文分组），数据报头中有源和目标 IP 地址；IP 数据报通过层间接口交给数据链路层，数据链路层采用以太网协议（或其他局域网协议）等对 IP 数据进行封装，封装后的数据称为帧，数据链路层协议封装时会加帧头和帧尾，帧头中包含源和目标 MAC 地址（物理地址），帧尾中包含帧校验信息；数据帧以比特流的形式交给物理层后，从网卡接口进入局域网。

　　比特流经过局域网到达路由器 1 入口后，物理层会将比特流交给数据链路层，数据链路层会将比特流用以太网帧格式组织成帧，进行差错校验，然后去掉帧头和帧尾，剩下 IP 数据报交给互联层。根据数据报的目标 IP 地址选择路由后，数据报又被交给了数据链路层，数据链路层再用广域网协议（协议根据具体的广域网而不同）封装数据报，封装后的广域网数据帧被交给物理层，以比特流的形式从路由器出口进入广域网。

比特流经过广域网到达路由器 2 入口后，物理层会将比特流交给数据链路层，数据链路层会将比特流以广域网帧格式组织成帧，进行差错校验。然后去掉帧头和帧尾，剩下数据报交给互联层。根据数据报的目标 IP 地址选择路由后，数据报又被交给了数据链路层，数据链路层再用以太网协议封装数据报，封装后的以太网数据帧被交给物理层，以比特流的形式从路由器出口进入以太网。

比特流通过以太网到达目的计算机 B 后，物理层会将比特流交给数据链路层，数据链路层会用以太网帧格式组织成帧，进行差错校验。然后去掉帧头和帧尾，剩下数据报交给互联层。互联层确认目标 IP 是本机后，拆去 IP 封装，将报文交给传输层，传输层校验后，拆去本层封装，通过协议端口交给应用层，应用层处理后，拆去应用层封装，交给目标应用程序 2。

从数据在网络中的传输过程可以看出，服务是上下的，协议通信是水平的。上层利用下层提供的服务，上下层协议不进行通信，只通过层间接口交换数据，两个相同层次的实体才会进行通信，通信需要遵循共同的协议。

网络中不同节点、相同层次的实体感觉不到数据的变化，就像相同层次的实体之间直接交换数据一样。

网络层的数据报永远保持不变，而数据链路层的帧在每个节点都要拆封、封装，数据帧头和帧尾一直在改变。也就是说，源和目标 MAC 地址一直在变，而源和目标 IP 地址却保持不变。

1.3　分析不同协议封装格式

在 TCP/IP 模型中，传输层使用 TCP 或 UDP 协议对应用层数据进行封装，然后交给互联层，使用 IP 协议进行封装，而后再交给数据链路层，由数据链路层协议封装成帧。下面简单介绍 TCP 报头格式、IP 数据报格式和以太网数据帧的帧格式，重点为格式中的端口、IP 地址和 MAC 地址。详细说明请参阅介绍 TCP/IP 协议的专门书籍。

1. 传输层 TCP 协议封装格式

TCP 协议对应用层数据进行封装时，就是在应用层协议数据单元前面加上 TCP 协议的控制信息，称为 TCP 报头，如图 1.4 所示。

报文由报头和数据两个部分组成：数据部分就是应用层的协议数据单元，报头由 20 个固定字节和 4N（N 为正整数）个字节的选项和填充项组成。

Source Port 是源端口，指明了发送端所使用的端口。端口是传输层向应用层提供服务的层间接口，编号用 16 位二进制数表示，最大值为 65536；Destination Port 是目的端口，指明了接收端所使用的端口。报文到达目的主机的传输层后，就是根据目的端口来交给相应的应用程序的。

有些 TCP 端口是固定指派给一些应用程序的，称为著名端口。例如，FTP 为 21、WWW 为 80、Telnet 为 23、SMTP 为 25、POP3 为 110、DOMAIN 为 53。

同样，UDP 也有一些著名端口，如 DOMAIN 为 53、SNMP 为 161。

UDP 和 TCP 都是传输层协议，但端口号都是独立的，即使同样的端口编号，应用程序也不会搞错。

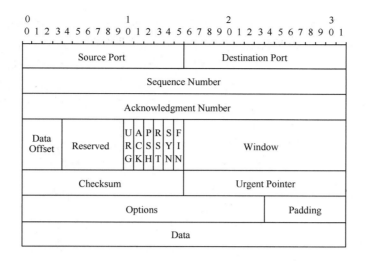

图 1.4　TCP 报文格式

2. 互联层 IP 协议封装格式

IP 协议对来自传输层的报文进行分组封装，封装后的数据称为数据报。封装格式如图 1.5 所示。

图 1.5　IP 数据报格式

4 位版本：4 位，标志 IP 版本号，包括 IPv4、IPv6 版本（目前所用的 IP 协议基本都是 IPv4 版本）。

4 位首部长度：4 位，指的是首部（所有选项）所占 4 字节的数目。首部长度值最小为 5，即首部最小长度为 4×5=20 字节，最大长度为 4×15=60 字节。

8 位服务类型（TOS）：8 位。其中包含优先权 3 位，取值越大优先级越高；TOS 4 位，分别表示最小延时、最大吞吐量、最高可靠性、最小费用，如果 4 位 TOS 子字段均为 0，那么就意味着是一般服务；最后一位未使用。

16 位总长度（字节数）：16 位，指首部和数据之和的长度，以字节为单位。利用首部长度字段和总长度字段，就可以知道 IP 数据报中数据内容的起始位置和长度。由于该字段长 16 比特，所以 IP 数据报最长可达 65 536 字节。

16 位标志：16 位，指主机发送的每一份数据报。通常每发送一份数据报，这个值就会加 1。IP 软件在存储器中维持一个计数器，每产生一个数据报，计数器就加 1，并将此值赋给标志字段。但这个"标志"并不是序号，因为 IP 是无连接服务，数据报不存在按序接收的问题。当数据报由于长度超过网络的 MTU（最大传输单元）而必须分片时，这个标志字段的值就被复制到所有的数据报的标志字段中。相同的标志字段的值使分片后的各数据报片最后能正确地重装成为原来的数据报，在分片和重组技术中将会用到。

3 位标志：3 位，目前只有 2 位有意义。标志字段中的最低位记为 MF（More Fragment）。MF=1 即表示后面"还有分片"的数据报；MF=0 表示这已是若干数据报片中的最后一个。标志字段中间的一位记为 DF（Don't Fragment），意思是"不能分片"。只有当 DF=0 时才允许分片。

13 位片偏移：13 位，指较长的分组在分片后某片在原分组中的相对位置。也就是说，相对用户数据字段的起点，该片从何处开始。片偏移以 8 字节为偏移单位。这就是说，每个分片的长度一定是 8 字节（64 位）的整数倍。

8 位生存时间：8 位，生存时间字段常用到的英文缩写是 TTL（Time To Live），表明数据报在网络中的寿命。由发出数据报的源点设置这个字段，其目的是防止无法交付的数据报无限制地在互联网中兜圈子而白白消耗网络资源。

8 位协议：8 位，指出此数据报携带的是使用何种协议（上层协议）的数据，以便使目的主机的 IP 层知道应将数据部分上交给哪个进程处理。协议可包括 TCP、UDP、Telnet 等。如 1 代表 ICMP、2 代表 IGMP、3 代表 TCP、17 代表 UDP 等。

16 位首部校验和：16 位，首部校验和字段是根据 IP 首部计算的校验和码。它不对首部后面的数据进行计算。ICMP、IGMP、TCP 和 UDP 在各自的首部中均含有首部和数据校验和码。为了计算一份数据报的 IP 校验和，首先把校验和字段置为 0，然后，对首部中每个 16 bit 进行二进制反码求和（整个首部看成是由一串 16 bit 的字组成的），结果存在校验和字段中。当收到一份 IP 数据报后，同样对首部中每个 16 bit 进行二进制反码的求和。由于接收方在计算过程中包含了发送方存在首部中的校验和，因此，如果首部在传输过程中没有发生任何差错，那么接收方计算的结果应该为全 1。如果结果不是全 1（校验和错误），那么收到的 IP 数据报就被丢弃。但是不生成差错报文，由上层去发现丢失的数据报并进行重传。

32 位源 IP 地址：32 位，指发送 IP 数据报的主机 IP 地址。

32 位目的 IP 地址：32 位，指 IP 数据报发往的主机 IP 地址。

3. 数据链路层协议封装格式

了解几种常用数据链路层封装协议，并注意区别各个协议规定的物理地址。

（1）以太网协议封装格式。

以太网帧格式主要有 DIX Ethernet V2 和 IEEE 802.3，Ethernet V2 是普遍使用的帧格式。Ethernet V2 协议对网络层来的数据包按如图 1.6 所示格式进行封装。

目的MAC地址	源MAC地址	类型	数据	帧校验序列
6字节	6字节	2字节	46～1500字节	4字节

图 1.6　Ethernet V2 以太网帧格式

目的 MAC 地址是接收站的物理地址，由 48 位二进制数表示；源 MAC 地址是发送站的物理地址。

类型用于标识所携带数据上层协议的类型，区分数据是 IP 数据、IPv6 数据、IPX 数据等，如 0X0800 代表 IP 数据、0X86DD 代表 IPv6 数据。

Ethernet V2 协议封装的以太网帧格式由 14 字节的帧头、数据本身和 4 字节的帧尾组成。帧长度最少为 64 字节，最长为 1518 字节。少于 64 字节的以太网帧是无效帧。

当 Ethernet V2 帧由数据链路层交给物理层时，还要由硬件自动给帧在前面加上 8 字节。其中，前 7 字节为同步码，第 8 字节为帧开始定界符。

（2）HDLC 协议的帧格式。

HDLC（High Level Data Link Control）协议是一个面向位的同步高级数据链路控制协议，它是由国际标准化组织（ISO）根据 IBM 公司的 SDLC（Synchronous Data Link Control）协议扩展而成的，实现通信链路上一个主站与多个次站之间的数据通信。HDLC 协议将数据封装成帧，HDLC 帧格式如图 1.7 所示。

8位	8位	8位	任意长度	16位	8位
01111110	地址	控制	信息	帧校验序列	01111110
标志	A	C	I	FCS	标志

图 1.7　HDLC 帧格式

HDLC 有信息帧、监控帧和无编号帧 3 种不同类型的帧。信息帧用于传送有效信息或数据，通常简称为 I 帧。监控帧用于差错控制和流量控制，通常称为 S 帧。无编号帧用于提供链路的建立、拆除以及多种控制功能，简称 U 帧。

HDLC 帧由标志、地址、控制、信息和帧校验序列等字段组成。

标志字段为 01111110，标志一个 HDLC 帧的开始和结束。

地址字段是 8 位，用于标志接收或发送 HDLC 帧的地址。地址字段的内容取决于所采用的操作方式。在操作方式中，有主站、从站、组合站之分。每一个从站和组合站都被分配一个唯一的地址。命令帧中的地址字段携带的地址是对方站的地址，而响应帧中的地址字段所携带的地址是本站的地址。

控制字段是 8 位，用来标明是数据帧、命令帧还是应答帧，标明所发送帧的序号和希望接收的帧的序号以及查询、结束标志等。

信息字段可以是任意的二进制比特串，长度未做限定，其上限由 FCS 字段或通信节点的缓冲容量来决定，目前国际上用得较多的是 1000～2000 位，而下限可以是 0，即无信息字段。但是监控帧中不可有信息字段。

帧检验序列字段为 16 位 CRC 校验码，对两个标志字段之间的整个帧的内容进行校验。

（3）Cisco HDLC 协议的帧格式。

Cisco HDLC 协议是 Cisco 公司对 ISO 的 HDLC 协议的扩展，主要是增加了 16 位的协议字段，用来标明所携带数据的上层协议的类型，如 0X0800 代表 IP 数据。帧格式如图 1.8 所示。

Address	Control	Protocol Code	Information	Frame Check Sequence（FCS）	Flag
8 bits	8 bits	16 bits	Variable length, 0 or more bits, in multiples of 8	16 bits	8 bits

图 1.8　Cisco HDLC 帧格式

Address 字段用来标明所携带的是单播包还是广播包。0X0F 代表单播包，0X8F 代表广播包。

Control 字段总是设置成全零，即 0X00。

FCS 字段为 CRC 校验字段。

Flag 字段为帧标志字段。

Cisco 路由器在串口上默认使用 Cisco HDLC 协议进行封装。

（4）帧中继协议封装格式。

帧中继封装分为 IETF（互联网工程任务组）封装和 Cisco 封装。Cisco 封装简化了 IETF 封装。这里只介绍对分配到网络层协议标志（Network Level Protocol ID，NLPID）的协议数据进行 IETF 帧中继封装的格式。NLPID 由 ISO 和 CCITT 负责管理，数量有限，不可能为每个协议分配。IETF 帧格式如图 1.9 所示。

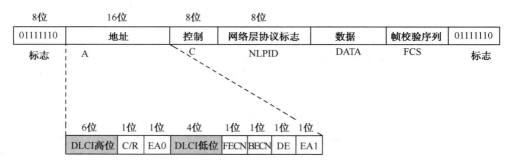

图 1.9   IETF 帧格式

地址字段的主要用途是区分同一通路上的多个数据链路连接，以便实现帧的复用或分路。地址字段通常为 16 位，包含一个指明能够到达接收站的本地虚电路 DLCI 号。DLCI 号占 10 位，最大值 1023；C/R 为命令/应答指示；EA0、EA1 为地址字段扩展位；DE 为帧可丢弃位；FECN 为前向显式拥塞位；BECN 为后向显式拥塞位。

控制字段代表帧类型，IETF 帧的控制字段值为 0X03，为无编号帧。

网络层协议标志（NLPID）用来区分携带的不同网络层协议，如 IP、SNAP 等。没有分配 NLPID 的协议使用 0X80。没有分配 NLPID 的协议数据在进行封装时，还需要添加填充字段。

1.4 认识 IP 地址

以太网利用 MAC 地址（一种物理地址）来标识网络中的一个节点，两个以太网节点之间的通信需要知道对方的 MAC 地址来封装以太网数据帧。但是，以太网并不是唯一的物理网络，还有电话网、X.25 网、帧中继网等，这些物理网络使用不同的技术，物理地址的长度、格式和表示方式都不相同，在网络互联时，采用物理地址是不现实的。而 IP 协议作为一种网络互联协议在网络层上将各种物理地址统一为 IP 地址，采用统一的地址格式来屏蔽各种物理地址的差异，构成一个逻辑网络。

目前使用的 IP 协议版本是 1981 年 9 月制定的 IPv4。IPv4 规定 IP 地址用 32 位二进制数表示，由网络号和主机号两部分组成，用于标识连接到物理网络中的某个对象。一个对象连接到几个物理网络就需要几个 IP 地址。

　　IP 地址不同于以太网物理地址（MAC），IP 地址是一种层次结构的地址，地址结构中包含位置信息，在一个大型网络中可以很快定位。而 MAC 地址不包含位置信息，只是唯一标志网络中的一个站点。在一个大型网络中通过查找所有计算机的 MAC 地址来确定一台计算机是不可想象的。但 IP 地址不能代替 MAC 地址，IP 地址是网络层定义的逻辑地址，是三层地址。而 MAC 地址是数据链路层地址，是直接对应网络物理接口的二层地址。数据最终是要经过网络接口到达目标节点的。

　　根据 RFC791 的定义，IP 地址由 32 位二进制数组成（四个字节），如 11000000 00000001 00000001 00001001 是一个 IP 地址。通常用点分十进制记号法来表示。每 8 位二进制数（一个字节）转换成一个十进制数，十进制数之间用圆点分隔。如前面的 IP 地址可表示为 192.1.1.9。

　　（1）IP 地址被分为五大类，可根据网络规模选择不同类别。

　　为了给不同规模的网络地址分配提供灵活性，IP 地址的设计者将 IP 地址空间划分为五个不同的类别：A 类地址、B 类地址、C 类地址、D 类地址和 E 类地址，如图 1.10 所示。

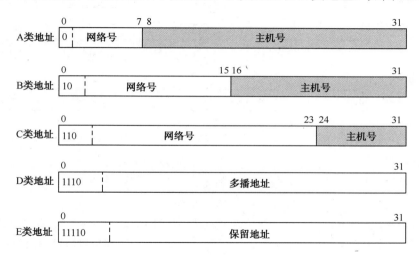

图 1.10　分类 IP 地址

各类地址所容纳的网络数和主机数如表 1.1 所示。

表 1.1　各类地址容纳的网络数和主机数

地 址 类 型	第一字节十进制范围	二进制网络位	二进制主机位	最大主机数	使用的网络规模
A 类地址	0～127	8 位	24 位	16777214	大型网络
B 类地址	128～191	16 位	16 位	65534	中型网络
C 类地址	192～223	24 位	8 位	254	小型网络
D 类地址	224～239	组播地址			
E 类地址	240～255	保留试验使用			

　　其中，A、B、C 三类地址最为常用，A 类地址用第一个字节代表网络地址，后三个字节代表节点地址。B 类地址用前两个字节代表网络地址，后两个字节表示节点地址。C 类地址

则用前三个字节表示网络地址，第四个字节表示节点地址。

网络设备根据 IP 地址的第一个字节来确定网络类型。A 类网络第一个字节的第一个二进制位为 0；B 类网络第一个字节的前两个二进制位为 10；C 类网络第一个字节的前三位二进制位为 110。将第一个字节转换成十进制数，可知 A 类网络地址以 0~127 开头，B 类网络地址以 128~191 开头，C 类网络地址以 192~223 开头。以 224~239 开头的称为 D 类地址，是组播地址；以 2401255 开头的网络号被保留。

分类地址易于管理，但浪费严重。即使只有 4 台计算机的局域网也要分配一个 C 类地址。而一个 C 类地址有可用地址 254 个，剩余的 250 个 IP 地址，其他网络不能用，这就形成了浪费。

（2）为避免浪费地址，可借用主机位划分相同大小子网。

为了提高 IP 地址的使用效率，出现了子网划分技术，借用主机编号的 n 位，将一个网络再划分成 2^n 个子网，这样划分的子网大小一样，如图 1.11 所示。

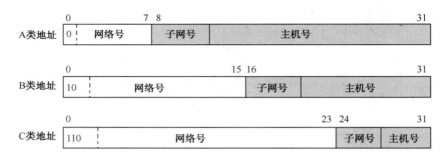

图 1.11 子网划分

采用借位的方式，从主机位最高位开始借位变为新的子网位，所剩余的部分则仍为主机位。为此，必须打破传统的 8 位界限，从主机地址空间中"借来"几位作为子网地址。这使 IP 地址的结构分为三部分：网络号、子网号和主机号。

引入子网概念后，网络位加上子网位才能全局唯一地标志一个网络。把所有的网络位用 1 来标识，主机位用 0 来标识，就得到了子网掩码。如子网掩码 11111111 11111111 11111111 11000000 转换为十进制数之后为：255.255.255.192。同一网络中的不同子网用子网掩码来区分，子网掩码（mask）是将 IP 地址中对应网络标志码的各位取 1，对应主机标志码的各位取 0 而得到的。如果两台主机的 IP 地址和子网掩码"与"的结果相同，则这两台主机在同一个子网中。

引入子网掩码的概念后，A、B、C 三类网络默认的子网掩码分别为 255.0.0.0、255.255.0.0、255.255.255.0。

IP 子网地址规划分两步进行：

● 第一步，确定需要的 IP 网段数；
● 第二步，确定子网掩码。

首先，确定 IP 网段数。在确定了 IP 网段数后，再确定从主机地址空间中截取几位才能为每个网段创建一个子网号。方法是计算这些位数的组合值。比如，取两位有四种组合（00、01、10、11），取三位有八种组合（000、001、010、011、100、101、110、111）。

如果有 4 个需要 25 个地址的网段，可以用一个 C 类网络（202.112.14.0）来划分子网。

需要截取主机地址的前 3 位作为子网地址，与之对应的子网掩码就是 255.255.255.224（11111111.11111111.11111111.11100000）。这样可以将一个 C 类网络划分出 8 个子网，如表 1.2 所示。需要 4 个网段只要使用表 1.2 中的 4 个子网就可以了。

表 1.2   借用 3 位主机位为 C 类网络 202.112.14.0 划分子网

网 络 号	子 网 号	主 机 号	子网号＋主机号
202.112.14.	0	0～31	0～31
202.112.14.	1	0～31	32～63
202.112.14.	2	0～31	64～95
202.112.14.	3	0～31	96～127
202.112.14.	4	0～31	128～159
202.112.14.	5	0～31	160～191
202.112.14.	6	0～31	192～223
202.112.14.	7	0～31	224～255

有些早期的路由协议不支持子网划分，如 RIPv1、IGRP。

这种固定子网掩码长度的子网划分方法虽然比不划分子网经济，但由于各个子网大小一样，使用中还是有 IP 地址浪费。更经济的方式是使用可变长子网掩码。

（3）采用可变长子网掩码可划分不同大小子网，比借用主机位划分子网有更好的灵活性。

可变长子网掩码（Variable Length Subnet Mask，VLSM）是一种产生不同大小子网的网络分配机制，指对同一个主网络在不同的位置使用不同的子网掩码，更有效地分配 IP 地址。可变长子网掩码通过改变子网掩码中"1"的个数，来划分不同大小的子网。

VLSM 采用斜线加子网掩码中"1"的个数来表示可变长子网掩码。如"/29"表示子网掩码中"1"的个数为 29，子网掩码为 255.255.255.248。

例如，在一个 C 类网络 192.168.1.0 中，A、B 两台计算机属于一个子网，只需要使用子网 192.168.1.0/30 内的 2 个地址就够了，子网掩码为 255.255.255.252；另 6 台计算机属于另一子网，可使用子网 192.168.1.8/29 内的 6 个地址，子网掩码为 255.255.255.248；还有 14 台计算机属于另一个子网，可采用子网 192.168.1.16/28 内的地址，子网掩码为 255.255.255.240。其他未分配的地址可以分配给其他子网。这样，通过采用可变长子网掩码技术，在一个 C 类网络中使用了多种子网掩码，最大限度地节约了地址。

（4）无类别域间路由技术取消了 IP 地址分类结构，可进行地址聚合，减少路由表数量。

无类别域间路由（Classless Inter-Domain Routing，CIDR）是指取消 IP 地址的分类结构，不按 A、B、C 来分类。CIDR 支持地址聚合，将多个地址块聚合在一起生成一个更大的网络，以包含更多的主机。CIDR 支持路由聚合，能够将路由表中的许多路由条目合并成更少的数目，因此可以限制路由器中路由表的增加，减少路由通告。

采用路由聚合技术，可以将多个连续的网络地址聚合成一个更大的网络地址。图 1.12 示意了 8 个 C 类网络地址在取消分类后聚合成一个超网地址的情形。路由器如果不支持 CIDR 技术，那么就需要保存 8 条去往这 8 个 C 类网络的路由，如果支持 CIDR 技术，只需要一条去往 192.200.8.0/21 的路由就可以了。

CIDR 利用"网络前缀"取代分类。前缀长度从 13 到 27 位不等，而分类地址 A 类 8 位、B 类 16 位、C 类 24 位。这意味着地址块可以成群分配，前缀长度为 27 位时，每个/27 地址群中主机数量可以少到 32 个；前缀长度为 13 位时，每个/13 地址群中主机数量可以多到 50 万个以上。

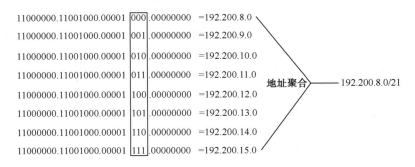

图 1.12   地址聚合

因为有类地址在 CIDR 中有着类似的地址群，两者之间的转移就相当简单了。所有 A 类网络可表示成/8 地址群，B 类网络可表示成/16 地址群，C 类网络可表示成/24 地址群。

为了能够达到地址聚合的目的，需要在地址规划时刻意按照 $2n$ 模式进行，这样既规范又支持路由归并。所谓 $2n$ 模式，就是分配的网段是 2 的整数倍个连续可归并地址。例如，将 192.168.0.0/24 和 192.168.1.0/24 分配给一个部门，将 192.168.2.0/24 和 192.168.3.0/24 分配给另一部门，将 192.168.4.0/24～192.168.7.0/24 分配给某个部门。这样的地址便于地址聚合，地址聚合过程如图 1.13 所示。

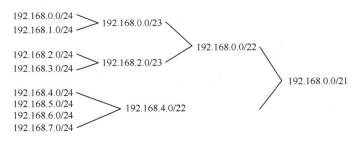

图 1.13   地址聚合过程

从图 1.13 可以看出，要对两个网络地址进行聚合，这两个网络地址必须具有相同的高位地址比特，地址分配必须是连续的。

1.5   区分数据通信的几个概念

网络节点之间的通信分为模拟通信和数字通信，模拟通信传输的是模拟信号，数字通信传输的是数字信号。模拟信号是连续变化的，而数字信号是离散的。传输模拟信号的线路称为模拟线路，传输数字信号的线路称为数字线路。普通的电话机发出的是模拟信号，这种模拟信号在电话线上传输，一直到达电信局的程控交换机接口。计算机、交换机和路由器等设备处理的是数字信号，数字信号不适合长距离传输，要进行长距离传输时，就需要转换成模拟信号或光信号。

两台远程计算机可以通过电话网通信，但需要通过计算机的通信口连接调制解调器

（MODEM），MODEM 的电话线口连接到电话线，如图 1.14 所示。这样，计算机 A 的数字信号传输到 MODEM，MODEM 将数字信号转换成模拟信号，通过电话线传输到远端，再由 MODEM 将模拟信号转换成数字信号送给计算机 B。

图 1.14 两台远程计算机通过电话网通信

1．区分基带传输和频带传输

在数据通信中，由计算机或终端等数字设备直接发出的信号是二进制数字信号，是典型的矩形电脉冲信号，其频谱包括直流、低频和高频等多种成分。

在数字信号频谱中，把直流（零频）开始到能量集中的一段频率范围称为基本频带，简称为基带。因此，数字信号被称为数字基带信号，在信道中直接传输这种基带信号就称为基带传输。基带传输只适用于短距离传输。在基带传输中，由于基带的频率范围比较宽，同一时刻，整个信道只传输一路信号，通信信道利用率低。要在信道中传输多路信号时，可以采用时分复用技术。局域网中使用的就是基带传输技术。

频带传输就是先将基带信号变换（调制）成便于在模拟信道中传输的、具有较高频率范围的模拟信号（频带信号），再将这种频带信号在模拟信道中传输。基带信号与频带信号的转换是通过调制解调技术完成的。

计算机在远程通信中，是不能直接传输原始的基带信号的，因此就需要调制解调器将基带信号转换成频带信号。用基带脉冲对载波波形的某些参量进行控制，使这些参量随基带脉冲变化，这就是调制。经过调制的信号称为已调信号。已调信号通过线路传输到接收端，然后经过解调恢复为原始基带信号。这种频带传输不仅克服了长途电话线路不能直接传输基带信号的缺点，而且能实现多路频带复用，从而提高了通信线路的利用率。

2．区分基带 MODEM 和频带 MODEM

MODEM 分为基带和频带两种。基带 MODEM 是一种将基带信号经过码型变换直接在线路上传输的设备，带宽较宽，一般只适合在几公里范围内通信使用。路由器接入 DDN（数字数据网）专线时就使用基带 MODEM，如图 1.15 所示。频带 MODEM 是使用一个话路频带进行数据传输的设备，适合长距离传输。路由器在接入公用电话网、X.25 网和帧中继网时一般使用频带 MODEM。

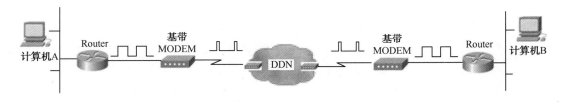

图 1.15 局域网通过 DDN 网互联

通信行业经常使用"最后一公里"指从通信服务提供商的机房交换机到用户终端设备之间的连接线路。随着"最后一公里"连接技术的发展和光纤的广泛使用，Modem 已经被各种

DSL、光端机等设备替代。DSL、光端机在完成信号变换的同时，能提供比 Modem 更高的带宽。

3．区分通信速率和带宽

通信速率是数据在信道中的实际传输速率，以每秒钟传送的数据位数来衡量，常用单位有 bps（位/秒）、Kbps、Mbps、Gbps。模拟通信中，带宽是指通信最高频率与最低频率的差值；数字通信中，带宽是指数据在通信信道中最高允许的通信速率与最低允许的通信速率之间的差值。速率单位的转换关系如下：

1Kbps=1000bps

1Mbps=1000Kbps

1Gbps=1000Mbps

一个 10/100Mbps 自适应交换机的端口可以和对方协商通信速率，可以协商成 10M 或 100M 的通信速率，但不能高于 100M。双方协商需要花费时间，所以，如果对方通信速率明确，网络管理员一般会手动设置交换机端口的通信速率。

4．区分 DTE 和 DCE

在通信系统中，DCE 是数据电路终端设备，该设备为通信网络提供用户接口，提供到通信网络的一条物理连接，如 MODEM 等。DTE 是数据终端设备，指的是用户端的设备，如用户计算机、接入通信网的路由器等。

数据终端设备通过数据通信设备（Modem）连接到一个数据网络上。DTE 和 DCE 在通信的过程中是成对出现的，通信双方在通信过程中需要同步，由 DCE 设备提供同步时钟信号。

在图 1.15 中，路由器就是 DTE 设备，Modem 就是 DCE 设备，由 Modem 向路由器提供同步时钟。

在实验环境中，经常会将两台路由器通过串口背对背连接起来，没有 Modem 设备，如图

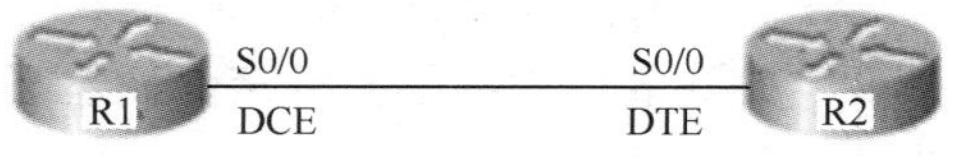

图 1.16 路由器背对背连接

1.16 所示。此时，一台路由器作为 DCE 设备，另一台路由器就是 DTE 设备。作为 DCE 设备的路由器需要在串口上配置同步时钟速率。

背对背连接的路由器 R1 和 R2，一台使用针头（公头）的连接电缆，另一台使用孔头（母头）的连接电缆，连接母头的连接电缆的接口就是 DCE 接口，需要配置时钟，相应的设备称为 DCE 设备。很显然，图 1.16 中路由器 R1 的串口 S0/0 连接的是母头电缆。

练 习 题

一、填空题

1．在数字信号频谱中，把直流（零频）开始到能量集中的一段频率范围称为_____。

2．用基带脉冲对载波波形的某些参量进行控制，使这些参量随基带脉冲变化，这个过程被称为_____。

3．DCE 和 DTE 成对出现，DTE 称为数据终端设备，DCE 称为_____设备，同步时钟由_____设备提供。

4．TCP/IP 四层模型包括应用层、_____、_____和网络接口层。计算机上网络接

口层的功能是由_____完成的。

5. 数据链路层使用_____地址来寻址，网络层使用_____地址来寻址，传输层通过_____（层间接口）把数据交给应用层的相应的应用进程。

6. HDLC 是_____层的协议，IP 是_____层的协议，TCP 是_____层的协议。

7. WWW 的端口号是_____，FTP 的端口号是_____，POP3 的端口号是_____。

8. B 类 IP 地址的默认子网掩码为_____。

9. 子网 192.168.0.0/30 中有效 IP 地址为_____和_____。子网 192.168.0.0/25 中有_____个有效 IP 地址。

10. 网段地址 172.16.16.0/24～172.16.31.0/24 可汇聚为_____。

二、选择题

1. OSI 开放系统互联模型中，（　　）可以完成端到端的可靠传输。
   A．物理层　　　　　　　B．数据链路层　　　　C．网络层　　　　　　D．传输层

2. OSI 开放系统互联模型中，（　　）可以建立、管理和维护应用程序之间的会话。
   A．应用层　　　　　　　B．数据链路层　　　　C．网络层　　　　　　D．会话层

3. TCP 是（　　）的协议。
   A．应用层　　　　　　　B．网络接口层　　　　C．互联层　　　　　　D．传输层

4. Cisco HDLC 协议是（　　）协议。
   A．应用层　　　　　　　B．数据链路层　　　　C．网络层　　　　　　D．会话层

5. OSI 开放系统互联模型中，n 层和 $n+1$ 层的关系是（　　）。
   A．n 层使用 $n+1$ 层提供的服务　　　　　　B．$n+1$ 层使用 n 层提供的服务
   C．$n+1$ 与 n 层没有关系　　　　　　　　　　D．$n+1$ 层比 n 层多一个协议头

6. OSI 开放系统互联模型中，相邻节点之间的可靠性传输是由（　　）完成的。
   A．物理层　　　　　　　B．数据链路层　　　　C．网络层　　　　　　D．传输层

7. 路由选择功能是由（　　）完成的。
   A．物理层　　　　　　　B．数据链路层　　　　C．网络层　　　　　　D．传输层

8. 在 TCP 和 UDP 协议中，采用（　　）来区分不同的应用进程。
   A．IP 地址　　　　　　B．MAC 地址　　　　　C．端口号　　　　　　D．协议类型

9. 某公司的网络地址为 192.168.0.0/20，要将该网络分成 16 个大小一样的子网，则对应的子网掩码是（　　），每个子网可分配的主机地址数是（　　）。
   A．255.255.240.0　　　　　　　　　　　　　B．255.255.224.0
   C．255.255.254.0　　　　　　　　　　　　　D．255.255.255.0
   E．126　　　　　　　F．62　　　　　　　G．254　　　　　　H．510

10. 以下地址中不属于子网 192.168.16.0/20 的 IP 地址是（　　）。
    A．192.168.17.2　　　　　　　　　　　　　B．192.168.30.3
    C．192.168.23.5　　　　　　　　　　　　　D．192.168.12.45

三、综合题

某单位有 5 个子网，分别有计算机 50 台、55 台、45 台、22 台和 25 台，请用一个 C 类地址 192.168.1.0/24，采用可变长子网掩码技术，提出合理的地址分配方案。

任务 2　认识交换机

本任务介绍什么是以太网交换机，介绍交换机的工作原理以及 Cisco 交换机的组成，着重介绍交换机的本地配置方法、配置模式、常规参数配置、端口聚合和交换机端口安全性。

2.1　认识以太网交换机

在计算机网络系统中，交换概念的提出是对共享工作模式的改进。局域网交换机根据数据包交换时所依据的目标地址在 OSI 模型中的不同层次，分为二层交换机和三层交换机。在本教材中如果没有特别声明，所提到的交换机均是二层交换机。

交换机（Switch）包括广域网交换机和局域网交换机。广域网交换机主要应用于电信领域，提供通信用的基础平台。而局域网交换机则应用于局域网络，用于连接数据终端设备，如 PC 及网络打印机等。广域网交换机有电话程控交换机、X.25 交换机、帧中继交换机、ATM 交换机等，而局域网交换机被称为以太网交换机。

以电话程控交换机为例来理解交换的概念。贝尔在发明电话时，只用一条电话线连接两台电话机就能通信。在多电话用户中，为了使任何一个用户都能与其他任何一个用户通话，就需要把这些用户的线路都引到同一地点，集中在那里完成"接续"，刚开始，电话局是由接线员完成"接续"的，通话完毕再由接线员"拆线"。在打电话的过程中，这条被接通的线路被打电话的双方占用，其他电话机不能再和这两部电话通话。现在，这个"接续"和"拆线"工作由设备通过程序设置来自动完成，这个设备就叫作电话程控交换机。电话程控交换机普遍使用的通信协议为七号信令（Signalling System No.7）。

X.25 交换机使用的通信协议是 X.25 协议，帧中继交换机使用的通信协议是 Frame Relay 协议，ATM 交换机使用的通信协议是 ATM 协议，而以太网交换机使用的通信协议是以太网协议。

电话网中，无论是人工交换还是程控交换，都是为了传输语音信号，都是独占线路的"线路交换"。而以太网是一种计算机网络，需要传输的是以太网协议封装的数据包，采用的是"包交换"。但无论采取哪种交换方式，交换机为两点间提供"独享通路"的特性不会改变。

以太网交换机是一种数据链路层设备，运行以太网通信协议，后面提到的交换机如果没有特殊说明都是指以太网交换机。

与集线器不同，交换机从一个端口收到数据后，需要从物理层的比特流数据识别出帧，并查看帧头中的目的 MAC 地址，然后查找 MAC 地址表，了解到目的 MAC 地址对应的端口。交换机拥有一组很高带宽的背部总线，所有端口的连线和背部总线形成一个内部交换矩阵，交换机在知道数据的出口后，交换矩阵完成连接，形成入口和出口之间的虚连接链路。通过这条链路，将数据转发出去。这条虚连接链路被这一对通信独占，不会发生冲突。

交换机是以全双工的方式工作的，终端 A 通过这一虚连接链路向 B 发送数据的同时，B 也可以通过这一虚连接链路向 A 发送数据。

交换机在同一时刻可进行多个端口对之间的数据传输。每一端口都可视为独立的网段，连接在其上的网络设备独自享有全部的带宽，无须同其他设备竞争使用。当节点 A 向节点 B

发送数据时，节点 C 可同时向节点 D 发送数据，而且这两个传输都享有网络的全部带宽，都有着自己的虚连接链路。如果是一台 10Mbps 带宽的以太网交换机，每条虚连接链路都在全双工工作，那么每个方向都会是 10Mbps 的带宽。

由于交换机需要对多个端口的数据同时进行交换，因此要求交换机具有很高的背部总线带宽。如果交换机有 N 个端口，每个端口的带宽是 1Mbps，而交换机背部总线带宽超过 N×Mbps，那么该交换机才可能实现线速交换。

2.2　分析交换机的数据交换过程

交换机分析每个进来的帧，根据帧中的目的 MAC 地址，通过查询 MAC 地址表，决定将数据帧转发到哪个端口，然后在两个端口之间建立虚连接链路，提供一条传输通道，将帧直接转发到那个目的站点所在的端口，完成帧的交换。交换机一般采用专用 ASIC 芯片来处理数据帧的交换，因此交换速度非常快。在查询 MAC 地址表的过程中只需要查找与源 MAC 地址相同 VLAN 里的目的 MAC 地址所对应的端口，如果在这个 VLAN 里找不到目标 MAC 地址，就会将数据帧发给这个 VLAN 内除接收端口外的其他所有端口。如果这个目的 MAC 地址在另一个 VLAN 里，那么数据帧就不能从接收端口交换到目的端口。

在 Cisco Catalyst 2960 交换机的特权模式下查看到的 MAC 地址表情况如图 2.1 所示。

对一个没有连接其他设备的交换机来说，MAC 地址表是空的。MAC 地址表是交换机通过不断学习构建的。在 MAC 地址表中可以看到各个 MAC 地址所连接的交换机端口和所属的 VLAN 情况。

```
Switch#sh mac-address-table
          Mac Address Table
-------------------------------------------

Vlan    Mac Address       Type        Ports
----    -----------       --------    -----

  1     0040.0b98.9a7c    DYNAMIC     Fa0/5
  1     00e0.8f0a.ae07    DYNAMIC     Fa0/10
```

图 2.1　MAC 地址表

下面介绍 MAC 地址表的构建过程：

第一步，当交换机从某个端口收到一个数据帧时，它先读取帧头中的源 MAC 地址，这样就知道了源 MAC 地址和端口的对应关系，然后查找 MAC 表，有没有源地址和端口的对应关系：如果没有，则将源地址和端口的对应关系记录到 MAC 地址表中；如果已经存在，则更新该表项。

第二步，读取帧头中的目的 MAC 地址，并在地址表中查找相应的端口。

第三步，如表中有与该目的 MAC 地址对应的端口，把数据帧直接复制到这端口上；如果目的 MAC 地址和源 MAC 地址对应同一个端口，则不转发。

第四步，如表中找不到相应的端口，则把数据帧广播到除接收端口外的所有端口上，当目的机器对源机器回应时，交换机可以记录这一目的 MAC 地址与哪个端口对应，在下次传送数据时就不再需要对所有端口进行广播了。

不断循环这个过程，可以学习到全网的 MAC 地址信息，二层交换机就是这样建立和维护自己的地址表的。

在每次添加或更新 MAC 地址表表项时，表项会被赋予一个计时器，使得该表项能够存储一段时间。如果在计时器溢出之前没有再次捕获到 MAC 地址和端口的对应关系，该表项将会被交换机删除。通过这个计时器，交换机维护了一个精确的 MAC 地址表。

由于交换机学习端口连接机器的 MAC 地址，而后写入地址表，因此交换机上支持的 MAC

地址表的大小将直接影响交换机的接入容量。

2.3 认识 Cisco 交换机

1. 了解 Cisco 交换机产品

Cisco 交换机产品以"Catalyst"为标志，包含局域网接入交换机、紧凑型局域网交换机、局域网核心和分布式交换机、数据中心交换机、运营商交换机、工业以太网交换机、虚拟网络交换机和成长型企业交换机等众多系列。早期的 1900、2950 和 3550 等产品用户还在大量使用，但产品线已经被升级，如 2960 就是 2950 的升级产品。由于 Cisco 不断改进技术和并购生产厂商，产品线也在不断变化，因此购买产品时要注意 Cisco 网站公布的产品周期终止声明。Cisco 适用于各种网络的交换机，如图 2.2 所示。

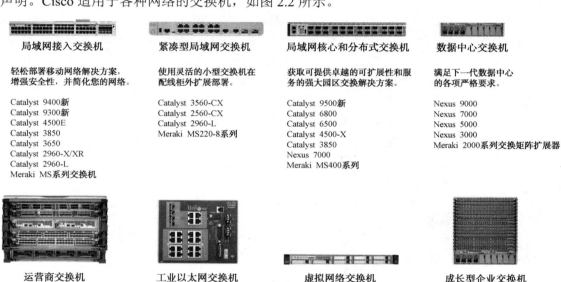

图 2.2　Cisco 适用于各种网络的交换机

总的来说，这些交换机可以分为两类：一类是固定配置交换机，包括 3560 及以下的大部分型号，除了有限的软件升级，这些交换机不能扩展；另一类是模块化交换机，用户可根据网络需求，选择不同数目和型号的接口模块、电源模块及相应的软件。

Cisco 交换机插槽可以支持的模块很多，这里仅介绍两个千兆 GBIC 模块：

WS-G5484=，1000BaseSX GBIC 模块，是短波长 GBIC 模块，用于连接多模光纤。

WS-G5486=，1000BaseLX/LH GBIC 模块，是长波长、远距离 GBIC 模块，单模和多模光纤都可以连接。

由于组建局域网时，经常需要用到光纤，因此了解一下这两个光纤模块支持的传输距离和光纤的基本特征是十分必要的。光纤及光纤模块的一些特征如表 2.1 所示。

Cisco 1000BaseLX/LH 端口完全符合 IEEE 802.3z 1000BaseLX 标准。但是好的光纤质量允许单模光纤传输 10km，超过标准规定的 5km。关于 Cisco 交换机的更多信息，可参考思科中国官方网站。

表 2.1　光纤及光纤模块特征

光纤传输距离				
Fiber Core	62.5um Multimode		50um Multimode		9/10um Singlemode
Fiber	160/500	200/500	400/400	500/500	NA
Modal Bandwidth	MHz-km	MHz-km	MHz-km	MHz-km	
1000BaseSX	220m	275m	500m	550m	NA
1000BaseLX/LH	550m	550m	550m	550m	10km

2．了解 Cisco 的网际操作系统

Cisco 的网际操作系统（IOS）是一个与硬件分离的软件体系结构，随着网络技术的不断发展，可以动态地进行升级以适应不断变化的技术应用。Cisco 交换机和路由器都使用 IOS 网际操作系统进行管理和通信。

IOS 体系结构能够提供两种基本服务：核心服务和网络服务。

IOS 核心服务提供实现 IOS 的多平台、可移植性和可伸缩性所必需的所有功能。网络服务则是构筑于核心服务之上的所有功能服务，提供 IOS 网际互联特性，实现与各种网络的连接。

3．了解 Cisco 交换机的关键部件

Cisco 公司交换机产品的系列很多，交换能力和端口数各不相同，可以适合不同场合的应用。但交换机中一般都有以下关键部件。

（1）CPU。

CPU 负责执行交换机操作系统的命令和用户输入的各种命令。

（2）Flash Memory。

Flash Memory 又称闪存，容量通常为 8MB、16MB、32MB、64MB、128MB 等，是一种可擦写、可编程的 ROM。它负责保存 IOS 映像（Image）。只要闪存容量够大，便可以存放多个映像，供用户调试。如果 IOS 要升级或者 IOS 丢失，很容易就可重新写入。为了防止 IOS 丢失，可以通过普通文件传输协议（TFTP）将 IOS 映像保存到计算机上备用，需要时可以通过 Xmodem、TFTP 等方法重新写入闪存。这部分内容将在后面的实训内容中进行讲解。

可以通过交换机命令"show flash："查看闪存的存储信息，如图 2.3 所示。

```
Switch#show flash:
Directory of flash:/
1 -rw-     3058048      <no date>  c2950-i6q4l2-mz.121-22.EA4.bin
64016384 bytes total (60958336 bytes free)
```

图 2.3　显示交换机闪存内容

从显示的信息中可以看到，闪存中的 IOS 映像文件名称为 c2950-i6q4l2-mz.121-22.EA4.bin，它是一个二进制文件，是 Catalyst 2950 交换机的 IOS。文件大小为 3 058 048 字节，闪存容量为 64M 字节，还有 60 958 336 字节空余。

（3）NVRAM。

NVRAM 是非易失性随机存储器。NVRAM 用来保存交换机正在运行配置（Running Config）的一个拷贝，被称为启动配置文件（Startup Config），交换机在启动过程中，会从该

存储器中读入启动配置文件，对交换机进行初始化配置。这样，即使交换机断电，配置文件也不会丢失，这为调试交换机带来了很大的方便。修改配置前先保存好原来使用的配置，一旦新配置工作不正常，可以很容易地恢复到旧的配置。因此，交换机不需要软盘和硬盘这样的存储器，从而提高了可靠性。

配置文件可以通过 TFTP 保存到计算机上，也可以将保存在计算机上的交换机配置通过 TFTP 写入 NVRAM 中，这些内容将在后面的实训中进行讲解。

（4）ROM。

ROM 为只读存储器，用来存储交换机的 IOS 引导和自检程序。

（5）DRAM。

DRAM 是动态随机存储器，用来存放运行过程中的数据、正在运行的配置。正在运行的配置被称为运行配置（Running Config）。关机时，RAM 中的数据会丢失。所以，应该将 DRAM 中已经运行稳定的 Running Config 保存为 NVRAM 中的 Startup Config，以防断电。

2.4　了解 Cisco 交换机的配置方法和命令

Cisco 交换机的品种很多，但基于 IOS 的各种交换机的配置方法是大同小异的。对交换机的配置和管理可以采用多种形式，可以采用命令行接口形式，也可以采用菜单形式，还可以采用图形界面的 Web 浏览器或专门的网管软件的形式。命令行接口形式需要用户掌握配置交换机的命令，对初学者比较难，但对熟练者比较方便；菜单形式通常以问答的形式让用户回答，初学者觉得方便，但熟练以后就觉得很不方便。Web 浏览器或专门的网管软件比较形象，方便管理。相比较而言，命令行接口形式的功能最强大。这里主要介绍命令行接口形式。

命令行接口（Command Line Interface，CLI）是类似于 DOS 命令行的软件系统模式。但与 DOS 命令不同，CLI 命令不区分大小写。CLI 支持缩写命令与参数，只要所包含的字符足以区别其他命令和参数即可。CLI 还支持命令补全，输入头几个字母，然后按 Tab 键，系统就会自动补全命令。如果你记不住命令后的选项，可随时使用"?"来获得命令行帮助，系统马上会列出可选项。交换机支持这种模式，Cisco 路由器和防火墙也支持这种模式。

以命令行接口形式配置交换机时，需要将终端通过 Console 线或网络连接到交换机，进行本地或远程配置。

1．交换机的本地连接配置

（1）终端连接到交换机的 Console 端口。

Cisco 交换机上一般都有一个 Console 端口，它专门用于对交换机进行本地配置和管理。通过 Console 端口连接并配置交换机，是配置和管理交换机必须经过的步骤。后面讲解的远程配置，一般也都需要通过

交换机本地配置视频

Console 端口进行基本配置后才能进行。所以，通过 Console 端口连接并配置交换机是最常用、最基本、也是网络管理员必须掌握的管理和配置方式。

不同类型的交换机 Console 端口所处的位置并不相同，有的位于前面板，而有的则位于后面板，模块化交换机大多位于前面板，而固定配置交换机则大多位于后面板。在 Console 端口的周边会有类似"Console"字样的标识。

进行本地配置时，一般使用笔记本电脑或台式机的 COM 口通过控制电缆连接到交换机的 Console 端口，如图 2.4 所示。

绝大多数交换机的 Console 端口都采用 RJ-45 端口，但也有少数采用 DB-9 端口或 DB-25 端口。无论交换机采用 DB-9 或 DB-25 串行接口，还是采用 RJ-45 接口，都需要通过专门的 Console 线连接至配置用计算机（终端）的串行口。

Console 线分为两种：一种是串行线，即两端均为串行接口（母头），可以分别插入计算机的串口和交换机的 Console 端口；另一种是两端均为 RJ-45 接头（RJ-45-to-RJ-45）的扁平线。由于扁平线两端均为 RJ-45 接口，无法直接与计算机串口进行连接，因此，还必须同时使用一个 RJ-45-to-DB-9（或 RJ-45-to-DB-25）的适配器，如图 2.5 所示。通常情况下，在交换机的包装箱中都会随机赠送一条 Console 线和相应的 DB-9 或 DB-25 适配器。

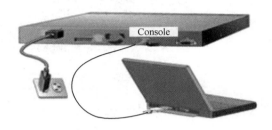

图 2.4　通过 Console 端口进行本地配置的连接图　　　图 2.5　DB-9 适配器

（2）设置通信参数，完成命令配置前的准备。

现在配置交换机时，很少使用真正的终端，一般都是使用计算机运行终端仿真程序，如 Windows 操作系统提供的超级终端。

超级终端和交换机通信时，采用异步通信方式，需要对通信参数进行设置，交换机控制口默认的通信速率为 9600 波特率。配置交换机时，将通信参数设置成：波特率为"9600"、数据位为"8"位、停止位为"1"位、奇偶校验位为"无"、流控为"无"。按以下 6 个步骤进行设置。

步骤 1：运行超级终端。按"开始/程序/附件/通讯/超级终端"的顺序找到并打开超级终端，如图 2.6 所示。

图 2.6　超级终端路径

步骤2：在随后出现的"连接描述"对话框（如图2.7所示）中输入任意名称，单击"确定"按钮，进入"连接到"对话框。

步骤3：在"连接到"对话框中选择要连接的计算机通信端口。如果连接在COM1上，则选择COM1，如图2.8所示。

图2.7　"连接描述"对话框　　　　　　　图2.8　选择要连接的通信端口

图2.9　COM1属性

步骤4：选择了COM1后，单击"确定"按钮，出现"COM1属性"对话框。单击"还原为默认值"按钮，设置好通信参数，如图2.9所示。再单击"确定"按钮，进入超级终端配置界面。

步骤5：插上交换机电源线，打开电源。

如果是在出现超级终端界面后才插上交换机电源线的，界面上会显示交换机的完整启动信息，包括IOS版本号、处理器型号、内存大小、引导的IOS文件等。

如果是一台有启动配置文件的交换机，交换机在启动过程中会自动调用启动配置文件来初始化交换机，直到启动完成。启动完成后显示"Press RETURN to get started!"。

如果是一台没有启动配置文件的交换机或是一台全新的交换机，在交换机启动过程中，超级终端会提示是否以对话方式进行初始化配置。如果不选择对话方式，则进入命令行模式；如果选择对话方式，则以对话的方式询问一些初始配置参数。对话方式主要配置管理IP地址、子网掩码、跨网段管理需要的网关地址、主机名和各种接入认证口令、特权口令等。对话结束后显示"Press RETURN to get started."，提示按键盘上的回车键进入用户模式。

下面的英文是初始系统配置对话所显示的内容，加粗的文字是初始化配置，中文是注释。进行对话方式配置前，需要预先准备好管理地址、网关地址、交换机名、特权密码、虚拟终端密码。最后显示提示信息"Press RETURN to get started."。出现这个提示信息，说明交换机已经启动完毕，可以按回车键开始配置了。

以下是一台交换机的启动配置对话：

```
    --- System Configuration Dialog ---
   At any point you may enter a question mark '?' forhelp. ! --按"?"帮助
   Use ctrl-c to abort configuration dialog at anyprompt. ! --按Ctrl+C组合
   ! --键退出对话
   Default settings are in square brackets '[]'.    ! --[]中是默认配置
   Continue with configuration dialog? [yes/no]:y  ! --按"y"进入对话配置方式
                                                    ! --按"n"则进入命令行模式
```

```
Enter IP address:192.168.1.2                         !--输入交换机的管理 IP 地址
Enter IP netmask:255.255.255.0                       ! --子网掩码

Would you like to enter a default gateway address?[yes]: y ! --要网关地
! --址吗?
IP address of default gateway:192.168.1.254          ! --输入默认网关地址
Enter host name [Switch]: test                       ! --给交换机起个名字

The enable secret is a one-way cryptographic secretused
instead of the enable password when it exists.
Enter enable secret: cisco                           ! --输入特权加密密码
                      ! --enable secret 为加密密码, 如果存在会替代 enable
! --password
Would you like to configure a Telnet password?[yes]:y ! --配置 Telnet 密码?

Enter Telnet password:class                          ! --输入 Telnet 密码

Would you like to enable as a cluster command switch?[no]:n

The following configuration command script wascreated:
...
Press RETURN to get started.
```

步骤 6：在出现"Press RETURN to get started."后按回车键。当按下回车键后，会显示"Switch>"，说明已经进入用户（User）模式。

（3）交换机的各种模式及模式之间的转换。

① 用户（User）模式。

通过接入认证的用户，可以进入用户模式。在用户模式下，不能改变交换机的配置，但允许用户使用一些监测命令查看交换机的各种状态。要了解有哪些可执行的监测命令，可以在用户模式提示符下输入"?"，如图 2.10 所示。

② 特权（Privileged）模式。

对交换机进行配置，需要从用户模式进入特权模式，只有经过特权用户认证的特权用户才能进入特权模式。在特权模式下，可以使用交换机的所有命令。在用户模式下通过执行"enable"命令，就可以进入特权模式"Switch#"，如图 2.11 所示。

```
Switch>?
Exec commands:
  <1-99>       Session number to resume
  connect      Open a terminal connection
  disconnect   Disconnect an existing network connection
  enable       Turn on privileged commands
  exit         Exit from the EXEC
  logout       Exit from the EXEC
  ping         Send echo messages
  resume       Resume an active network connection
  show         Show running system information
  telnet       Open a telnet connection
  terminal     Set terminal line parameters            Switch>enable
  traceroute   Trace route to destination              Switch#
```

图 2.10　使用"?"　　　　　　　　　　　　图 2.11　从用户模式进入特权模式

在特权模式下输入"exit"命令，可回到用户模式。

③ 全局配置模式。

在特权模式下输入 "configure terminal" 命令，就进入了全局配置模式，提示符为 "Switch(config)#"，在这个模式下可以设置交换机的全局参数：交换机命名、enable 密码设置、路由配置、VLAN 配置等。

```
Switch#configure terminal
Switch(config)#
```

④ 其他特殊模式。

在全局配置模式下，可以进入各个特殊模式，如接口（Interface）配置模式、线路（Line）配置模式和 VLAN 配置模式。

接口（Interface）配置模式的提示符为 "Switch(config-if)#"，此模式是针对具体的接口进行配置的，这些参数只在这个接口上有效。

线路（Line）配置模式的提示符为 "Switch(config-line)#"。从 Console 端口接入、从 VTY 接入交换机进行配置的用户认证密码等，都是在相应的接入线路上配置的。设置也只对具体的线路有效。

VLAN 配置模式的提示符为 "Switch(config-vlan)#"。

这些特殊模式是全局模式的一个子集。各个模式之间可以通过各种命令进行转换，如图 2.12 所示。

```
Switch>enable
Switch#configure terminal
Enter configuration commands, one per line.  End with CNTL/Z.
Switch(config)#
Switch(config)#interface f0/1
Switch(config-if)#
Switch(config-if)#exit
Switch(config)#line vty 0 4
Switch(config-line)#exit
Switch(config)#exit
%SYS-5-CONFIG_I: Configured from console by console
Switch#
```

图 2.12　模式转换演示

从下一级模式返回到上一级模式使用 "exit" 命令，各个特殊模式可以通过 "end" 直接回到特权模式。各种模式之间的关系如图 2.13 所示。

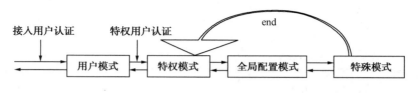

图 2.13　模式之间的转换关系

⑤ VLAN 数据库模式。

在特权模式下输入 "vlan database" 命令，就进入了 VLAN 数据库模式，提示符为 "Switch(vlan)#"，在这个模式下可以配置 VLAN，也可以创建 VLAN、删除 VLAN。从 VLAN 数据库模式回到特权模式只能使用 "exit" 命令，不能使用 "end"。Cisco 不推荐使用 VLAN 数据库模式配置 VLAN。进入和退出 VLAN 数据库模式的命令如图 2.14 所示。

为什么提供了这种模式又不推荐使用呢？笔者没有查到 Cisco 给出的解释，但能够发现，这个模式和前面的各个模式思路不一致。

```
Switch#vlan database
% Warning: It is recommended to configure VLAN from config mode,
  as VLAN database mode is being deprecated. Please consult user
  documentation for configuring VTP/VLAN in config mode.

Switch(vlan)#vlan 10 name sales
VLAN 10 modified:
      Name: sales
Switch(vlan)#no vlan 10
Deleting VLAN 10...
Switch(vlan)#exit
APPLY completed.
Exiting....
Switch#configure terminal
Enter configuration commands, one per line.  End with CNTL/Z.
Switch(config)#
```

图 2.14　进入和退出 VLAN 数据库模式

（4）交换机通用参数配置。

在了解交换机的各种模式及模式转换方法后，就可以学习交换机的配置了。交换机的配置命令很多，可以先进入各种模式下用 "?" 查看可执行的命令。不同的配置命令只能在不同的模式下执行。

① 配置主机名。

配置主机名使用 "hostname" 关键字，一般起一个有意义、能帮助记忆的名字，如地址名、单位名等。

```
Switch(config)#hostname Changzhou
Changzhou(config)#
```

可以发现，默认的交换机名 "Switch" 已经变成 "Changzhou" 了。

② 配置当前时间。

有些功能是基于时间的，这就要将交换机的时间调整到正常时间。当前时间设置是在特权模式下进行的，月份使用英语。语法如下：

```
clock set hh:mm:ss day month year 或 clock set hh:mm:ss month day year
```

例如，设置当前时间是 2009 年 12 月 26 日 8 点 20 分 30 秒：

```
Switch#clock set 8:20:30 26 december 2009
```

③ 配置 HTTP 服务。

交换机和路由器的配置和管理，除了采用命令行，还可以利用这些设备提供的 HTTP 服务来进行。HTTP 服务默认采用 TCP 的 80 端口。

可以通过交换机的管理地址或路由器的接口地址访问 HTTP 服务器。例如，交换机的管理地址为 192.168.1.1，只要在计算机的浏览器地址栏中输入 http://192.168.1.1 即可。

在全局配置模式下开启 HTTP 服务：

```
Switch(config)#ip http server
```

在全局配置模式下关闭 HTTP 服务：

```
Switch(config)#no ip http server
```

在默认情况下，交换机和路由器的 HTTP 服务是开启的。为了安全，网络管理员有时需要关闭 HTTP 服务。

2. 配置交换机端口参数

端口参数在接口配置模式下配置，只作用于具体的端口。对一个或一组端口进行配置时，通过在全局模式下指定一个或一组端口，从而进入接口配置模式。

（1）指定端口。

● 指定一个端口

指定一个端口的命令语法如下：

```
interface interface-type interface-number
```

"interface-type" 为接口类型，接口类型有 Ethernet、fasteEthernet、GigabitEthernet 和 Vlan；"interface-number" 为接口编号。

例如，Catalyst 2960-24TT 有 24 个快速以太网端口，指定第 5 个端口：

```
Switch(config)#interface fastethernet 0/5
Switch(config-if)#
```

● 指定一组端口

指定一组端口的命令语法如下：

```
interface range interface-type interface-range
```

"interface-range" 是一个端口范围，格式为 "单元号/插槽号/起始端口号－结束端口号"。"－" 连字符前后有一个以上空格。

例如，指定 Catalyst 2960 的 1 到 10 号端口：

```
Switch(config)#interface range fastethernet 0/1 - 10
Switch(config-if-range)#
```

（2）禁用、启用端口。

可以通过 "shutdown" 命令来禁用一个正在使用的端口。一个没有连接设备的端口总是处于 "shutdown" 状态。被禁用的端口可以通过 "no shutdown" 命令启用。

如果网络管理员发现 Catalyst 2960 的 1 号端口有攻击，可以用 "shutdown" 命令关闭这个端口：

```
Switch(config)#interface fastethernet 0/1
Switch(config-if)#shutdown
```

问题解决后，需要用 "no shutdown" 命令再启用这个端口：

```
Switch(config)#interface fastethernet 0/1
Switch(config-if)#no shutdown
```

一般新配置一个端口时，总会使用 "no shutdown" 命令来启用，尽管有时候端口已经被启用。

（3）配置端口描述。

对端口进行端口描述配置，可在接口模式下使用 "description" 命令，描述字符不超过 240 个，可以帮助网络管理员方便地管理。例如：

```
Switch(config)#interface fastethernet 0/1
Switch(config-if)#description "this is a test"
```

（4）配置端口速率。

设置端口通信速率的命令语法如下：

```
speed auto|10|100|1000
```

1000 只对千兆口有效。默认设置为"auto"，由通信双方自动协商通信速率和单双工通信方式。也可以指定具体的通信速率，但通信双方要一样。例如：

```
Switch(config)#interface fastethernet 0/1
Switch(config-if)# speed 100
```

（5）配置单双工通信方式。

端口单双工通信方式设置命令语法如下：

```
duplex auto|full|half
```

交换机端口默认设置为"auto"，由通信双方自动协商半双工还是全双工通信，也可以具体指定双方的通信方式。full 为全双工，half 为半双工。例如：

```
Switch(config)#interface fastethernet 0/1
Switch(config-if)#duplex full
```

（6）设置流量控制开关。

设置端口流量控制开关的命令语法如下：

```
flowcontrol auto|on|off
```

Cisco 低端交换机没有提供流量控制功能。通信双方都开启流量控制时，可以有效控制网络拥塞。例如：

```
Switch(config)#interface fastethernet 0/1
Switch(config-if)#flowcontrol on
```

（7）配置开关端口自动协商。

开启端口自动协商功能使用"negotiation auto"命令。例如：

```
Switch(config)#interface fastethernet 0/1
Switch(config-if)#negotiation auto
```

关闭端口自动协商功能使用"no negotiation auto"命令。例如：

```
Switch(config)#interface fastethernet 0/1
Switch(config-if)#no negotiation auto
```

Cisco 交换机在和其他厂家的交换机连接时，应该关闭自动协商功能，采用指定的速率、单双工和流控，否则可能会导致协商不成功。当然，在指定了具体的通信速率、单双工或流控后，也会自动关闭协商功能。

（8）设置端口工作模式。

交换机端口有 3 种工作模式：Access、Multi 和 Trunk。

工作在 Access 模式的端口只能属于 1 个 VLAN，一般用于连接计算机；工作于 Multi 模式的端口可以同时属于多个 VLAN，可以用于连接计算机，也可以连接交换机；工作于 Trunk 模式的端口可以属于多个 VLAN，一般用于交换机之间的连接。

Multi 模式和 Trunk 模式的区别：Multi 模式允许多个 VLAN 的报文不打标签，而 Trunk 模式只允许默认 VLAN 的报文不打标签。

设置端口工作模式的命令语法如下：

```
Switchport mode access|multi|trunk
```

在默认情况下，交换机端口处于 Access 模式。同一台交换机上，Multi 和 Trunk 模式不能并存。设置了 Multi 就不能设置 Trunk，同样，设置了 Trunk 就不能设置 Multi。

3．查看交换机信息

交换机使用"show"命令查看配置信息，可在用户模式和特权模式下查看。通过"show？"了解两个模式下各自所能查看内容的详细清单，这里讲解特权模式下的查看。

（1）查看 IOS 版本。

```
Switch#show version
```

（2）查看运行配置和启动配置。

```
Switch#show running-config
Switch#show startup-config
```

（3）查看 VLAN 配置。

```
Switch#show vlan
```

（4）查看 MAC 表。

```
Switch#show mac-address-table
```

（5）查看系统时钟。

```
Switch#show clock
```

（6）查看端口状态。

查看端口状态可以使用"show interface"命令。该命令的语法为：

```
show interface interface-type interface-number
```

interface-type 为端口类型，常见端口类型有：

- 以太网接口（Ethernet），通信速率为 10Mbps；
- 快速以太网端口（FastEthernet），通信速率为 100Mbps；
- 千兆位以太网端口（GigabitEthernet），也称吉比特以太网端口，通信速率为 1Gbps；
- 万兆位以太网端口（TenGigabitEthernet），通信速率为 10Gbps。

interface-number 为端口编号。Cisco 是按照"单元号/插槽号/端口号"的方式给交换机端口编号的。一般中高端的模块化交换机才会有单元号，所以，低端产品一般采用"插槽号/端口号"方式编号。

例 1：显示 Catalyst 2960-24-TT 交换机的第 5 个端口（没有插槽，认为是 0 号插槽）。结果如图 2.15 所示。

```
Switch#show interface fastethernet 0/5
FastEthernet0/5 is down, line protocol is down (disabled)
......
```

图 2.15　显示端口信息

显示结果是物理链路 down，数据链路协议 down，这种情况下，这个端口不能工作。正常通信情况下，物理链路和数据链路协议都要 up。

例 2：查看 Catalyst 3750 交换机上 1 号单元上的 0 号插槽 2 号快速以太网端口。

```
Switch#show interface fastethernet 1/0/2
```

（7）查看 FLASH 和 NVRAM 中的内容。

```
Switch#show flash
Switch#show nvram
```

（8）查看 ARP 地址表。

```
Switch#show arp
```

网络管理员可以根据 ARP 表查看有没有病毒攻击，分析出攻击源。

2.5　配置交换机端口安全性

交换机端口安全性
配置视频

1．端口安全性介绍

端口安全（Port Security）是一种网络接入安全机制，是对已有的 802.1x 认证和 MAC 地址认证的扩充。但对端口配置来讲，使用了 802.1x 就不能使用端口安全，使用了端口安全就不能使用 802.1x。

端口安全是通过限制端口允许的最大 MAC 地址数量，规定所允许接收的数据帧的源 MAC 地址，对于非法的源地址的数据帧采取一定处理措施的。

配置端口安全流程如图 2.16 所示。

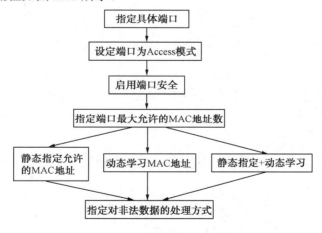

图 2.16　配置端口安全流程

先来看一个如图 2.17 所示的端口安全性实例。将 Catalyst 2960 的第 1 号端口设置为安全端口，1 号端口连接一个集线器，集线器连接多台计算机，要求端口最多允许接入的 MAC 地址数为 2，允许接收源 MAC 地址为 0021.9BF1.578E 和 0030.8C6D.3490 的数据帧，丢弃其他的数据帧，这样只有 PC0 和 PC1 能够访问服务器，而 PC2 却不能访问服务器。

```
Switch(config)#interface fastethernet 0/1
Switch(config-if)# switchport mode access
Switch(config-if)# switchport port-security
```

```
Switch(config-if)# switchport port-security maximum 2
Switch(config-if)# switchport port-security mac-address 0021.9BF1.578E
Switch(config-if)# switchport port-security mac-address 0030.8C6D.3490
Switch(config-if)# switchport port-security violation protect
Switch(config-if)#end
```

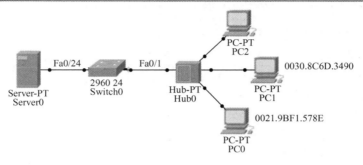

图 2.17　端口安全性实例

执行以上配置后，只有 PC0 和 PC1 能够通过交换机访问服务器，而 PC2 不能访问服务器。PC0、PC1、PC2 之间的互相访问是没有问题的。

需要注意的是，如果用交换机来替代图中的集线器，要达到前面同样的效果，需要将"switchport port-security maximum 2"改为"switchport port-security maximum 3"，因为交换机自身有一个 MAC 地址，而集线器没有。

2．端口安全性配置步骤

第一步：指定具体端口。

配置端口安全的交换机端口要满足以下条件：不能是聚合端口（Aggregate Port），不能是镜像端口（Switched Port Analyzer），必须是一个接入端口（Access Port）。例如：

```
Switch(config)#interface fastethernet 0/1
```

第二步：将端口指定为 Access 模式。例如：

```
Switch(config-if)#switchport mode access
```

第三步：启用端口安全。

启用端口安全命令语法如下：

```
switchport port-security
```

例如：

```
Switch(config-if)#switchport port-security
```

第四步：指定端口最大允许的 MAC 地址数。

指定端口最大允许的 MAC 地址数的语法如下：

```
switchport port-security maximum value
```

value 是最大允许的 MAC 地址的个数。

例如，指定交换机端口允许接入的 MAC 地址数为 2。

```
Switch(config-if)#switchport port-security maximum 2
```

第五步：指定允许接收数据帧的源 MAC 地址。

只接收指定源 MAC 地址的数据帧，交换机对其他源 MAC 地址的数据帧将按照指定的方式进行处理，处理方式见第六步。

指定源 MAC 地址的方式有三种，配置时只能选择其中的一种。

① 静态（Static）地址。

静态指定 MAC 地址时，可以指定具体的 MAC 地址，MAC 地址用点分十六进制形式表示，这种方式指定的 MAC 地址明确，对应的 IP 地址不明确；可以指定 IP 地址，这种方式 IP 地址明确，MAC 地址不明确，当 IP 地址从一台机器换到另一台机器时，MAC 地址会被改变；也可以指定 MAC 地址和 IP 地址的绑定，这种方式 MAC 和 IP 地址都明确。静态指定的三种语法如下：

```
switchport port-security mac-address mac-address
```

或

```
switchport port-security ip-address ip-address
```

或

```
switchport port-security mac-address mac-address ip-address ip-address
```

这三种指定方式一般不同时使用，同时使用也只有一种方式有效。后两种同时设置时，哪种方法后设置，哪种方法就生效；既设置了后面的方法，又设置了第一种方法时，则第一种无效。

图 2.18 中显示的配置，只有最后一条有效。交换机端口只接收来自 IP 地址为 192.168.1.3 的 MAC 地址的数据帧，其他数据帧将按照第六步的方式处理。

```
Switch (config-if)# switchport port-security mac-address  0030.8C6D.3490  ip-address 192.168.1.2
Switch (config-if)# switchport port-security mac-address 0021.9BF1.578E
Switch (config-if)# switchport port-security ip-address 192.168.1.3
```

图 2.18　静态安全地址设置

② 动态（Dynamic）地址。

动态学习 MAC 地址的方法使用交换机的 MAC 地址学习功能，不需要做任何配置。

③ 黏性（Sticky）地址。

合法 MAC 地址可以静态指定产生，也可以动态学习产生，或者静态和动态组合产生。配置时使用 sticky 关键字。配置语法如下：

```
switchport port-security mac-address sticky [mac-address]
```

例如，端口允许的最大 MAC 地址数为 3，指定了一个 MAC 地址，其余动态学习。配置如图 2.19 所示的黏性（Sticky）地址。

```
Switch (config-if)# switchport port-security maximum 3
Switch (config-if)# switchport port-security mac-address sticky
Switch (config-if)# switchport port-security mac-address sticky  0021.9BF1.578E
```

图 2.19　黏性（Sticky）地址配置

第六步：指定对违例数据的处理方式。

未经授权的 MAC 地址或超过规定的 MAC 地址数目以外的指定 MAC 地址发来数据帧，称为违例。

违例产生时按 3 种方式处理。

① protect：当安全地址数达到规定数目后，安全端口丢弃规定数目指定 MAC 之外的数据帧，不发送通知。

② restrict：丢弃数据帧，发送一个 trap 通知。

③ shutdown：禁用端口，发送一个 trap 通知。

例如，只允许 MAC 地址为 0021.9BF1.578E 的一台计算机连接 Catalyst 3750 的第 6 号端口，违例处理措施为 protect。

```
switch(config)#interface fastethernet 1/0/6
switch(config-if)#switchport mode access
switch(config-if)#switchport port-security
switch(config-if)#switchport port-security maximum 1
switch(config-if)#switchport port-security mac-address 0021.9BF1.578E
switch(config-if)#switchport port-security violation protect
switch(config-if)#end
```

3. 配置端口绑定

端口安全性配置可以为端口指定一个或多个合法 MAC 地址，实现了端口与 MAC 地址的绑定。而端口绑定是在全局模式下利用 ARP 协议，将 IP 地址解析为绑定于某个端口固定的 MAC 地址。端口只接收 IP 地址和 MAC 地址对应的数据包。

在计算机的命令行模式下，可以执行 "arp –s 192.168.1.2 0021.9BF1.578E" 命令来静态指定 IP 地址 192.168.1.2 对应 MAC 地址 0021.9BF1.578E，通过静态指定地址解析，实现了 IP 地址与 MAC 地址的绑定。

同一个 MAC 地址，只能绑定一次。交换机上端口绑定的语法如下：

arp ip-address mac-address **arpa** interface-type interface-number

例如，将 Catalyst 3750 的第 6 号端口与 IP 地址 192.168.1.2、MAC 地址 0021.9BF1.578E 进行绑定：

```
switch(config)#arp 192.168.1.2 0021.9BF1.578E arpa fastethernet 1/0/6
```

2.6 配置二层交换机端口聚合

端口聚合是指将多个以太网端口聚合成一个逻辑上的以太网通道（Ethernet Channel），将连接于这些以太网端口的多个物理链路聚合为一个逻辑链路。端口聚合常用于设备之间的级联，多条级联链路可以聚合为一条逻辑链路，提高级联的带宽。同一以太网通道内的各个成员端口之间彼此动态备份，从而提高了连接的可靠性。如果不采用链路聚合，两条上联链路会使用生成树算法，只有一条上联链路是活动的，另一条上联链路只起备份作用。

也就是说，不采用聚合，两条 100Mbps 的上联链路，可用带宽一共只有 100Mbps；而采用端口聚合，两条 100Mbps 的上联链路，可聚合为 200Mbps 的带宽。参与聚合的端口越多，聚合后的逻辑链路带宽越高。

以端口聚合为例。两台 Catalyst 3560 的 G0/1 和 G0/2 口互相连接，要进行链路的聚合，形成 2000Mbps 的逻辑链路。两条链路根据目的 IP 地址做负载均衡。

如图 2.20 所示，如果不进行链路聚合，两条链路只有一条能传输数据，另一条做备份。而聚合后，两条链路就都可以传输数据，既增加了带宽，还可以实现负载均衡。

图 2.20　交换机端口聚合

两台 Catalyst 3560 交换机的参考配置如下：

```
Switch(config)# interface gigabitethernet 0/1
Switch(config-if)#channel-group 1 mode on
Switch(config-if)#interface gigabitethernet 0/2
Switch(config-if)#channel-group 1 mode on
Switch(config-if)#interface port-channel 1
Switch(config-if)#switchport mode trunk
Switch(config-if)#exit
Switch(config)#port-channel load-balance des-ip
```

上面的例子将交换机的 G0/1 和 G0/2 口使用端口聚合命令"channel-group"聚合成一个以太网通道端口"port-channel 1"，在这个以太网通道端口根据目的 IP 地址来实现负载均衡。

Cisco 交换机的端口聚合可采用手工聚合和协议聚合两种方式。

当使用协议聚合时，Cisco 交换机支持国际标准协议链路聚合控制协议（Link Aggregate Control Protocol，LACP）和 Cisco 私有协议端口聚合协议（Port Aggregate Protocol，PAgP）。

在接口配置模式下将二层端口聚合的命令语法如下：

```
channel-group number mode active|auto| desirable|passive|on
```

参数说明如下。
● channel-group：为聚合后的以太网通道。
● number：以太网通道号，可为任意数字。
● active：启用 LACP 协议。
● auto：仅在检测到 PAgP 设备时使用 PAgP 协议。默认设置为 auto。
● desirable：启用 PAgP 协议。
● passive：仅在检测到 LACP 设备时使用 LACP 协议。
● on：表示仅仅使用 Ethernet Channel。

例如：

```
Switch(config)#interface gigabitfastethernet 0/1
Switch(config-if)#channel-group 1 mode on
```

Catalyst 2900 平台不支持 PAgP，要使用端口聚合，可以使用 on。

端口聚合后的以太网通道就像一个交换机端口一样使用。以太网通道口类型为 Port-Channel。例如：

```
Switch(config)#interface port-channel 1
Switch(config-if)#switchport mode trunk
```

在配置了基于二层的端口聚合后，还可以在全局配置模式下，指定组成以太网通道的各端口的负载均衡算法。默认均衡算法为源 MAC 地址。负载均衡算法配置语法为：

```
port-channel load-balance method
```

method 的可选值如下：

src-ip（源 IP 地址）、dst-ip（目的 IP 地址）、src-dst-ip（源和目的 IP 地址）；

src-mac（源 MAC 地址）、dst-mac（目的 MAC 地址）、src-dst-mac（源和目的 MAC 地址）；

src-port（源端口号）、dst-port（目的端口号）、src-dst-port（源和目的的端口号）。

例如，以太网通道根据数据包目标 MAC 地址实现负载均衡：

```
Switch(config)#port-channel load-balance dst-mac
```

2.7 配置交换机端口镜像

端口镜像（Port Mirroring）就是将一个或多个源端口、一个或多个源 VLAN 的网络流量镜像（复制）到某个目的端口，然后在这个目的端口上连接网络分析仪，捕获数据包进行分析。端口镜像可以本地镜像和远程镜像。本地镜像是指源和目的在同一交换机上，远程镜像可以跨交换机。

端口镜像配置要针对具体的交换机进行，不同交换机的配置命令和方法不一样，甚至相同型号不同版本交换机的端口镜像配置也不一样。这里只提供一种例子。

① Cisco 2900XL 等老型号的交换机，在接口模式下使用 port monitor 命令。

例如，在端口 1 上监听端口 2 和端口 3 的流量，配置如下：

```
Switch(config)#interface fastethernet 0/1
Switch(config-if)#port monitor fastethernet 0/2
Switch(config-if)#port monitor fastethernet 0/3
Switch(config-if)#end
```

查看端口镜像配置信息，可使用"show port monitor"命令。如图 2.21 所示，结果显示端口 1 监控端口 2 和端口 3。

```
Switch#show port monitor
    Monitor Port          Port Being Monitored
    ——————————            ————————————————
    FastEthernet 0/1      FastEthernet 0/2
    FastEthernet 0/1      FastEthernet 0/3
```

图 2.21 查看端口镜像

取消端口镜像，使用"no port monitor"命令。例如，如下命令取消端口 1 作为镜像端口：

```
Switch(config)#interface fastethernet 0/1
Switch(config-if)#no port monitor
```

② Cisco 2960、3560、3750、6500 系列配置方法。

与老型号的交换机端口镜像在接口模式下配置不同，Cisco 2960 等是在全局配置模式下进行配置的。

在全局配置模式下分别定义被监控的端口和监控端口为同一个会话（Session），可以同时定义多个监控端口，即同时定义多个会话。定义监控会话的命令语法如下：

```
monitor session session-number source| destination {interface-type
interface-number}|{vlan vlan-id}
```

"session-number"为会话的编号，用于区别其他会话，为任意数字。

例如，对 Cisco 2960 交换机设置端口镜像。在端口 1 上监控端口 2 和 VLAN 2、VLAN 3 的流量，在端口 10 上监控端口 8 和端口 9 的流量，在 20 号端口上远程监控 VLAN 5 的流量。配置如下：

```
Switch(config)#monitor session 1 source vlan 2 - 3
Switch(config)#monitor session 1 source interface fastethernet0/2
Switch(config)#monitor session 1 destination interface fastethernet0/1
Switch(config)#monitor session 2 source interface fastethernet0/8
Switch(config)#monitor session 2 source interface fastethernet0/9
Switch(config)#monitor session 2 destination interface fastethernet0/10
Switch(config)#monitor session 3 source remote vlan 5
Switch(config)#monitor session 3 destination interface fastethernet0/20
```

其中，监控端口为目的端口（Destination），被监控端口和 VLAN 称为源端口；一组源和一个目的之间构成一个会话（Session），用一个数字来代表一个会话。会话 2 是指在端口 10 上监控端口 8 和端口 9 的流量。

2.8　本地配置交换机实训

尽管交换机可以进行远程配置和管理，但还是需要通过本地配置做一些准备工作。下面通过本地配置方法来学习交换机的一些常用配置。

- 本地配置前期有哪些准备工作？
- 如何设置交换机的登录密码？
- 怎样设置特权加密密码和特权明文密码，它们的作用是什么？
- 如何清除特权密码？
- 如何将当前配置保存到启动配置文件？
- 如何查看所做的配置？

1．基本要求

用笔记本电脑或台式计算机对一台交换机进行本地配置，配置参数描述如表 2.2 所示。

表 2.2　交换机配置参数

交换机名称	class
Console 端口密码	local
特　权　密　码	cisco
特权加密密码	study

2．本地配置准备工作

（1）控制终端的连接与配置。

① 物理连接控制终端与交换机。

用交换机附带的配置线缆一端通过 RJ45 与交换机的 Console 端口相连，另一端与计算机的串口（如 COM1 口）相连，如图 2.22 所示。

② 建立超级终端会话。

在"开始"→"程序"→"附件"→"通讯"中选择"超级终端"命令，如图 2.23 所示。出现"连接描述"对话框，输入名称（如 Cisco），选择任意图标后单击"确定"按钮，

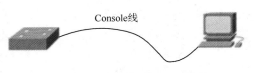

Console线

图 2.22　交换机本地配置连接

如图 2.24 所示。

图 2.23 选择"超级终端"命令

图 2.24 "连接描述"对话框

进入"连接到"对话框后，根据控制线连接情况，选择所连接的 COM 端口，如"COM1"，然后单击"确定"按钮，如图 2.25 所示。

弹出"COM1 属性"对话框，如图 2.26 所示。单击"还原为默认值"按钮，即波特率为"9600"，数据位为"8"，奇偶校验为"无"，停止位为"1"，数据流控制为"无"，单击"确定"按钮，进入终端与交换机会话形式。

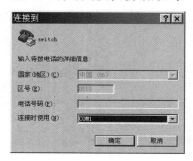

图 2.25 "连接到"对话框

图 2.26 COM1 属性

（2）给交换机加电。

超级终端上显示启动信息，当询问是否进行对话配置时，输入"n"，表示不进行对话配置，直接进入命令行配置。接着会显示"Press RETURN to get started."，按回车键进入交换机的用户模式"Switch>"。

默认情况下，交换机进入用户模式不需要密码，用户模式下能做的事情很少，可以做一些查看和诊断工作，不能对交换机进行配置。为了提高交换机的安全性，可以对交换机进行登录密码设置，这样，即使想进入用户模式也需要密码。

3. 设备配置

（1）给交换机命名。

给交换机命名需要在全局配置模式下进行，输入命令后系统会弹出一些状态提示信息或问题提示信息。

```
Switch>enable
Switch#configure terminal
```

```
Enter configuration commands, one per line.  End with CNTL/Z.
Switch(config)#hostname class
class(config)#
```

可以看到，通过"hostname"命令，将交换机的默认名称"Switch"更改为了"class"。

（2）设置交换机 Console 端口登录密码。

本地配置是通过 Console 端口登录交换机的，登录时不需要输入密码就可以进入用户模式，这样似乎不够安全。可以为 Console 端口设置一个登录密码，从 Console 端口登录时就需要输入密码才能进入用户模式。

```
class(config)#line console 0
class(config-line)#password local
class(config-line)#login
```

重新从 Console 端口登录时需要输入密码"local"。尝试的方法是在用户模式下用"exit"退出用户模式，再重新按回车键登录。

```
class>exit
class con0 is now available

Press RETURN to get started.    !--按回车键后，要求 Console 端口接入认证

User Access Verification
Password:                       !--输入刚才设置的 Console 端口用户认证密码 local

class>
```

如果要清除登录密码，还需要进入 Console 端口，然后执行"no password"来清除登录密码。

```
class(config-line)#no password
```

（3）设置特权加密密码和特权明文密码。

默认情况下，从用户模式进入特权模式不需要密码，因为特权模式可以修改交换机的配置，所以不要密码是不安全的。可以通过"enable password"命令设置一个明文密码，也可以通过"enable secret"设置一个加密密码。前者设置的密码在查看当前配置文件时，会看到明文显示的密码；而后者设置的加密密码，在查看时却只能看到一串乱七八糟的字符串，那是一串加密了的密码。

```
Switch(config)#hostname class
class(config)#enable password cisco    !--不加密密码
class(config)#enable secret study      !--加密密码
class(config)#exit
%SYS-5-CONFIG_I: Configured from console by console
class#exit
```

只需要设置一种密码，即使设置了两种特权密码，也只有加密密码"study"生效。下面分别尝试输入密码"cisco"、不输入密码、输入"study"，会发现前两种都要求重新输入密码，最后一次尝试通过。

```
class>enable
Password:                       !--第一次尝试特权密码，输入了 cisco，要求重输
Password:                       !--第二次尝试，什么也不输，又要求重输
Password:                       !--最多只允许尝试三次。输入 study，进入了特权模式
class#
```

在全局配置模式下，执行"no enable password"可以清除明文特权密码，执行"no enable secret"可以清除加密特权密码。

```
class(config)#no enable password
class(config)#no enable secret
```

如果既设置了明文特权密码又设置了加密特权密码，就要这两条命令都执行才能清除特权密码。

（4）将当前配置保存到启动配置文件。

对交换机所做的配置以running-config文件保存在内存中，一旦断电，所做的配置就会丢失。在特权模式下，执行"write memory"可以将当前配置保存到启动配置文件（startup-config），这样，即使交换机重启也不会丢失已有的配置。

```
class #write memory
```

也可以使用"copy running-config startup-config"将当前配置保存到启动配置文件，效果和"write memory"一样。

```
class # copy  running-config  startup-config
```

命令是可以缩写的，如：

```
class # copy  run  start
```

可以简化命令的书写和记忆。

（5）查看配置。

可以在特权模式下查看交换机的启动配置和当前配置，对初学者来说，养成查看配置的习惯是很好的，可以查找问题，并能更好地理解交换机。

查看当前运行配置用如下命令：

```
Switch#show  running-config  （可以缩写为Switch#sh  run）
```

查看启动配置用如下命令：

```
Switch#show  startup-config  （可以缩写为Switch#sh  start）
```

交换机刚上电时，是将启动配置调入内存来运行的，所以刚开机时启动配置和当前运行配置的内容是一样的。当交换机进行了新的配置后，当前运行配置和启动配置的内容就不一样了。

（6）错误命令的处理。

交换机有很多配置模式，每种配置模式下有各自所能配置的命令，可以用"?"查看当前模式下可以执行的命令。

如果输入的命令正确，而所跟的参数错误，系统会在出错的位置用"^"指明，并给出"Invalid input detected at '^' marker."提示。如：

```
Switch>sh run
           ^
% Invalid input detected at '^' marker.
```

如果在当前模式下输入了一个错误命令，系统会进入一个漫长的解析过程，试图对这个错误的命令进行解释执行。这个漫长的时间里，你什么也做不了，只能等待。如输入三个字

符 "xxx"，由于没有这个命令，交换机就会试图解析。错误信息如下：

```
Translating "quit"...domain server (255.255.255.255)
% Unknown command or computer name, or unable to find computer address
```

在全局配置模式下执行如下命令关闭域名解析，就可以解决漫长的等待问题。

```
Switch(config)#no ip domain-lookup
```

关闭域名解析后输入错误命令，交换机会立即显示出错信息，进入命令行状态。

4．相关知识

（1）配置域名服务。

交换机的命令是解释执行的，称为 EXEC。当命令中遇到域名时，只要开启了域名解析，交换机就开始查找域名服务器，试图解析为 IP 地址。默认情况下是开启域名解析的，只是没有指定域名服务器。在输入的过程中如果输入了错误的命令，交换机会将错误命令认为是一个域名，就会进行长时间解析，因为根本找不到错误命令对应的 IP 地址（甚至根本找不到域名服务器）。例如，在特权模式下输入一个错误命令，产生的效果如图 2.27 所示。

```
Switch#cisc
Translating "cisc"...domain server (255.255.255.255)
% Unknown command or computer name, or unable to find computer address
```

图 2.27　解析错误命令

这样的情况出现，就会浪费时间，所以经常需要关闭域名解析。

① 关闭和启动域名解析。

● 关闭域名解析

域名解析是默认打开的，在全局配置模式下执行如下命令关闭域名解析：

```
Switch(config)#no ip domain-lookup
```

关闭域名解析后输入错误命令，交换机会立即显示出错信息，进入命令行状态，如图 2.28 所示。

```
Switch#cisc
Translating "cisc"
% Unknown command or computer name, or unable to find computer address
Switch#
```

图 2.28　关闭解析后对错误输入的处理

● 开启域名解析

在全局配置模式下执行如下命令开启域名解析：

```
Switch(config)#ip domain-lookup
```

只开启域名解析是不够的，还需要指定域名服务器，才能够完成域名解析的任务。

② 指定域名服务器的 IP 地址。

和计算机一样，交换机可指定多个 DNS 服务器地址，但这些服务器需要能被交换机的管理地址访问。命令语法为：

```
ip name-server serveraddress1[serveraddress2…serveraddress6]
```

最多可指定 6 个域名服务器，排在前面的为首选，多个域名服务器 IP 地址之间用空格隔开。例如，指定交换机在解析域名时使用的域名服务器地址为 202.20.13.5 和 78.63.123.2，配置命令如下：

```
Switch(config)#ip name-server 202.20.13.5 78.63.123.2
```

（2）配置交换机的认证密码。

通过 Console 端口或通过 VTY 连接到交换机时，为了保证交换机的安全性，网络管理员需要为其设置密码，对接入用户进行认证，合法用户才能查看交换机信息。

① 配置 Console 端口登录密码。

```
Switch(config)#line console 0
Switch(config-line)#password cisco
Switch(config-line)#login
```

说明：

● line console 0，指进入 0 号 Console 端口。只有一个 Console 端口时，就是 0 号。
● password cisco，指为 0 号 Console 端口设置接入密码 "cisco"。这个密码是任意的字母和数字组合。密码虽然被配置，但只有在指明要求接入认证时才使用。否则，即使设置了密码，接入时也无须认证。默认情况下，Console 端口是不需要接入认证的。
● login，指开启认证，要求接入用户进行密码认证。在设置开启认证之前，认证密码必须已经被设置。

如果需要取消密码认证，可在命令前面加 "no"。Cisco 交换机和路由器都采用在命令前加 "no" 的方式来实现相反的操作。

```
Switch(config-line)#no login
```

这样设置后，只是 Console 端口不要求接入用户进行密码认证，先前设置的认证密码还存在。

② 配置 enable 密码。

从用户模式进入特权模式时，为了交换机的安全，只允许合法的特权用户进入，需要对交换机设置密码，以保护交换机的正常配置不受破坏。这个密码称为 enable 密码，一般是网络管理员在配置交换机时设置的。

可以通过 enable password 或 enable secret 两个命令设置。前者设置的密码以明文的方式存储在配置文件中，后者设置的密码以加密方式存储在配置文件中。只需要设置一种密码，如果同时采用了两种方式，只有加密密码才有效。

例如，网络管理员可以为交换机设置明文特权密码为 "class"：

```
Switch(config)#enable password class
```

还可以再设置加密特权密码 "cisco"：

```
Switch(config)#enable secret cisco
```

设置了 enable 密码的交换机从用户模式进入特权模式时，就需要提供密码。用户输入的密码不会在终端显示，只允许尝试三次密码，三次不正确就回到用户模式，三次之内成功就进入特权模式。

练 习 题

一、填空题

1. 网络在开放系统互联参考模型的_____层实现局域网互联。

2. 以太网交换机的数据交换方式有_____、_____、_____。

3. 从用户模式通过_____命令进入特权模式；从特权模式通过_____命令进入全局配置模式。

4. 主机名在_____模式下配置，特权密码在_____模式下配置。

5. 用_____命令显示运行配置，用_____命令保存运行配置。

6. 3 个千兆口聚合为一个以太网通道，这个以太网通道的带宽是_____千兆。

7. IP 地址在_____模式下配置。

8. 用_____命令可以禁用一个端口。

9. 用_____命令可以查看 iOS 版本。

10. 交换机接口有_____、_____、_____三种工作模式。

二、选择题

1.（　　）命令显示交换机初始化配置。

 A．show running-config   B．show startup-config

 C．show version   D．show mac-address-table

2. OSI 开放系统互联模型中，（　　）可以建立、管理和维护应用程序之间的会话。

 A．应用层   B．数据链路层   C．网络层   D．会话层

3. 关闭地址解析功能使用（　　）命令。

 A．no shutdown   B．no enable secret

 C．no ip domain-lookup   D．no ip address

4. 使用（　　）命令，可以显示所在模式下的所有可执行命令。

 A．list   B．dir   C．show   D．？

5. 交换机如何知道将帧转发到端口？（　　）

 A．用 MAC 地址表   B．用 ARP 地址表

 C．根据 IP 地址   D．读取源 MAC 地址

6. 配置端口安全参数时，指定可接收数据源 MAC 地址的方式不包含（　　）。

 A．静态指定   B．动态学习   C．黏性地址   D．以上都不对

7."Switch(config)#line vty　0 5"是指（　　）条虚拟终端线路。

 A．0   B．4   C．5   D．6

8. 同时设置了 enable secret 和 enable password 两种特权密码，（　　）密码有效。

 A．enable secret   B．enable password   C．两种   D．没有

9. 关于 IOS 的命令行配置，下列哪种说法是不正确的？（　　）

 A．CLI 命令不区分大小写   B．CLI 支持缩写命令

 C．CLI 支持命令补全   D．CLI 可随时使用 help 命令获取帮助

10. 以下说法正确的是（　　）。

A．MAC 地址表是网络管理员配置的 　　　B．MAC 地址表是出厂时设置好的

C．MAC 地址表是交换机自动学习的 　　　D．以上都不对

三、综合题

1．配置 Catalyst 2960 的 10 号端口为安全端口，只接收一个源 MAC 地址"02F5.327A.B023"的数据，对违例数据进行丢弃处理。

2．配置 Catalyst 3560 的两个千兆口 G0/1 和 G0/2 为以太网通道组 2，作为 Trunk 链路，采用基于目的 MAC 地址的负载均衡。

3．将交换机 Catalyst 3750 的 F1/0/2 端口绑定到 IP 地址"192.168.1.2"和 MAC 地址"05F5.3B7A.BF26"。

任务 3　企业网络划分虚拟局域网

为了限制广播流量，提高网络的安全性，方便网络的施工和管理，通常会在企业网中划分多个虚拟局域网（VLAN），将业务相关的计算机划分到一个虚拟工作组，每个虚拟工作组就像一个独立的局域网一样。

本任务通过完成企业网的 VLAN 划分和 IP 地址规划来理解 VLAN 的应用、概念、划分方式、创建、命名、删除，以及 VLAN 成员的添加和删除，着重介绍 VTP 协议的使用、VLAN 的封装和修剪。

3.1　了解虚拟局域网

虚拟局域网（Virtual Local Area Network，VLAN）是一种将物理局域网根据某种网络特征从逻辑上划分（注意，不是从物理上划分）成多个网段，从而实现虚拟工作组内的数据交换的技术。划分后的 VLAN 具有局域网的所有特征，一个 VLAN 内部的广播和单播流量不会转发到其他 VLAN 中，从而可以隔离网络上的广播流量、提高网络的安全性。

随着 VLAN 技术的出现，网络管理员可以根据实际应用需求，基于某个条件，把同一物理局域网内的不同用户的逻辑地划分成不同的广播域。由于它是从逻辑上划分的，而不是从物理上划分的，因此同一个 VLAN 内的各个工作站没有限制在同一个物理范围中，即这些工作站可以位于不同的物理 VLAN 网段。

VLAN 可应用于交换机和路由器中，但目前主流应用还是在交换机之中。不过不是所有交换机都具有 VLAN 功能，这一点可以查看相应交换机的说明书。

1. 为什么要划分 VLAN

没有划分 VLAN 的传统局域网处于同一个网段，是一个大的广播域，广播帧占用了大量的带宽，当网络内的计算机数量增加时，广播流量也随之增大，广播流量大到一定程度时，网络效率急剧下降，所以给网络分段是一个提高网络效率的办法。网络分段后，不同网段之间的通信又是一个需要解决的问题。原先属于一个网段的用户，要调整到另一个网段时，需要将计算机搬离原来的网段而接入新的网段，因此又会出现重新布线的问题。

虚拟局域网技术的出现很好地解决了上述问题。

VLAN 的作用主要有：

- 提高了网络通信效率。由于缩小了广播域，一个 VLAN 内的单播、广播不会进入另一个 VLAN，减小了整个网络的流量。
- 方便了维护和管理。VLAN 是逻辑划分的，不受物理位置的限制，给网络管理带来了方便。
- 提高了网络的安全性。不同 VLAN 之间不能直接通信，杜绝了广播信息的不安全性。要求高安全性的部门可以单独使用一个 VLAN，以有效防止外界的访问。

2．可以基于哪些网络特征划分 VLAN

VLAN 目前主要在交换机上划分，可以分为静态 VLAN 和动态 VLAN。静态 VLAN 明确地指定交换机的端口分别属于哪个 VLAN，动态 VLAN 则根据交换机端口上所连接的计算机的情况来决定属于哪个 VLAN。普遍使用的是基于端口的静态 VLAN。

VLAN 实现的方法很多，IP 组播实际上就是一种 VLAN 的定义，即认为一个 IP 组播就是一个 VLAN。通过 IP 组播，VLAN 可以跨域路由器延伸到广域网。但 VLAN 主要是在交换机上定义的，通常采用以下几种定义方法。

（1）基于端口划分 VLAN。

基于端口划分的 VLAN 属于静态 VLAN，是将交换机上的物理端口分成若干个组，每个组构成一个虚拟网，相当于一个独立的 VLAN 交换机。基于端口的划分方法也是最常应用的一种 VLAN 划分方法，目前绝大多数交换机都提供这种 VLAN 划分方法。一台没有划分 VLAN 的交换机，所有的端口属于同一个 VLAN。基于端口划分 VLAN 时，每个端口只能属于一个 VLAN。

VLAN 流量可以跨越交换机，多个 VLAN 通过一条物理线路时，需要给数据帧打标签，以区分不同的 VLAN 流量。

从这种划分方法本身可以看出，其优点是定义 VLAN 成员非常简单，只要将所有的端口都定义为相应的 VLAN 组即可，适合于任何大小的网络。它的缺点是如果某用户离开了原来的端口，到了一个新交换机的某个端口，就必须重新定义。

（2）基于 MAC 地址划分 VLAN。

基于 MAC 地址的 VLAN 是动态 VLAN，就是依据 MAC 地址分成若干个组，同一组的用户构成一个虚拟局域网。它实现的机制就是每一块网卡都对应唯一的 MAC 地址，VLAN 交换机跟踪属于某个 VLAN 的 MAC 地址。这种方式的 VLAN 允许网络用户从一个物理位置移动到另一个物理位置时自动保留其所属 VLAN 的成员身份。

由这种划分的机制可以看出，这种 VLAN 划分方法的最大优点就是当用户物理位置移动时，即从一个交换机换到其他的交换机时，VLAN 不用重新配置，因为它是基于用户而不是基于交换机端口的。这种方法的缺点是，初始化时必须添加所有用户的 MAC 地址，计算机较多时工作量很大，所以这种划分方法通常适用于小型局域网。

基于 MAC 地址的 VLAN 在交换机上配置时，除了配置交换机参数，还需要配置 VMPS（虚拟局域网管理策略服务器，一种 C/S 结构的软件，交换机一般作为客户机），在 VMPS 上配置 MAC 地址与 VLAN 的映射关系。

（3）基于网络层协议划分 VLAN。

基于网络层协议的 VLAN 也是动态的，可划分为 IP、IPX、DECnet、AppleTalk、Banyan 等 VLAN 网络。这对于希望针对具体应用和服务来组织用户的网络管理员来说是非常具有吸引力的。而且，用户可以在网络内部自由移动，但其 VLAN 成员身份仍然保持不变。

其中，基于交换机端口的 VLAN 是企业网中使用最多也是最简单的，只需要在交换机上配置，不需要另外的软件支持。

3.2　了解配置 VLAN 的命令

1．基于端口划分 VLAN

目前的交换机基本上都支持 VLAN 划分，但不同系列的交换机所支持的 VLAN 数目是不一样的。例如，Catalyst 2950 交换机支持 64 个 VLAN，Catalyst 3550 支持 1005 个 VLAN。新交换机中有 VLAN 1、VLAN 1002、VLAN 1003、VLAN 1004 以及 VLAN 1005 这 5 个默认 VLAN，所有的交换机端口默认情况下都属于 VLAN 1，VLAN 1 称为本地 VLAN（Native VLAN），生成树协议（STP，可防止局域网路）的桥接协议数据单元（BPDU）、VLAN ID（VLAN 的编号）的信息等都要通过本地 VLAN 来传输。默认 VLAN 不能被删除。可以通过"show vlan"命令来查看交换机的 VLAN 信息。

交换机基于端口的
VLAN 划分视频

例如，在 Catalyst 2960 交换机上执行"show vlan"命令，可以看到的 VLAN 信息如图 3.1 所示。

```
Switch#sh vlan

VLAN Name                             Status    Ports
---- -------------------------------- --------- -------------------------------
1    default                          active    Fa0/1, Fa0/2, Fa0/3, Fa0/4
                                                Fa0/5, Fa0/6, Fa0/7, Fa0/8
                                                Fa0/9, Fa0/10, Fa0/11, Fa0/12
                                                Fa0/13, Fa0/14, Fa0/15, Fa0/16
                                                Fa0/17, Fa0/18, Fa0/19, Fa0/20
                                                Fa0/21, Fa0/22, Fa0/23, Fa0/24
                                                Gig1/1, Gig1/2
1002 fddi-default                     active
1003 token-ring-default               active
1004 fddinet-default                  active
1005 trnet-default                    active
```

图 3.1　Catalyst 2960 交换机上显示的 VLAN 信息

基于端口划分 VLAN 有两步：创建 VLAN 和给创建的 VLAN 指定端口成员。

第一步：创建 VLAN。

除了默认 VLAN，还可以在交换机上创建 VLAN，既可以在全局配置模式下创建，也可以在 VLAN 数据库模式下创建。但是，Cisco 不推荐在 VLAN 数据库模式下创建 VLAN。

（1）在全局配置模式下创建和删除 VLAN。

在全局配置模式下创建 VLAN 的语法为：

> **vlan** vlan-id

"vlan-id"为 VLAN 的编号。

创建了 VLAN 后，还可以给所创建的 VLAN 起个有意义的名字。在全局配置模式下给 VLAN 命名的语法为：

> **name** vlan-name

"vlan-name"为给 VLAN 所起的名称，可以起到帮助记忆 VLAN 的用途。

如果创建的 VLAN 不再使用了，也可以删除。在全局配置模式下删除 VLAN 的语法为：

```
no vlan vlan-id
```

下面在 Catalyst 2960 交换机上创建两个 VLAN：VLAN 10 和 VLAN 20，并分别命名为"sales"和"account"。

```
Switch(config)#vlan 10
Switch(config-vlan)#name sales
Switch(config-vlan)#exit
Switch(config)#vlan 20
Switch(config-vlan)#name account
Switch(config-vlan)#exit
Switch(config)#
```

（2）在 VLAN 数据库模式下创建和删除 VLAN。

在 VLAN 数据库模式下创建和删除 VLAN，首先要在特权模式下执行"vlan database"命令，进入 VLAN 数据库模式。当执行这条命令后，交换机就会提醒不推荐在数据库模式下配置 VLAN，推荐在全局配置模式下配置 VTP 和 VLAN，如图 3.2 所示。然后进入 VLAN 数据库模式。

```
Switch#vlan database
% Warning: It is recommended to configure VLAN from config mode,
  as VLAN database mode is being deprecated. Please consult user
  documentation for configuring VTP/VLAN in config mode.

Switch(vlan)#
```

图 3.2　VLAN 数据库模式

在 VLAN 数据库模式下可以创建和删除 VLAN，并可以在创建 VLAN 的同时给 VLAN 命名。

在 VLAN 数据库模式下创建 VLAN 的命令语法为：

```
vlan vlan-id [name vlan-name]
```

在 VLAN 数据库模式下删除 VLAN 的语法为：

```
no vlan vlan-id
```

在 Catalyst 2960 交换机上创建两个 VLAN：VLAN 10 和 VLAN 20，并分别命名为"sales"和"account"，然后将刚才创建的 VLAN 10 删除，如图 3.3 所示。

```
Switch#vlan database
% Warning: It is recommended to configure VLAN from config mode,
  as VLAN database mode is being deprecated. Please consult user
  documentation for configuring VTP/VLAN in config mode.

Switch(vlan)#vlan 10 name sales
VLAN 10 added:
    Name: sales
Switch(vlan)#vlan 20 name account
VLAN 20 added:
    Name: account
Switch(vlan)#no vlan 10
Deleting VLAN 10...
```

图 3.3　在 VLAN 数据库模式下创建和删除 VLAN

此时用"show vlan"命令查看的结果如图 3.4 所示。

可以看到，在 VLAN 数据库里人工创建的 VLAN 只有一个 VLAN 20，VLAN 10 已经被删除了。因为只是创建了 VLAN 20，并没有给它分配交换机端口，所以现在所有的端口都还属于 VLAN 1。

```
Switch(vlan)#exit
APPLY completed.
Exiting...
Switch#sh vlan

VLAN Name                             Status    Ports
---- -------------------------------- --------- -------------------------------
1    default                          active    Fa0/1, Fa0/2, Fa0/3, Fa0/4
                                                Fa0/5, Fa0/6, Fa0/7, Fa0/8
                                                Fa0/9, Fa0/10, Fa0/11, Fa0/12
                                                Fa0/13, Fa0/14, Fa0/15, Fa0/16
                                                Fa0/17, Fa0/18, Fa0/19, Fa0/20
                                                Fa0/21, Fa0/22, Fa0/23, Fa0/24
                                                Gig1/1, Gig1/2
20   account                          active
1002 fddi-default                     active
1003 token-ring-default               active
1004 fddinet-default                  active
1005 trnet-default                    active
```

图 3.4　Catalyst 2960 交换机的 VLAN 情况

第二步：给创建的 VLAN 指定端口成员。

基于端口划分 VLAN 就是将交换机的端口分配给不同的 VLAN，作为各个 VLAN 的成员。将端口分配给某个 VLAN 需要完成以下三个任务：

① 指定端口；

② 设置交换机端口为 Access 模式；

③ 将交换机端口分配给某个 VLAN。

接口配置模式下，将交换机端口分配给某个 VLAN 的命令语法为：

```
switchport access vlan vlan-id
```

例如，上面的例子中，将交换机的快速以太网端口 1 和端口 5～10 加入到 VLAN 20，配置如下：

```
Switch(config)#interface f0/1
Switch(config-if)#switchport mode access
Switch(config-if)#switchport access vlan 20
Switch(config-if)#interface range f0/5 - 10
Switch(config-if-range)#switchport access vlan 20
Switch(config-if-range)#exit
Switch(config)#
```

"interface range" 为指定一个端口范围的命令，f0/5 - 10 为快速以太网端口范围 5～10。

注意："-" 前后各有一个空格。

此时，通过 "show vlan" 命令查看 VLAN 数据库的信息，会发现端口 1 和 5～10 已经属于 VLAN 20 了。

2. 跨交换机的 VLAN 通信

（1）通过 Trunk 端口实现跨交换机的 VLAN 通信。

交换机在划分了 VLAN 后，两台交换机在相同 VLAN 之间的通信怎么解决？如果每对 VLAN 之间使用一条物理连接，只传输本 VLAN 的信息，那么有多少个 VLAN，每台交换机就需要多少个端口用于交换机之间的连接，这样非常浪费交换机的端口。为了节约端口，就出现了 Trunk 技术。Trunk 是连接交换机与交换机的一条物理链路，用于交换机之间传输多个 VLAN 的信息，从而节约了交换机端口，如图 3.5 所示。

跨交换机的 VLAN
创建视频

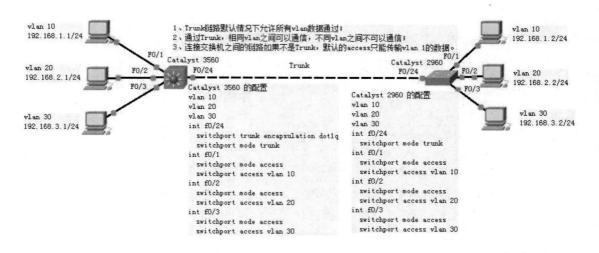

图 3.5　两台交换机之间通过 Trunk 链路传输信息

在接口配置模式下配置 Trunk 的命令语法如下：

```
switchport mode trunk
```

例如，在 Catalyst 3560 和 Catalyst 2960 之间各自通过 F0/24 端口建立 Trunk 链路的参考配置如下。

在 Catalyst 3560 上：

```
Switch(config)#interface f0/24
Switch(config)#switchport trunk encapsulation dot1q   !--配置 Trunk 的 VLAN 数
据帧打标记协议。
Switch(config-if)#switchport mode trunk
```

在 Catalyst 2960 上：

```
Switch(config)#interface f0/24
Switch(config-if)#switchport mode trunk
```

多个 VLAN 的通信流量在交换机之间传输时，交换机之间的级联链路必须采用 Trunk 链路，链路两端的交换机端口必须设置为 Trunk 模式。

那么，不同 VLAN 的信息在 Trunk 里传输是怎么区分的呢？Trunk 链路承载了多个 VLAN 的通信流量，为了区分各个流量属于哪个 VLAN，就需要对 Trunk 链路上来自不同 VLAN 的数据帧做不同的标记（Tag），这样交换机就可以根据这个不同的标记，将来自 Trunk 的数据帧送给不同的 VLAN。

给发送的 VLAN 数据帧打标记是由 Trunk 口上的 VLAN 封装协议完成的，目前使用的 VLAN 封装协议有 IEEE 802.1q 和 ISL 协议。

（2）在 Trunk 口封装 VLAN 协议。

IEEE 802.1q 协议是国际标准 VLAN 封装协议，称为 Virtual Bridged Local Area Networks 协议。

IEEE 802.1q 协议对发往 Trunk 的以太网数据帧打标记时，在以太网的数据帧中间加入了 4 个字节的内容，这 4 个字节的内容包含标记协议标志符（Tag Protocol Identifier，TPID）

以及 VLAN 号等内容。交换机根据这个 TPID 确定数据帧中的 VLAN 标记是哪种 VLAN 封装协议封装的。如果这个 TPID 值为十六进制数 0×8100,说明使用的是 IEEE 802.1q 协议。VLAN 号用 12 位二进制数来表示,最大可表示的 VLAN 数值为 4096。

ISL(交换链路内协议)是 Cisco 私有 VLAN 封装协议,用于 Cisco 交换机之间以及和路由器之间的 VLAN 封装。ISL 协议对发往 Trunk 的以太网数据帧打标记时,在以太网数据帧的头部附加 26 个字节的 ISL 包头、尾部附加 4 个字节的 CRC 校验,总共在以太网数据帧上增加了 30 个字节。当交换机从 Trunk 口接收到 ISL 封装的数据帧后,只要去掉这 30 个字节的头和尾即可,原来的以太网数据帧没有被破坏。

可以看到,IEEE 802.1q 和 ISL 都是为了给不同的 VLAN 数据打标记,但 IEEE 802.1q 封装破坏了以太网的数据帧,而 ISL 封装不破坏以太网数据帧。这两个协议互不兼容。如果网络设备全部是 Cisco 设备,则可以使用 ISL 协议;如果网络上有 Cisco 以外的网络设备,则需要使用 IEEE 802.1q 协议。

它们的区别在于是否针对本地 VLAN 打标记。ISL 是全部都打标记的,有几个 VLAN 打几个标记;而 IEEE 802.1q 协议除了本地 VLAN 不打标记之外,其他的 VLAN 都打标记。这里涉及一个概念,即本地 VLAN,用于承载那些与 VLAN 无关的信息,本地 VLAN 默认为 VLAN 1,也可以由人工修改为其他的 VLAN。

使用 IEEE 802.1q 协议时要注意,Trunk 连接交换机 A 和交换机 B,如果不改变本地 VLAN 设置,从交换机 A 的 VLAN 10 送出的数据进入 Trunk 时会被打上 VLAN 10 的标记,进入另一台交换机 B 时需要去除 VLAN 10 标记,再将数据交给交换机 B 的 VLAN 10;从交换机 A 的 VLAN 1 送出的数据也会进入交换机 B 的 VLAN 1。但是,如果改变了交换机 A 和交换机 B 的 Trunk 口的本地 VLAN 设置,情况将会改变。例如,交换机 A 的 Trunk 口的本地 VLAN 保持默认值,而交换机 B 的 Trunk 口的本地 VLAN 重新设置为 VLAN 10,那么,从交换机 A 发出的 VLAN 1 的数据将会进入交换机 B 的 VLAN 10,从交换机 B 发出的 VLAN 10 的数据也将会进入交换机 A 的 VLAN 1,从而导致两台交换机的 VLAN 1 之间、VLAN 10 之间无法通信。

在 Trunk 口上改变 Native VLAN 设置的命令语法如下:

```
switchport trunk native vlan vlan-id
```

在 Trunk 口上封装 VLAN 协议的命令语法如下:

```
switchport trunk encapsulation dot1q |ISL
```

这里的 dot1q 协议就是 IEEE 802.1q。

默认情况下,Trunk 链路承载所有 VLAN 的信息,但是,有时候交换机上可能有多条 Trunk 链路,VLAN 信息需要分流,可以通过配置 Trunk 链路,允许或不允许某个 VLAN 信息通过。

在 Trunk 口模式下只允许某个 VLAN 通过的命令语法如下:

```
switchport trunk allowed vlan vlan-list
```

"vlan-list"是指允许通过的那些 VLAN 号,多个 VLAN 号之间用","分隔。

如果设置允许所有的 VLAN 通过,"vlan-list"就是 all:

```
switchport trunk allowed vlan all
```

例如,在 Catalyst 3560 和 Catalyst 2960 上各自有 VLAN 1、VLAN 10、VLAN 20、VLAN 30、VLAN 40,交换机之间各自通过 F0/24 端口和对方建立 Trunk 链路,封装 IEEE 802.1q 协

议，允许 VLAN 1、VLAN 10、VLAN 20 信息通过，不允许 VLAN 30 和 VLAN 40 信息通过的参考配置如下。

在 Catalyst 3560 上：

```
Switch(config)#interface f0/24
Switch(config-if)#switchport trunk encapsulation dot1q
Switch(config-if)#switchport mode trunk
Switch(config-if)#switchport trunk allowed vlan 1,10,20
```

在 Catalyst 2960 上：

```
Switch(config)#interface f0/24
Switch(config-if)#switchport mode trunk
Switch(config-if)#switchport trunk allowed vlan 1,10,20
```

这样配置后，Catalyst 3560 上 VLAN 30 里的计算机就不能和 Catalyst 2960 上 VLAN 30 里的计算机通信了。

在 Trunk 链路上，如果需要在现有允许通过的 VLAN 中指定不允许通过的 VLAN，可以采用以下命令：

```
switchport trunk allowed vlan remove vlan-id
```

在 Trunk 链路上，如果需要在现有允许通过的 VLAN 的基础上增加允许通过的 VLAN，可以采用以下命令：

```
switchport trunk allowed vlan add vlan-id
```

其中，"vlan-id" 为具体的某个 VLAN。

例如，在 Catalyst 3560 的 F0/24 上现有允许通过的 VLAN 1、VLAN 10、VLAN 20 中不允许 VLAN 10 通过，增加允许 VLAN 30 和 VLAN 40 通过。

在 Catalyst 3560 上的配置如下：

```
Switch(config)#interface f0/24
Switch(config-if)#switchport trunk encapsulation dot1q
Switch(config-if)#switchport mode trunk
Switch(config-if)#switchport trunk allowed vlan remove 10
Switch(config-if)#switchport trunk allowed vlan add 30
Switch(config-if)#switchport trunk allowed vlan add 40
```

（3）通过 VTP 协议实现跨交换机的 VLAN 学习。

在大型企业网络中，交换机的数量非常多，而各个交换机的 VLAN 配置基本相同，因此，在企业交换网络的配置和管理过程中存在非常多的重复劳动，而且也会由此产生一些配置错误，使网络出现故障。VTP（VLAN Trunk Protocol，VLAN Trunk 协议）实现了在单个控制点上管理整个网络，实现了 VLAN 的统一配置和管理，减轻了网络管理员的负担，减少了出错的概率。

VTP 协议在某个域内工作，域内的每台交换机必须使用相同的 VTP 域名，在交换机与交换机之间不能连接其他设备，即交换机必须是相邻的，而且要求在所有交换机中启用 Trunk。域内的 VTP 服务器通过 VLAN 1 向特定的组播地址发送 VTP 消息，来通告 VTP 服务器的 VLAN 配置情况，域内的其他服务器和 VTP 客户机接收通告统一自己的 VLAN 信息。

要完成交换机之间的 VLAN 信息交换，需要完成配置 Trunk 口、封装 VLAN 协议、指定 VTP 域、指定工作模式以及修剪不必要的 VLAN 流量等工作。

VTP 是 VLAN 中继协议，是第 2 层信息传送协议，主要控制网络内具有相同 VTP 域名的交换机上 VLAN 的添加、删除和重命名。网络内具有相同 VTP 域名的交换机组成一个 VTP 管理域。

Cisco 交换机配置 VTP 管理域是在全局配置模式下进行：

```
vtp domain domain-name
```

"domain-name" 代表要创建的 VLAN 管理域域名。域名是区分大小写的，域名不会隔离广播域，仅仅用于同步 VLAN 配置信息。一台交换机只能属于一个域，同一个域内的交换机之间才能交换 VLAN 信息。

VTP 协议有三种工作模式：服务器模式（Server）、客户机模式（Client）和透明模式（Transparent）。运行 VTP 协议的交换机必须设置某一种模式。Cisco 交换机默认为 VTP 的 Server 模式。

服务器模式：控制所在域中所有 VLAN 的修改、添加与删除。一个网络最少要有一台 Server 模式的交换机，可以有多台。Server 模式的交换机在配置了 VLAN 后，会将 VLAN 信息向网络上的其他交换机进行通告，同时接收网络上其他 Server 模式的交换机发来的通告，以统一 VLAN 数据库。

客户端模式：不允许管理员修改、添加与删除 VLAN，只接收从服务器发过来的 VTP 通告，对自己的 VLAN 数据库进行更新。

透明模式：此模式不参与 VTP，其 VLAN 数据不会传播到其他交换机上，只在本地有效。当交换机处于此模式时，如果采用 VTPv1，则不转发服务器传来的 VTP 通告，如果采用 VTPv2，则转发来自服务器端的 VTP 通告。

到目前为止，VTP 具有三种版本：VTPv1、VTPv2 和 VTPv3。其中 VTPv2 与 VTPv1 区别不大，主要区别在于：VTPv2 支持令牌环 VLAN，而 VTPv1 不支持，VTPv3 不能直接处理 VLAN 事务。

在全局配置模式下指定 VTP 版本的命令语法如下：

```
vtp version 1|2
```

Cisco 交换机配置 VTP 工作模式可以在两种方式下进行，一种是在全局配置模式下进行，另一种是在 VLAN 数据库模式下进行。

在全局配置模式下的命令语法如下：

```
vtp mode server|client|transparent
```

例如，在全局配置模式下指定交换机为 VTP 服务器模式：

```
Switch(config)#vtp mode server
```

例如，由一台 Catalyst 3560 和两台 Catalyst 2960 组成如图 3.6 所示的网络，Catalyst 3560 设置 VTP 的 Server 模式，中间一台交换机设置 VTP 的 Transparent 模式，右边一台设置 VTP 的 Client 模式。三台交换机都设置 VTP 域名 test，就是说三台交换机位于同一个 VTP 管理域。在 Catalyst 3560 上创建 VLAN 10、VLAN 20、VLAN 30 和 VLAN 50，给 VLAN 10 分配 1～10 端口、VLAN 20 分配 11～15 端口、VLAN 30 分配 16～20 端口、VLAN 50 分配 21～23 端口。

图 3.6　基于 VTP 协议的 VLAN

在 Catalyst 3560 上的配置：

```
Switch(config)#vtp domain test
Switch(config)#vtp mode server
Switch(config)#vlan 10
Switch(config-vlan)#vlan 20
Switch(config-vlan)#vlan 30
Switch(config-vlan)#vlan 50
Switch(config-vlan)#exit
Switch(config)#interface f0/24
Switch(config-if)#switchport trunk encapsulation dot1q
Switch(config-if)#switchport mode trunk
Switch(config-if)#exit
Switch(config)#interface range f0/1 -10
Switch(config-if range)#switchport access vlan 10
Switch(config-if range)#interface range f0/11 -15
Switch(config-if range)#switchport access vlan 20
Switch(config-if range)#interface range f0/16 -20
Switch(config-if range)#switchport access vlan 30
Switch(config-if range)#interface range f0/21 -23
Switch(config-if range)#switchport access vlan 50
```

在中间的 Catalyst 2960 上的配置：

```
Switch(config)#vtp domain test
Switch(config)#vtp mode transparent
Switch(config)#interface range f0/23 - 24
Switch(config-if-range)#switchport mode trunk
Switch(config-if-range)#exit
Switch(config)#
```

在右边的 Catalyst 2960 上的配置：

```
Switch(config)#vtp domain test
Switch(config)#vtp mode client
Switch(config)#interface f0/23
Switch(config-if)#switchport mode trunk
Switch(config-if)#exit
Switch(config)#
```

在执行了上面的配置后，可以通过 "show vlan" 命令来查看两台 Catalyst 2960 的 VLAN 配置情况，结果是中间那台没有 VLAN 10、VLAN 20、VLAN 30、VLAN 50，而右边那台有了 VLAN 10、VLAN 20、VLAN 30、VLAN 50。

图 3.6 中右边的 Catalyst 2960 上显示的内容如图 3.7 所示。

右边的 Catalyst 2960 通过 VTP 协议学习到了 VLAN 10、VLAN 20、VLAN 30、VLAN 50，但每个 VLAN 里的端口成员还是需要手工添加的，这是因为 VTP 协议通告里不包含端口成员。

```
Switch#sh vlan

VLAN Name                             Status    Ports
---- -------------------------------- --------- -------------------------------
1    default                          active    Fa0/1, Fa0/2, Fa0/3, Fa0/4
                                                Fa0/5, Fa0/6, Fa0/7, Fa0/8
                                                Fa0/9, Fa0/10, Fa0/11, Fa0/12
                                                Fa0/13, Fa0/14, Fa0/15, Fa0/16
                                                Fa0/17, Fa0/18, Fa0/19, Fa0/20
                                                Fa0/21, Fa0/22, Fa0/24, Gig1/1
                                                Gig1/2
10   VLAN0010                         active
20   VLAN0020                         active
30   VLAN0030                         active
50   VLAN0050                         active
1002 fddi-default                     active
1003 token-ring-default               active
1004 fddinet-default                  active
1005 trnet-default                    active
```

图 3.7　右边的 Catalyst 2960 上的 VLAN 信息

（4）修剪掉不必要的 VLAN 流量，节约网络带宽。

VTP 减少了交换网络中的管理工作。用户在 VTP 服务器上配置新的 VLAN，该 VLAN 信息就会分发到域内所有的交换机，从而可以避免到处配置相同的 VLAN。通过 VTP，其域内的所有交换机都清楚所有的 VLAN 情况。然而 VTP 会产生不必要的网络流量。因为通过 Trunk，单播和广播在整个 VLAN 内进行扩散，使得域内的所有交换机接收到所有广播，即使某个交换机上没有某个 VLAN 的成员，情况也不例外。而 VTP pruning 技术正可以消除这个多余流量，pruning 技术可以自动修剪掉不需要经过 Trunk 的那些流量。

修剪功能只需要在 VTP 服务器上打开，就可以实现对整个域内多余 VLAN 流量的修剪。在全局配置模式下配置修剪功能的命令语法如下：

```
vtp pruning
```

为了提高网络的安全性，还可以为 VTP 协议之间的通信设置密码，域内参与通信的交换机必须设置相同的 VTP 密码才能进行 VTP 协议之间的通信。在全局配置模式下设置密码的命令语法如下：

```
vtp password password
```

例如，前面的例子中加上 VLAN 修剪和 VTP 密码，右边的 Catalyst 2960 给 VLAN 20 分配 1～22 端口后的配置如下。

在 Catalyst 3560 上的配置：

```
Switch(config)#vtp domain test
Switch(config)#vtp mode server
Switch(config)#vtp password abcd
Switch(config)#vtp pruning
Switch(config)#vlan 10
Switch(config-vlan)#vlan 20
Switch(config-vlan)#vlan 30
Switch(config-vlan)#vlan 50
Switch(config-vlan)#exit
Switch(config)#interface f0/24
Switch(config-if)#switchport trunk encapsulation dot1q
Switch(config-if)#switchport mode trunk
Switch(config-if)#exit
Switch(config)#interface range f0/1 - 10
```

```
Switch(config-if range)#switchport access vlan 10
Switch(config-if range)#interface range f0/11 - 15
Switch(config-if range)#switchport access vlan 20
Switch(config-if range)#interface range f0/16 - 20
Switch(config-if range)#switchport access vlan 30
Switch(config-if range)#interface range f0/21 - 23
Switch(config-if range)#switchport access vlan 50
```

在中间的 Catalyst 2960 上的配置：

```
Switch(config)#vtp domain test
Switch(config)#vtp mode transparent
Switch(config)#vtp password abcd
Switch(config)#interface range f0/23 - 24
Switch(config-if-range)#switchport mode trunk
Switch(config-if-range)#exit
Switch(config)#
```

在右边的 Catalyst 2960 上的配置：

```
Switch(config)#vtp domain test
Switch(config)#vtp mode client
Switch(config)#vtp password abcd
Switch(config)#interface f0/23
Switch(config-if)#switchport mode trunk
Switch(config-if)#exit
Switch(config)#interface range f0/1 - 22
Switch(config-if-range)#switchport access vlan 20
Switch(config-if-range)#exit
Switch(config-if)#
```

再次查看右边 Catalyst 2960 上的 VLAN 信息时，已经看不到 VLAN 10、30、50 的信息了。

3.3　在企业网中划分 VLAN

1. 企业网的 VLAN 划分

企业网中通常根据部门来组织 VLAN，一般一个部门设为一个 VLAN，每个 VLAN 分配一个网段的 IP 地址，地址的分配要尽量连续，以便汇聚，从而减少路由表的数量。VLAN 之间的通信通过三层交换机或路由器来实现。

VLAN 划分和 IP 地址规划是紧密相连的，给每个部门划分一个 VLAN 的同时，也要为每个 VLAN 分配一个地址网段，这个网段中的地址用于这个 VLAN 所属部门的计算机、交换机等设备。

每个 VLAN 的地址网段是根据企业具体情况分配的，网络地址在分配时既要节约，又要满足目前和未来几年的发展需求，留有一定的余量。每个网段需要一个网关地址，这个网关地址将作为这个部门计算机的网关在各台计算机上进行配置。通过网关地址，可以实现 VLAN 内的计算机访问 VLAN 外部网络。

为了网络管理的方便，需要为各个交换机分配一个管理 IP 地址。这个管理地址可以采用所属 VLAN 网段的 IP 地址，也就是说，交换机相当于 VLAN 内的一台计算机，分配网段内的一个地址。也可以不采用 VLAN 网段内的地址作为管理地址，而采用单独的一个管理网段内的地址。当交换机的管理地址采用单独的一个网段地址时，需要交换机之间使用交换端口连接。由于核心交换机和分布层交换机通常为三层交换机，当它们之间采用路由端口连接时，网络内的二层交换机应该采用所属网段的地址作为管理地址，三层交换机任意端口的 IP 地址可以作为管理 IP 地址。

根据交换机之间连接是否采用交换端口，VLAN 的创建以及 IP 地址的规划是不同的。三层交换机之间通过路由端口连接时，路由端口需要配置 IP 地址，各个交换机上的 VLAN 是单独创建的。

交换机之间通过 Trunk 链路连接时，交换机之间可以通过 VTP 协议交换 VLAN 信息。同一个 VTP 域内，在一个 VTP 服务器上创建的 VLAN，会被传送到域内的其他服务器和客户机。下面主要讲解这种连接情况下的 VLAN 创建，通过三个步骤来完成。

第一步：规划 VLAN 及 VLAN 内的地址。

划分 VLAN 时，需要制定 VLAN 编号和 VLAN 名称。VLAN 名称不是必需的，但可以规划一些有意义的名称来帮助网络管理员记忆各个 VLAN 的用途。

一个企业的 VLAN 规划情况如表 3.1 所示，服务器群被单独划分到一个 VLAN。为了描述方便，只列出了企业的 6 个部门，其他部门没有在表中列出。

表 3.1　企业的 VLAN 规划

VLAN	VLAN 名	IP 网段	默认网关	使用说明	汇聚交换机
1	—	192.168.0.0/24	192.168.0.254	管理 VLAN	—
10	jsj	192.168.1.0/24	192.168.1.254	计算机室	Distributer1
20	qbs	192.168.2.0/24	192.168.2.254	情报室	
30	kyc	192.168.3.0/24	192.168.3.254	科研处	Distributer2
40	jxs	192.168.4.0/24	192.168.4.254	机械室	
50	dys	192.168.5.0/24	192.168.5.254	锻压室	Distributer3
60	clcj	192.168.6.0/24	192.168.6.254	齿轮车间	Distributer4
200	Server	192.168.64.0/24	192.168.64.254	服务器群	Distributer13

这里为每个部门分配了一个 C 类地址，如果某个部门比较大，计算机比较多，可根据需要分配多个 C 类地址。地址分配一般使用连续地址，方便汇聚。

交换机的管理地址单独采用一个网段，这些管理地址分配给每个交换机的 VLAN 1 接口。

第二步：在作为 VTP 服务器的交换机上创建 VLAN。

创建 VLAN 的工作可以在每一台交换机上进行；也可以通过 VTP 协议，只在 VTP 域内的一台 VTP 服务器上创建，其他交换机通过 VTP 协议统一 VLAN 数据库。这里选择 VTP 协议方式，可以避免重复创建相同 VLAN 的麻烦。

在网络中的分布层交换机 Distributer1 上创建所有 VLAN，其他交换机通过配置 VTP 协议来交换 VLAN 信息。这台交换机通过快速以太网口 F0/1～F0/24 下联各部门接入交换机，通过千兆以太网口上联核心交换机。

① 配置分布层交换机 Distributer1 的基本参数。

```
Switch(config)#hostname Distributer1
Distributer1(config)#enable secret onlyforthis
Distributer1(config)#no ip domain-lookup          !--禁止 IP 地址解析
Distributer1(config)#line vty 0 15
Distributer1(config-line)#password onlyforthat
Distributer1(config-line)#login
```

```
Distributer1(config-line)#exec-timeout 6 30          !--虚拟终端线的超时时间为6
!--分30秒钟
Distributer1(config-line)#logging synchronous        !--启用消息同步特性
Distributer1(config-line)#line console o
Distributer1(config-line)#exec-timeout 6 30
Distributer1(config-line)#logging synchronous
Distributer1(config-line)#exit
```

② 配置分布层交换机 Distributer1 的 VTP 参数。

```
Distributer1(config)#vtp mode server
Distributer1(config)#vtp domain yjs
Distributer1(config)#vtp pruning
```

③ 在分布层交换机 Distributer1 上创建所有 VLAN。

```
Distributer1(config)#vlan 10
Distributer1(config-vlan)#name jsj
Distributer1(config-vlan)#vlan 20
Distributer1(config-vlan)#name qbs
Distributer1(config-vlan)#vlan 30
Distributer1(config-vlan)#name kyc
Distributer1(config-vlan)#vlan 40
Distributer1(config-vlan)#name jxs
Distributer1(config-vlan)#vlan 50
Distributer1(config-vlan)#name dys
Distributer1(config-vlan)#vlan 60
Distributer1(config-vlan)#name clcj
Distributer1(config-vlan)#vlan 200
Distributer1(config-vlan)#name Server
Distributer1(config-vlan)#exit
```

④ 配置分布层交换机 Distributer1 的接口参数。

```
Distributer1(config)#interface range f0/1 - 24
Distributer1(config-if-range)#duplex full
Distributer1(config-if-range)#speed 100
Distributer1(config-if-range)#switchport trunk encapsulation dot1q
Distributer1(config-if-range)#switchport mode trunk
Distributer1(config-if-range)#interface gigabitethernet0/1
Distributer1(config-if)#switchport trunk encapsulation isl
Distributer1(config-if)#switchport mode trunk
```

⑤ 配置分布层交换机 Distributer1 的管理地址。

```
Distributer1(config-if)#interface vlan 1
Distributer1(config-if)#ip address 192.168.0.10 255.255.255.0
Distributer1(config-if)#no shutdown
```

第三步：域内的其他交换机通过 VTP 协议统一 VLAN 数据库，接入交换机还要给各个 VLAN 分配成员接口。

以计算机室的接入交换机为例进行配置，其他交换机可参照配置，这里不再赘述。

① 配置计算机室接入交换机的基本参数。

```
Switch(config)#hostname jisuanjishi
Jisuanjishi(config)#enable secret onlyforthis
Jisuanjishi(config)#no ip domain-lookup
Jisuanjishi(config)#line vty 0 15
Jisuanjishi(config-line)#password onlyforthat
```

```
Jisuanjishi(config-line)#login
Jisuanjishi(config-line)#exec-timeout 6 30
Jisuanjishi(config-line)#logging synchronous
Jisuanjishi(config-line)#line console o
Jisuanjishi(config-line)#exec-timeout 6 30
Jisuanjishi(config-line)#logging synchronous
Jisuanjishi(config-line)#exit
```

② 配置计算机室接入交换机的 VTP 参数。

```
Jisuanjishi(config)#vtp mode client
Jisuanjishi(config)# vtp domain yjs
```

③ 配置计算机室接入交换机的接口参数，将 F0/1～F0/23 指定为 VLAN 10 的成员。

```
Jisuanjishi(config-if)#interface range f0/1 - 24
Jisuanjishi(config-if-range)#duplex full
Jisuanjishi(config-if-range)#speed 100
Jisuanjishi(config-if-range)#interface f0/24
Jisuanjishi(config-if)#switchport mode trunk
Jisuanjishi(config-if)#interface range f0/1 - 23
Jisuanjishi(config-if-range)#switchport mode access
Jisuanjishi(config-if-range)#switchport access vlan 10   !--计算机室为 VLAN 10
Jisuanjishi(config-if-range)#spanning-tree portfast    ! --配置生成树的快速端
!--口，下个任务讲解。
```

④ 配置计算机室接入交换机的管理地址和网关。

```
Jisuanjishi(config-if-range)#interface vlan 1
Jisuanjishi(config-if)#ip address 192.168.0.5 255.255.255.0
Jisuanjishi(config-if)#no shutdown
Jisuanjishi(config-if)#exit
Jisuanjishi(config)#ip default-gateway 192.168.0.254
```

2. 接入层交换机上联分布层交换机

企业在组建局域网时一般会采用核心层、分布层和接入层的三层网络结构，如图 3.8 所示。网络规模较小时，也会采用两层结构甚至一层结构。

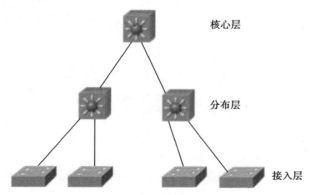

图 3.8　企业网络三层架构

当接入层的所有端口处于同一个 VLAN 时，接入层交换机的上联端口只需 Access 端口，分布层上交换机的下联接口也是 Access 端口。

当接入层的每台交换机划分多个 VLAN 时，接入层交换机的上联端口必须是 Trunk 端口，分布层上交换机的下联接口也必须是 Trunk 端口。

（1）所有端口处于同一个 VLAN 的接入层交换机的上联。

某企业采用 Catalyst 3560 交换机作为每幢大楼的分布层交换机；每个部门采用一台或多台 Catalyst 2960 交换机作为接入交换机，每个部门为一个 VLAN；各个 VLAN 之间的通信由核心层交换机路由实现。有幢大楼只有研发部和生产部，分布层交换机的快速以太网端口 1～10 连接研发部交换机，端口 11～24 连接生产部交换机，千兆口 G0/1 上联核心交换机；研发部为 VLAN 20，生产部为 VLAN 30，每台接入交换机均采用 F0/24 口上联分布层交换机。

由于交换机的所有端口默认属于 VLAN 1，所以所有接入层交换机不需要做配置，或者只要将交换机的所有端口设置成同一个 VLAN 即可。

每台接入层交换机配置如下：

```
Switch(config)#vlan 20
Switch(config-vlan)#exit
Switch(config)#interface range F0/1 - 24
Switch(config-if-range)#switchport mode access
Switch(config-if-range)#switchport access vlan 20
Switch(config-if-range)#exit
Switch(config)#
```

接入层交换机只要在同一个 VLAN 里就可以，VLAN 号任意，因为接入层交换机的数据帧从上联口出去的时候使用的是 Access 端口，不打 VLAN 标记。

研发部和生产部的接入层交换机上联到同一台分布层交换机，分布层交换机配置如下：

```
Switch(config)#vlan 20
Switch(config-vlan)#vlan 30
Switch(config-vlan)#exit
Switch(config)#interface range F0/1 - 10              !--下联研发部交换机。
Switch(config-if-range)#switchport mode access
Switch(config-if-range)#switchport access vlan 20
Switch(config-if-range)#int range f0/11 - 24          !--下联生产部交换机。
Switch(config-if-range)#switchport mode access
Switch(config-if-range)#switchport access vlan 30
Switch(config-if-range)#interface g0/1                !--上联核心交换机。
Switch(config-if)#switchport trunk encapsulation dot1q
Switch(config-if)#switchport mode trunk
Switch(config-if)#end
Switch#write memory
Switch#
```

由于分布层交换机上有多个 VLAN，所以分布层交换机的上联端口需要配置 Trunk 端口。下联端口只交换所属 VLAN 的信息，所以只需要 Access 端口。

（2）划分多个 VLAN 的接入层交换机的上联。

某企业采用 Catalyst 3560 交换机作为每幢大楼的分布层交换机，每个楼层或几个楼层采用一台 Catalyst 2960 交换机作为接入交换机；每个部门为一个 VLAN，各个 VLAN 之间的通信由核心层交换机路由实现。有幢楼有 20 层，只有研发部和生产部，但大多数楼层都有这两个部门的人员工作。分布层用百兆口下联接入交换机，用千兆口 G0/1 通过单模光纤上联核心交换机；研发部为 VLAN 20，生产部为 VLAN 30，每台接入交换机均采用 F0/24 端口上联分布层交换机，F0/1～F0/10 给研发部，F0/11～F0/23 给生产部。

分析：由于大多数楼层都有两个部门的人，而且需要共用一台接入交换机，所以每台接入交换机上就会有两个相同的 VLAN，这种重复划分 VLAN 的工作没必要，可以使用 VTP

协议来获得。

接入层交换机配置：

```
Switch(config)#vtp mode client
Switch(config)#vtp domain test
Switch(config)# vtp password cisco
Switch(config)#interface f0/24                    !--上联分布层交换机。
Switch(config-if)#switchport mode trunk
Switch(config-if)#interface range f0/1 - 10       !--接研发部计算机。
Switch(config-if-range)#switchport mode access
Switch(config-if-range)#switchport access vlan 20
Switch(config-if-range)#interface range F0/11 - 23  !--接生产部计算机。
Switch(config-if-range)#switchport mode access
Switch(config-if-range)#switchport access vlan 30
Switch(config-if-range)#exit
Switch(config)#
```

由于 VTP 通告里不包含 VLAN 的端口，所以每台接入交换机上需要为 VLAN 指定接口成员。

分布层交换机配置：

```
Switch(config)#vtp mode server
Switch(config)#vtp domain test
Switch(config)# vtp password cisco
Switch(config)#vtp prunning
Switch(config)#vlan 20
Switch(config-vlan)#vlan 30
Switch(config-vlan)#exit
Switch(config)# interface range F0/1 - 24            !--下联接入层交换机。
Switch(config-if-range)#switchport trunk encapsulation dot1q
Switch(config-if-range)# switchport mode trunk
Switch(config-if-range)# interface g0/1              !--上联核心层交换机。
Switch(config-if)#switchport trunk encapsulation dot1q
Switch(config-if)#switchport mode trunk
Switch(config-if)#end
Switch#write memory
Switch#
```

分布层上创建 VLAN，通过 Trunk 链路通告给域内的接入层交换机和核心层交换机。由于有些楼层只有一个部门用户，没有必要接收其他 VLAN 的内容，所以在分布层上设置 VLAN 修剪。

3.4 虚拟终端远程配置交换机实训

一、实训名称

虚拟终端远程配置交换机。

二、实训目的

（1）掌握交换机密码的配置、取消和修改方法。

（2）掌握交换机的远程登录配置方法。

（3）熟悉基于端口的 VLAN 配置指令和配制方法。

三、实训内容

交换机通过 Console 口配置是新交换机必需的，但是网络的交换机只要设置了管理地址、网关，以及虚拟终端线路的密码和特权密码，就可以用网络上的任意一台计算机，通过 Telnet 远程登录到交换机上对交换机进行配置。本实训是通过 Telnet 远程登录进行基于端口的 VLAN 创建指令练习。

四、实训环境

实训环境如图 3.9 所示，由 1 台 Catalyst 2960 交换机，1 台计算机组成。计算机通过局域网口用直通双绞线连接交换机的普通端口；再用交换机附带的配置电缆连接交换机的 Console 口和计算机的 COM1 口，该计算机需配置超级终端。

五、实训步骤

（1）在本地配置模式为远程配置做好预配置。

将计算机的 COM1 口通过控制电缆连接交换机的 Console 口，打开超级终端，配置好连接参数，做好本地配置准备工作。

（2）查看 Flash 的内容，看看有没有 vlan.dat 文件，如果有这个文件，说明被配置过 VLAN，需要清除所有的 VLAN，所以执行第三步。如果没有这个文件，说明同新交换机一样，就跳过第三步。

（3）在特权模式下执行 "erase startup-config" 命令，清除启动配置文件；执行 "delete flash:vlan.dat" 命令。然后再执行 "reboot" 命令，重新启动交换机。

这个过程需要多次对话确认，如图 3.10 所示。

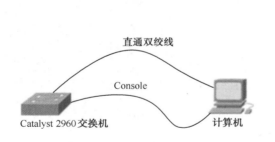

```
Switch>
    Switch>en
    Switch#erase startup-config
    Erasing the nvram filesystem will remove all configuration files! Continue?
[confirm]      按回车键确认删除启动配置文件
    [OK]
    Erase of nvram: complete
    %SYS-7-NV_BLOCK_INIT: Initialized the geometry of nvram
    Switch#del flash:vlan.dat
    Delete filename [vlan.dat]?         ! 一询问是不是删除 vlan.dat, 按回车键确认
    Delete flash:/vlan.dat? [confirm]   ! 一按回车键再确认是删除 flash:/vlan.dat

    Switch#reload
    Proceed with reload? [confirm]      ! 一按回车键确认重新装载
    ...
```

图 3.9　交换机配置连接　　　　　　　图 3.10　清除交换机全部配置后重启

清除配置需要确认，删除 VLAN 文件需要确认，重新启动交换机也要确认。这样启动过的交换机和一台新交换机一样，所有的端口都在 VLAN 1 中。

（4）配置交换机的管理地址和 VTY 密码。

交换机要能进行远程配置，必须提供管理地址。二层交换机的交换端口是不能设置 IP 地址的，只能对交换机的 VLAN 接口设置 IP 地址。新交换机的所有端口都属于 VLAN 1，所以一般就设置 VLAN 1 的接口地址作为管理地址。

```
Switch#configure terminal
Switch(config)#hostname SwitchA
SwitchA(config)#interface vlan 1
```

```
SwitchA(config-if)#ip address 192.168.0.1 255.255.255.0
SwitchA(config-if)#no shutdown
SwitchA(config)#line vty 0 4
SwitchA(config-line)#password class
SwitchA(config-line)#login
SwitchA(config-line)#exit
SwitchA(config)#
```

设置管理 IP 地址供同一网段的用户远程管理，如果处于和 VLAN 1 不同网段的计算机想参与交换机的管理，还需要给交换机设置默认网关。默认网关是在全局配置模式下设置的，网关地址需要和管理地址在同一网段。设置网关的命令为 "ip default-gateway"，在这里也将网关添加上，尽管根据目前情况并不需要。

```
SwitchA(config)#ip default-gateway 192.168.0.254
```

这里共设置了 0～4 共 5 个虚拟终端线路的接入认证密码，每一路接入的密码都设置成 class。可以有 5 个用户同时进行 Telnet 登录，第 6 个用户想登录时由于不能提供密码而不能登录。设置几个 VTY 密码，就允许几个用户远程登录，最多允许 16 个。每个 VTY 密码可以相同，也可以不同。第一个登录用户使用 VTY 0 的密码，第二个使用 VTY 1 的密码，依此类推。

（5）用直通网线连接计算机的网卡和交换机的端口。

只需要一台计算机就够了。如果要验证一下多个用户同时登录交换机进行配置的情况，也可以准备多台计算机连接到交换机。

（6）开始远程配置。

给计算机分配一个和交换机管理地址同一网段的 IP 地址，在计算机的命令行模式下使用 ping 命令，检查和 192.168.0.1 是否可以连通，在可以连通的情况下执行 "Telnet 192.168.0.1" 命令。验证连通性和 Telnet 远程登录情况如图 3.11 所示。

命令执行后会提示输入 VTY 验证密码，这里输入刚才设置的 VTY 密码 class，输入的密码不显示，正确输入密码后，就进入了用户状态。在这种状态下，只具有一般的查看信息的权限，还不能对交换机进行配置。要想对交换机进行配置，还必须在本地配置模式下给交换机配置 enable 密码。

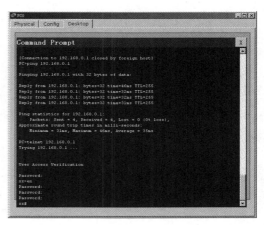

图 3.11　验证连通性和 Telnet 远程登录情况

（7）回到本地配置模式，添加 enable password 密码 test。

（8）现在可以通过 Telnet 方式远程进行配置了，因为现在有了 enable 密码。在 Telnet 方式远程配置模式下，删除 enable password 密码。

```
SwitchA(config)#no enable password
```

（9）重新设置 enable password 密码为 study。

```
SwitchA(config)# enable password study
```

（10）在全局配置模式下创建 VLAN 10，并命名为 sales；在 VLAN 数据库模式下创建

VLAN 20，并命名为 yyy，将配置文件保存到启动配置文件中。

```
Switch#configure terminal
Enter configuration commands, one per line.  End with CNTL/Z.
Switch(config)#vlan 10
Switch(config-vlan)#name sales
Switch(config-vlan)#exit
Switch(config)#exit
%SYS-5-CONFIG_I: Configured from console by console
Switch#vlan database
% Warning: It is recommended to configure VLAN from config mode,
as VLAN database mode is being deprecated. Please consult user
documentation for configuring VTP/VLAN in config mode.

Switch(vlan)#vlan 20 name yyy
VLAN 20 added:
Name: yyy
Switch(vlan)#exit
APPLY completed.
Exiting...
Switch#write memory
Building configuration...
[OK]
Switch#
```

有两种方式创建 VLAN，一种是在全局配置模式下创建，另一种是在 VLAN 数据库模式下创建。Cisco 推荐在全局配置模式下创建 VLAN。

事实上，只要给交换机上的某个 VLAN 分配一个 IP 地址，所有通过网络能够访问这个 IP 地址的计算机就都可以远程配置这台交换机，这就给网络管理员带来了很大的方便，网络只要是连通的，网络管理员就可以在网络上的任何位置配置和管理这台交换机。

六、相关知识

（1）配置虚拟终端（VTY）登录密码。

当采用 Telnet 方式进行远程配置时，需要设置 VTY 密码，而虚拟终端登录默认情况下是要求进行密码认证的。

交换机和路由器通常支持 16 个虚拟终端接入线路，16 个 VTY 接入线路编号分别为 0～15。每个虚拟终端接入线路允许单独设置密码，但必须从 0 号开始设置才有意义。第一个 VTY 用户总是接入 0 号，第二个接入 1 号……一般多个 VTY 接入线路设置一个相同的密码。

如果网络管理员想设置 6 个虚拟终端接入线路的密码，可以这样设置：

```
Switch(config)#line vty  0 5
Switch(config-line)#password class
Switch(config-line)#login
```

这里的"line vty　0 5"表示同时进入 6 个 VTY 接入线路 0～5；密码都设置为"class"；最后一行开启认证可以省略，因为默认是开启认证的。这样设置后，最多只允许 6 个用户进行 VTY 接入。如果 16 个 VTY 接入线路 0～15 同时设置密码，则允许 16 个 VTY 接入。

（2）配置交换机的管理 IP 地址。

网络中的 A 计算机要通过 Telnet 远程登录配置和管理交换机时，需要交换机提供管理 IP 地址。这个管理 IP 地址可以是交换机上任意一个接口的 IP 地址，但必须能和计算机 A 通信。

二层交换机的物理端口不能配置 IP 地址，所以一般给 VLAN 1 配置一个 IP 地址，用作管理地址。给交换机和路由器接口配置 IP 地址，一般由在全局模式下指定接口、在接口模式下分配地址和启用接口三步来完成。例如，给交换机的 VLAN 1 分配 IP 地址 192.168.0.1，子网掩码为 255.255.255.0。

```
Switch(config)#interface vlan 1
Switch(config-if)#ip address 192.168.0.1 255.255.255.0
Switch(config-if)#no shutdown
```

和 VLAN 1 的 IP 地址同一网段的计算机都可以通过 Telnet 方式登录到交换机上，其他网段上的计算机要想通过 Telnet 方式登录到交换机，还必须给交换机设置一个网关。设置网关是在全局模式下使用"ip default-gateway"命令。例如，设置交换机的网关地址为 192.168.0.254。网关地址是 VLAN 1 去往其他网络路由器的接口地址。

```
Switch(config)#ip default-gateway 192.168.0.254
```

其中，"shutdown"为禁用端口，"no shutdown"为启用端口，"default-gateway"为默认网关。

3.5　单交换机 VLAN 配置实训

一、实训名称

单交换机 VLAN 配置。

二、实训目的

（1）掌握基于端口的 VLAN 划分方法。
（2）熟悉端口的基本参数应用。
（3）掌握 VLAN 成员的添加和删除方法。

三、实训内容

当网络规模比较大时，需要将网络划分为多个网段，基于端口划分 VLAN 就是一种很好的实现网络分段的办法。划分为多个 VLAN，可以缩小广播范围，提高网络的通信速率，而且可以很好地控制病毒的传播、避免恶意的网络攻击。当人员移动时，只需要修改端口所属 VLAN，这样减少了重新布线的麻烦，减轻了网络管理员的负担。将交换机划分为两个虚拟局域网，给每个 VLAN 添加成员，验证 VLAN 之间的连通性。同时，为了加快网络的收敛速度，不在交换机端口使用自适应功能。

四、实训环境

1 台 Catalyst 2960 交换机，1 根配置电缆，4 根直通网线，4 台计算机，连接方式如图 3.12 所示。

五、实训步骤

1．准备一台没有划分 VLAN 的交换机

查看有没有 vlan.dat 文件。如果有，清除交换机的启动配置文件，删除 vlan.dat 文件，重启交换机。

2．验证计算机之间的通信

准备 4 台计算机，分别连接到交换机的 3、4、5、6 端口上，组成一个局域网。4 台计算

机的 IP 地址分别设置为 192.168.1.3、192.168.1.4、192.168.1.5 和 192.168.1.6，子网掩码均为 255.255.255.0。用 ping 命令验证计算机之间的连通性。

此时，由于交换机没有进行 VLAN 划分，所以所有的交换机端口处于同一个 VLAN 里，也就是缺省的 VLAN 1 里，这时，4 台计算机互相之间可以通信，如图 3.12 所示。同一个 VLAN 里的计算机通信，可以根据 MAC 表来转发数据，MAC 地址表如图 3.13 所示。

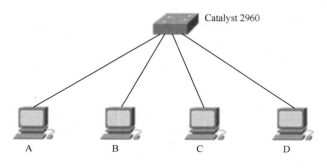

Mac Address Table

Vlan	Mac Address	Type	Ports
1	0002.178b.61d4	DYNAMIC	Fa0/5
1	0030.f23c.85ba	DYNAMIC	Fa0/3
1	0060.7069.4d64	DYNAMIC	Fa0/6
1	00d0.58de.a79d	DYNAMIC	Fa0/4

图 3.12　单交换机 VLAN 配置拓扑图　　　　图 3.13　MAC 地址表

3．查看 VLAN 信息

执行"show vlan"命令，查看交换机的缺省 VLAN，如图 3.14 所示。

```
Switch#sh vlan

VLAN Name                            Status    Ports
---- -------------------------------- --------- -------------------------------
1    default                          active    Fa0/1, Fa0/2, Fa0/3, Fa0/4
                                                Fa0/5, Fa0/6, Fa0/7, Fa0/8
                                                Fa0/9, Fa0/10, Fa0/11, Fa0/12
                                                Fa0/13, Fa0/14, Fa0/15, Fa0/16
                                                Fa0/17, Fa0/18, Fa0/19, Fa0/20
                                                Fa0/21, Fa0/22, Fa0/23, Fa0/24
                                                Gig1/1, Gig1/2
1002 fddi-default                     active
1003 token-ring-default               active
1004 fddinet-default                  active
1005 trnet-default                    active
```

图 3.14　缺省 VLAN

可以看到交换机里已经有 5 个 VLAN，分别为 VLAN 1、VLAN 1002、VLAN 1003、VLAN 1004、VLAN 1005。VLAN 1 为默认 VLAN，VLAN 1002 为 FDDI 默认 VLAN，VLAN 1003 为令牌环默认 VLAN，从 VLAN 名称就可以了解这些 VLAN 是为了什么目的而存在的。交换机的所有端口默认情况下都属于 VLAN 1。

4．在全局配置模式下划分 VLAN

按如图 3.15 所示创建 VLAN 2 和 VLAN 3，并分别命名为 sales 和 finance，查看创建情况。

从上面的显示结果中可以看出，创建的两个 VLAN 已经在里面了。VLAN 2 和 VLAN 3 是新创建的，并且命名为 sales 和 finance，可以提示 VLAN 的使用目的。

```
Switch#conf t
Enter configuration commands, one per line.   End with CNTL/Z.
Switch(config)#vlan 2
Switch(config-vlan)#name sales
Switch(config-vlan)#vlan 3
Switch(config-vlan)#name finance
Switch(config-vlan)#end
%SYS-5-CONFIG_I: Configured from console by console
Switch#sh vlan

VLAN Name                              Status   Ports
---- -------------------------------- -------- -------------------------------
1    default                          active   Fa0/1, Fa0/2, Fa0/3, Fa0/4
                                               Fa0/5, Fa0/6, Fa0/7, Fa0/8
                                               Fa0/9, Fa0/10, Fa0/11, Fa0/12
                                               Fa0/13, Fa0/14, Fa0/15, Fa0/16
                                               Fa0/17, Fa0/18, Fa0/19, Fa0/20
                                               Fa0/21, Fa0/22, Fa0/23, Fa0/24
                                               Gig1/1, Gig1/2
2    sales                            active
3    finance                          active
1002 fddi-default                     active
1003 token-ring-default               active
1004 fddinet-default                  active
1005 trnet-default                    active
```

图 3.15   VLAN 划分和查看

5.向 VLAN 里添加交换机端口

现在可以开始指定 VLAN 的成员，即将交换机端口添加到不同虚拟网。按下列步骤将交换机端口 3、4 加入 VLAN 2，端口 5、6 加入 VLAN 3。

```
Switch#configure terminal
Switch(config)#interface f0/3                !--进入端口 F0/3 的配置模式
Switch(config-if)#switchport mode access     !--指定端口 F0/3 为接入模式
Switch(config-if)#switchport access vlan 2   !--指定端口为 2 号 VLAN 的成员
Switch(config-if)#exit                        !--退出端口 F0/3 的配置模式
Switch(config)#interface f0/4
Switch(config-if)#switchport mode access
Switch(config-if)#switchport access vlan 2
Switch(config-if)#exit
Switch(config)#interface f0/5
Switch(config-if)#switchport mode access
Switch(config-if)#switchport access vlan 3
Switch(config-if)#exit
Switch(config)#interface f0/6
Switch(config-if)#switchport mode access
Switch(config-if)#switchport access vlan 3
Switch(config-if)#end
Switch#
```

这时再通过"show vlan"命令，可以看到 VLAN 2 里已经有了两个交换机端口，即端口 3 和端口 4；VLAN 3 里有端口 5 和端口 6，其他的端口还属于 VLAN 1。

划分 VLAN 后，计算机 A、B 属于 VLAN 2，C、D 属于 VLAN 3，各个 VLAN 内部的计算机之间可以互相通信，而不同 VLAN 中的计算机就不能通信了。

现在的 MAC 地址表如图 3.16 所示，和图 3.13 的不同之处是出现了 VLAN 2 和 VLAN 3。

要想实现不同 VLAN 之间的计算机互相通信，就不能借助于交换机的 MAC 地址表实现数据链路层的转发，而必须借助于路由器，利用路由表来实现网络层的转发。

6. 用 ping 命令进行通信验证

A、B 两台计算机可以通信，C、D 两台计算机也可以通信。A、B 和 C、D 之间不能通信。

7. 删除 VLAN

要删除 VLAN 3，需要在全局配置模式下使用"no vlan 3"命令。删除这个 VLAN 后，通过"show vlan"命令，显示的 VLAN 信息里不仅看不到 VLAN 3，端口 5 和 6 也看不见了，如图 3.17 所示。也就是说，这样操作不仅删除了 VLAN 3，而且原本属于 VLAN 3 的端口也一同被删除了。计算机 C 和 D 之间也就不能通信了。

```
Switch(config)#no vlan 3
Switch(config)#end
%SYS-5-CONFIG_I: Configured from console by console
Switch#sh vlan
```

```
Switch#sh mac
          Mac Address Table
-------------------------------------------

Vlan    Mac Address       Type       Ports
----    -----------       ----       -----

  2     0030.f23c.85ba    DYNAMIC    Fa0/3
  2     00d0.58de.a79d    DYNAMIC    Fa0/4
  3     0002.178b.61d4    DYNAMIC    Fa0/5
  3     0060.7069.4d64    DYNAMIC    Fa0/6
```

VLAN	Name	Status	Ports
1	default	active	Fa0/1, Fa0/2, Fa0/7, Fa0/8
			Fa0/9, Fa0/10, Fa0/11, Fa0/12
			Fa0/13, Fa0/14, Fa0/15, Fa0/16
			Fa0/17, Fa0/18, Fa0/19, Fa0/20
			Fa0/21, Fa0/22, Fa0/23, Fa0/24
			Gig1/1, Gig1/2
2	sales	active	Fa0/3, Fa0/4
1002	fddi-default	active	
1003	token-ring-default	active	
1004	fddinet-default	active	
1005	trnet-default	active	

图 3.16　MAC 地址表　　　　　图 3.17　删除 VLAN 3 之间的 VLAN 信息

8. 找回看不见的端口

端口 5 和 6 现在不见了，可以重新将这两个端口加入某个 VLAN，通过"show vlan"命令查看就可以看到了。

```
SwitchA(config)#interface f0/5
SwitchA(config-if)#switchport mode access
SwitchA(config-if)#switchport access vlan 1
SwitchA(config-if)#exit
SwitchA(config)#interface f0/6
SwitchA(config-if)#switchport mode access
SwitchA(config-if)#switchport access vlan 1
SwitchA(config-if)#exit
```

这样配置后，原来不见的这两个端口又出现在 VLAN 1 里了。

3.6　基于 VTP 协议的跨交换机 VLAN 配置实训

一、实训名称

基于 VTP 协议的跨交换机 VLAN 配置。

二、实训目的

（1）掌握 VTP 协议的配置方法和 VTP 的三种模式之间的区别。
（2）掌握 Trunk 端口的配置方法。

（3）掌握 VTP 参数的查看方法。

三、实训内容

企业网络中交换机的数量很多，而交换机中的 VLAN 设置却差不多，如果给每台交换机配置 VLAN，不仅工作量大，而且都是一些重复的工作。利用 VTP 协议，可以只在一台交换机上配置，然后通告给其他交换机，这样可以减少网络管理员的工作量。对于不需要的 VLAN 信息，可以通过 VLAN 修剪的功能屏蔽掉。

四、实训环境

2 台 Catalyst 2950 交换机，6 根直通线，1 根交叉线，按如图 3.18 所示的方式连接好线路。

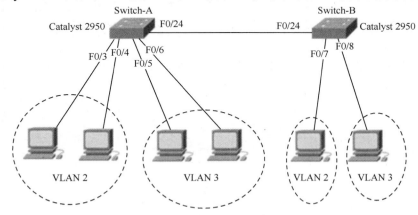

图 3.18　基于 VTP 协议的跨交换机 VLAN

五、实训步骤

（1）左边的交换机命名为 Switch-A，右边的交换机命名为 Switch-B。

（2）在 Switch-A 上做如下配置：

```
Switch-A (config)#vtp domain collage        !--指定VTP 域名为collage
Switch-A (config)#vtp mode server           !--指定这台交换机工作在服务器模式
Switch-A (config)#exit
Switch-A #vlan database
Switch-A (vlan)#vlan 2 name xxx
Switch-A (vlan)#vlan 3 name dzx
Switch-A (vlan)#exit
Switch-A #configwre terminal
Switch-A (config)#interface range f0/3 - 4
Switch-A (config-if-range)#switchport mode access
Switch-A (config-if-range)#switchport access vlan 2
Switch-A (config-if-range)#exit
Switch-A (config)#interface range f0/5 - 6
Switch-A (config-if-range)#switchport mode access
Switch-A (config-if-range)#switchport access vlan 3
Switch-A (config-if-range)#exit
Switch-A (config)#interface f0/24
Switch-A (config-if)#switchport mode trunk
```

（3）在 Switch-B 上做如下配置：

```
Switch-B (config)#vtp domain collage        !--指定与 Switch-A 相同的 VTP 域
Switch-B (config)#vtp mode client           !--指定这台交换机工作在客户机模式
Switch-B (config)#interface f0/7
Switch-B (config-if)#switchport mode access
Switch-B (config-if)#switchport access vlan 2
Switch-B (config-if)#exit
Switch-B (config)#interface f0/8
Switch-B (config-if)#switchport mode access
Switch-B (config-if)#switchport access vlan 3
Switch-B (config-if)#exit
Switch-B (config)#interface f0/24
Switch-B (config-if)#switchport mode trunk
```

（4）验证在 Switch-B 上所获得的 VLAN 信息：在 Switch-A 上创建的 VLAN 在 Switch-B 上应该全部学习到了。

（5）用"show vtp status"命令查看 VTP 的版本、工作模式、域和修剪等相关信息，如图 3.19 所示。

```
Switch#show vtp status
VTP Version                        : 2
Configuration Revision            : 5
Maximum VLANs supported locally : 255
Number of existing VLANs          : 7
VTP Operating Mode               : Server
VTP Domain Name                   : collage
VTP Pruning Mode                 : Disabled
VTP V2 Mode                      : Disabled
VTP Traps Generation             : Disabled
MD5 digest                       : 0xE4 0x6D 0xEE 0x79 0x7E 0x54 0x5C 0xE8
Configuration last modified by 0.0.0.0 at 3-1-93 00:03:29
Local updater ID is 0.0.0.0 (no valid interface found)
```

图 3.19　VTP 状态信息

（6）还可以通过"show vtp counters"命令查看交换机收发 VTP 通告的统计信息，如图 3.20 所示。

```
Switch#show vtp counters
VTP statistics:
Summary advertisements received    : 33
Subset advertisements received    : 8
Request advertisements received   : 1
Summary advertisements transmitted : 24
Subset advertisements transmitted  : 8
Request advertisements transmitted : 0
Number of config revision errors   : 0
Number of config digest errors    : 0
Number of V1 summary errors              : 0


VTP pruning statistics:
```

图 3.20　VTP 通告的统计信息

（7）验证在同一 VLAN 计算机上的连通性。

（8）如果此时将交换机 Switch-B 的 VTP 模式改为 Transparent，在 Switch-B 的 F0/1 口上再连接另一台 Catalyst 2950 交换机（Switch-C）的 F0/1 端口，将 Switch-C 的 F0/1 端口设置为 Trunk，并将 Switch-C 的 VTP 设置为 client。此时，无论在 Switch-A 上添加 VLAN 还是删除 VLAN，Switch-B 上的 VLAN 数都不会改变，而 Switch-C 上的 VLAN 数量会跟着 Switch-A 而改变，此时 Switch-B 只是起到了透明传输 VLAN 信息的作用。

（9）在交换机 Switch-A 上完成如下配置，用"show vlan"命令继续观察 Switch-B 和 Switch-C 上 VLAN 数的变化，发现只需在 VTP 服务器上启用修剪功能，就可以在相应的交换机上屏蔽掉不需要的 VLAN 信息。

```
Switch-A (config)#vtp pruning
```

练　习　题

一、填空题

1. VLAN 有效地隔离了广播，缩小了广播域。两个 VLAN 之间需要通信时可以借助_____技术。

2. 基于端口的 VLAN 划分，每个交换机端口可属于_____个 VLAN；基于 MAC 地址的划分，每个交换机端口可属于_____个 VLAN。

3. 一台全新的 Cisco Catalyst 2960 交换机，人工创建了 VLAN 10 和 VLAN 20，没有为各 VLAN 指定成员，现在端口 F0/10 属于 VLAN_____。

4. Cisco 交换机与其他厂家的交换机连接时，Trunk 口的 VLAN 封装协议应该是_____协议。

5. IEEE 802.1q 协议除了_____不打标记之外，其他的 VLAN 都打标记。

6. 交换机端口连接计算机时应该工作于_____模式。

7. VLAN 修剪命令为_____，该命令在_____配置模式下运行。

8. 一个 VTP 域内可以有_____个 VTP 服务器，有_____个 VTP 客户机。

9. Trunk 链路可以传输_____个 VLAN 的信息。

10. VTP 协议有_____、_____、_____三种工作模式。

二、选择题

1. IEEE 802.1q 和 ISL 都是为了不同的 VLAN 数据打标记，下面（　　）描述是正确的。
   A．IEEE 802.1q 封装破坏了以太网的数据帧
   B．ISL 封装破坏了以太网的数据帧
   C．IEEE 802.1q 封装不会破坏以太网的数据帧
   D．IEEE 802.1q 和 ISL 封装都破坏了以太网的数据帧

2. 下面关于 VLAN 的描述，（　　）是不正确的。
   A．VLAN 之间的访问需要借助于网络层路由技术
   B．同一 Trunk 链路中的 VLAN 流量通过标记区分
   C．VLAN 1 称为本地 VLAN，默认情况下，所有交换机端口属于 VLAN 1 的成员
   D．网络上所有交换机之间可以交换 VLAN 信息

3. 下列描述正确的是（　　）。

　A．VTP Server 交换机可以创建和删除 VLAN

　B．VTP Client 交换机可以创建和删除 VLAN

　C．交换机可同时作为 VTP 服务器和客户机

　D．VTP Server 交换机可以创建 VLAN，VTP Client 交换机可以删除 VLAN

4. 下面创建 VLAN 10 并命名为 test 的命令，（　　）是正确的。

　A．Switch(config-vlan)#vlan 10 name test

　B．Switch(vlan)# vlan 10 name test

　C．Switch# vlan 10 name test

　D．Switch(config)#vlan 10 name test

5. 一个 VLAN 可以看作一个（　　）域。

　A．广播　　　　　　B．冲突　　　　　　C．管理　　　　　　D．广播和冲突

6. 通过网络在交换机之间分发和同步 VLAN 信息的协议是（　　）。

　A．802.1x　　　　　B．802.1q　　　　　C．ISL　　　　　　D．VTP

7. 对端口进行操作，应该在（　　）模式下进行。

　A．特权　　　　　　B．全局配置　　　　C．接口配置　　　　D．VLAN 配置

8. 给 Catalyst 2960 交换机配置缺省网关，（　　）是正确的。

　A．Switch#ip default-gateway 192.168.0.1

　B．Switch(config)#ip default-gateway 192.168.0.1

　C．Switch(config-if)#ip default-gateway 192.168.0.1

　D．Switch(vlan)#ip default-gateway 192.168.0.1

9. 给 Catalyst 2960 交换机配置管理地址，（　　）是正确的。

　A．Switch(config)#interface f0/1

　　Switch(config-if)#ip address 192.168.0.1

　　Switch(config-if)#no shutdown

　B．Switch(config)#interface f0/1

　　Switch(config-if)#ip address 192.168.0.1 255.255.255.0

　　Switch(config-if)#no shutdown

　C．Switch(config)#interface vlan 1

　　Switch(config-if)#ip address 192.168.0.1

　　Switch(config-if)#no shutdown

　D．Switch(config)#interface vlan 1

　　Switch(config-if)#ip address 192.168.0.1 255.255.255.0

　　Switch(config-if)#no shutdown

10. 关于虚拟终端配置，（　　）是不正确的。

　A．虚拟终端配置需要远程接入认证

　B．虚拟终端配置需要 enable 密码

　C．虚拟终端配置只能配置同一网段内的交换机

　D．虚拟终端配置可以配置不同网段内的交换机

三、综合题

1．在 Catalyst 2960 交换机上创建 VLAN 10 和 VLAN 20，并分别命名为 xxx 和 dzx。

2．交换机 Catalyst 3560 和 Catalyst 2960 通过各自的 F0/24 口进行 Trunk 连接，在 Catalyst 3560 上创建 VLAN 10 和 VLAN 20，Catalyst 2960 通过 VTP 协议学习 VLAN，并将 1～10 号端口分配给 VLAN 10，11～23 号端口分配给 VLAN 20。请给出两台交换机的相关配置。

任务 4　解决交换机组网过程中的环路问题

本任务通过生成树协议解决网络环路问题，重点介绍了支持多生成树实例的 PVST 协议在解决环路和负载均衡方面的应用，以及加速生成树收敛的方法。

广播风暴的袭击可使一个园区网的部分区域瘫痪。而对于一个层次结构不好的园区网来说，甚至可以使核心交换机不堪负荷而导致整个园区网全部瘫痪。引发广播风暴的原因有多种，其中一种可能是由于交换机或集线器的自环引起的。所谓"自环"，是指用户在联网时有意或无意地将交换机或集线器通过通信介质接成环路。它是园区网潜在的或网管员容易遇到的问题。那么"自环"会引发什么后果呢？先看一个案例。

某园区网出现故障，其外部特征是核心交换机不堪负荷致使整个园区网瘫痪。当用超级终端登录到该交换机时，经检查发现某个端口收到大量的广播包，是单播包的 10 万倍以上，这显然是遇到了来历不明的广播风暴袭击，因为只要禁止该端口，整个园区网就恢复了正常。根据该端口所连接的网段，通过物理手段逐级排查，最后锁定故障点是安装在某公共计算机房里的一台 24 口非管理型交换机。再仔细检查后发现，该交换机上有一条跳线的另一端也插在同一台交换机上，把它一拿掉，园区网又恢复正常状态。可见，这种交换机的"自环"现象所造成的后果相当严重，排查起来也比较麻烦。事后了解到，这条交叉线是用于级联另一台交换机的。交换机拿走了，级联线却留了下来，最终酿成这起网络事故。

交换机的基本功能相当于一个透明网桥，其作用是为了更好地分析"自环"问题的产生机理，以便得出针对这类问题的解决方案。透明网桥的功能如下：

- 网桥不能修改所转发的数据帧。
- 网桥通过在端口上侦听数据帧中的源 MAC 地址来获得与该端口相连的设备的 MAC 地址，并建立一张源 MAC 地址和该端口号的对照表，也称 MAC 地址表。
- 网桥必须将接收到的广播帧转发到除接收端口以外的所有端口。
- 网桥必须将接收到的目的 MAC 地址未知的单点传送帧转发到除接收端口以外的所有端口。
- 网桥必须过滤掉目的地位于接收端口所在网段上的数据帧，而转发目的地位于其他端口上的数据帧。

如果园区网只是一个基于第二层的交换式快速以太网络，全网属于同一个广播域，在这样的局域网上通信，源站必须知道目的站的 MAC 地址。如果源站只有目的站的 IP 地址，还得通过地址解析协议 ARP 来获取与该目的 IP 地址对应的 MAC 地址。这里假定源站的 ARP 表中没有目的站的 MAC 地址，那么源站就会建立一个 ARP 请求帧，并将它发送给局域网中的所有站点。由于 ARP 请求帧是以广播的方式发送的，所以该局域网中所有站点都会接收到这个帧，然后传送给网络层检验。如果某个站点的 IP 地址和请求帧中的目的 IP 地址相同，该站点就会做出应答，将其 MAC 地址以单播方式发送应答帧给源站。一旦源站收到 ARP 应答帧，就知道了目的站的 MAC 地址，就可用目的站的 MAC 地址更新自己的 ARP 表。

需要注意的是，不同子网之间是通过路由器互联的，ARP 广播包是不能跨越路由器的，只能受限于同一广播域，即同一 IP 子网。因此，如果源站与局域网外的（另一 IP 子网）目的站通信，源站只需获得网关的 MAC 地址，然后将分组发往该网关。网关收到相应分组后，再根据目的 IP 地址来决定路由策略。

在进行 ARP 解析的过程中，涉及数据链路层上的广播处理。当交换机与源站和目的站连接时，根据透明网桥的定义，该交换机必须将接收到的广播帧转发到除接收端口以外的所有端口。假如该交换机意外自环了，如图 4.1 所示，一旦有 ARP 发生，这两个端口也会同时接收到广播帧，并会向其他端口转发。这时就这两个端口而言，都会形成两个方向相反的广播帧转发环路，而且这种重复转发会永无止境地进行下去。

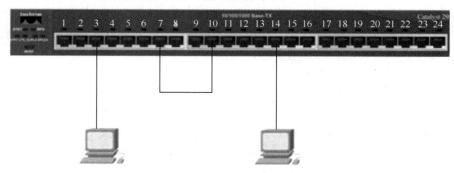

图 4.1　交换机自环

当自环交换机快速地把广播帧不断地向其他端口转发时，形成的广播风暴在很短的时间内就会导致交换机出现超负荷运转（如 CPU 过度使用、内存耗尽等），最终耗尽所有带宽，使网络连接中断，严重影响了与该交换机相连设备间的通信。这种广播风暴还不断地冲击上游交换机，上游交换机的抗广播风暴能力不强的话，将加大受影响的范围，最终将整个园区网搞垮。

交换机的自环有可能出现，对于一个大型局域网，网络的环路更可能出现。利用生成树协议就可以解决网络上的环路引发的广播风暴问题。

4.1　了解生成树协议

生成树协议之负载
均衡视频

生成树协议（Spanning Tree Protocol，STP）是一个二层管理协议，其目的主要是为了解决由于冗余备份连接所产生的环路问题。局域网中参与 STP 的所有交换机之间，通过交换桥协议数据单元（Bridge Protocol Data Unit，BPDU）了解网络的连接情况，然后根据一定的算法创建一个只有单个根和多个分支的无环路树形网络拓扑，称为生成树。这个算法也称为生成树算法。

生成树算法按以下步骤工作：

① 选举一个网桥作为根网桥。

② 在根网桥以外的每个网桥上选举到根网桥最少开销的一个端口作为根端口。

③ 在每个局域网网段上，选举一个离根网桥最近的网桥来转发数据，这个网桥称为该网段的指定网桥；指定网桥上连接这个网段的端口，称为指定端口。

④ 用局域网上被选举出来的根网桥、所有根端口、指定网桥和指定端口产生一个生成树。

如图 4.2 所示是根据生成树算法产生的根网桥、根端口、指定网桥、指定端口和阻塞端口，从而产生的一棵生成树。

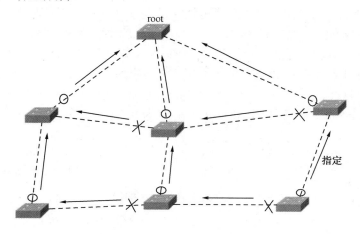

图 4.2　生成树选举结果

最上面的网桥被选为根网桥（Root Bridge），其他网桥为非根桥，非根桥上带圈的端口为根端口（Root Port）。

箭头所指的网桥为箭头所在网段的指定网桥，所指的端口为箭头所在网段的指定端口（Designated Port）。根网桥一定会成为根网桥所连接网段的指定网桥，根网桥所连接的网段也一定会将根网桥的连接端口指定为指定端口。

带叉的网桥端口为堵塞端口（Blocked Port）。这种端口不转发数据帧，用来防止循环的产生，但它可以监听。

IEEE 802.1d 是最早关于 STP 的标准，它提供了网络的动态冗余切换机制。STP 能够在网络设计中部署备份线路，并且保证在主线路正常工作时备份线路是关闭的；当主线路出现故障时能自动使用备份线路，切换数据流。整个局域网是一个 STP 域，形成一棵生成树。一棵生成树带来的问题是每个 VLAN 流量流经的路径未必最优，称为次优化问题。

扩展 802.1d 是多域生成树协议，是对 802.1d 的扩展，它允许在同一台交换设备上同时存在多个 STP 域，各个 STP 域都按照 802.1d 运行，各域之间互不影响。交换机中默认存在一个 STP 域，为 VLAN 1 的域，默认 STP 域不能被删除。PVST（Per-Vlan Spanning Tree）是 Cisco 私有的每一个 VLAN 的生成树协议，在 Cisco 交换机上被支持。

快速生成树协议（Rapid Spanning Tree Protocol，RSTP）是 STP 的扩展，其主要特点是增加了端口状态快速切换的机制，能够实现网络拓扑的快速转换。Rapid-PVST（Per-Vlan Rapid Spanning Tree）在 Cisco 交换机上被支持。

1. 了解生成树的工作原理

生成树的工作原理可以归纳为三步：选择根网桥、选择根端口、选择指定端口。然后把根端口、指定端口设为转发状态，其他端口设为阻塞状态，形成一个逻辑上无环路的网络拓扑。对于多 VLAN 的生成树协议，每个 VLAN 可以单独选择，形成多棵生成树。

解决网络中环路之生成树改变根桥视频

（1）选择根桥。

参与生成树运算的网桥会有一个网桥标识（Bridge ID）编号，这个编号由两部分组成：网桥优先级和网桥 MAC 地址。网络中这个编号最小的网桥将被选为生成树的树根，称为根网桥（Root）。

网桥优先级默认值为 32768，这个值可以通过设置来改变。如果两台没有改变默认优先级设置的交换机连接的话，哪台的 MAC 地址小，哪台就将成为根网桥。

由于交换机的 MAC 地址是改变不了的，所以网络管理员可以通过改变交换机 VLAN 的桥优先级来使交换机成为某个 VLAN 的根网桥，把要成为根的交换机的 VLAN 优先级设置得比其他交换机小。这样，一方面加快生成树收敛速度，另一方面可以人为控制根网桥的选择。

改变 Catalyst 2960 交换机的 VLAN 1 的优先级为 8192，如图 4.3 所示。

```
Switch(config)#spanning-tree vlan 1 priority ?
  <0-61440>  bridge priority in increments of 4096
Switch(config)#spanning-tree vlan 1 priority 8192
```

图 4.3　修改交换机 VLAN 的优先级

改变 VLAN 1 的生成树优先级时，要以 4906 的数量级递增，允许值是：0、4096、8192、12288、…、61440。

观察 Catalyst 2960 交换机的 VLAN 1 生成树协议相关信息，如图 4.4 所示。

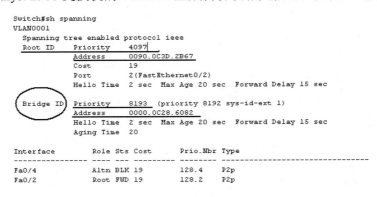

图 4.4　Catalyst 2960 交换机的 VLAN 1 生成树协议相关信息

可以看到这台交换机 VLAN 1 的 Bridge ID 值被修改为"8193+0000.0C28.6082"，之所以这台交换机没有成为根网桥，是因为根网桥的 Root ID 值更小，为"4097+0090.0C3D.2B67"。

也可以使用命令将某台交换机直接指定为根网桥。例如，指定这台 Catalyst 2960 交换机为主根网桥。

```
Switch(config)#spanning-tree vlan 1 root primary
```

这样设置后，这台交换机就成为主根桥。

（2）选择根端口。

选出根网桥后，其他没有被选为根网桥的都被称为非根网桥。每个非根网桥要选出自己的根端口。根端口的选择是根据端口到根桥的开销来决定的，端口到根桥的开销最小的被选为根端口。开销是基于每条线路的带宽计算的，不同链路带宽的开销如表 4.1 所示。

表 4.1　生成树的路径开销

链路带宽（bps）	IEEE 旧标准链路开销（cost）	IEEE 新标准链路开销（cost）
10M	100	100
100M	10	19
1G	1	4
10G	1	2

非根网桥有多条线路通向根网桥，可根据线路上端口的累计开销来决定哪个端口成为根端口。累计的开销最小的端口成为根端口。累计开销一样时，Bridge ID 值最小的成为根端口；若 Bridge ID 值还一样，端口 ID 最小的成为根端口。

端口 ID 由端口优先级＋端口号组成。端口优先级默认为 128，这个值可以修改。下面再来看 Catalyst 2960 显示的生成树信息，如图 4.5 所示。

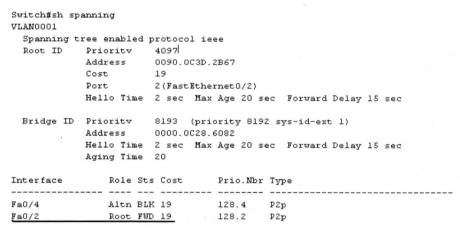

```
Switch#sh spanning
VLAN0001
  Spanning tree enabled protocol ieee
  Root ID    Priority    4097
             Address     0090.0C3D.2B67
             Cost        19
             Port        2(FastEthernet0/2)
             Hello Time  2 sec  Max Age 20 sec  Forward Delay 15 sec

  Bridge ID  Priority    8193   (priority 8192 sys-id-ext 1)
             Address     0000.0C28.6082
             Hello Time  2 sec  Max Age 20 sec  Forward Delay 15 sec
             Aging Time  20

Interface        Role Sts Cost     Prio.Nbr Type
---------------- ---- --- ----     -------- ---------------------------
Fa0/4            Altn BLK 19       128.4    P2p
Fa0/2            Root FWD 19       128.2    P2p
```

图 4.5　Catalyst 2960 的生成树信息

可以看到这台交换机有两条链路连接根网桥，开销都为 19，F0/2 端口和 F0/4 端口都是 100Mbps 的带宽，都是直接连接到根网桥的。F0/2 端口之所以成了根端口，端口处于转发数据状态（Forwarding Port），而 F0/4 端口处于堵塞状态（Blocked Port），是因为 F0/2 的端口 ID 为 128.2，比 F0/4 的小。这台交换机上没有指定端口，因为和这台交换机连接的网段都直接和根网桥相连，根网桥的端口成了指定端口。

（3）选择指定端口。

当一个网段中有多个网桥时，这些网桥会将这些根网桥的开销都通告出去，其中具有最低开销的网桥将作为指定（designated）网桥。指定网桥中发送最低开销的 BPDU 的接口是该网段中的指定端口。每个网段选择指定端口的依据是：选择发送最低根路径开销的 BPDU 的端口。如果开销相同，选择 Bridge ID 最小的端口；如果还相同，则选择端口 ID 最小的端口。

根据根网桥、根端口、指定网桥和指定端口形成的生成树是无环路的，这样就解决了网络的环路问题。自环只是网络环路的一个特例，当然可以通过生成树协议来解决。

（4）端口状态转换。

通过 STP 协议，阻塞了冗余端口。当指定的转发端口出现故障或者由于其他原因而导致阻塞端口在 20 秒内没有从指定端口接收到 BPDU，阻塞端口开始监听，接收和发送 BPDU，但不转发数据，这个过程持续 15 秒；确认自己成为指定端口后，继续接收和发送 BPDU，开始学习 MAC 地址，准备转发数据，这个过程需要 15 秒；之后这个端口进入转发状态开始转发数据。因此，端口从阻塞到转发大约需要

解决网络中环路之生成树改变阻塞端口视频

50 秒。新启动的交换机为了防止环路，刚开始每个端口都处于阻塞状态，需要在 50 秒后才能进入转发状态。

当指定端口故障排除后，刚开始处于阻塞状态，而后开始接收 BPDU。当判断自己是一个根端口或者是一个指定端口后则进入监听状态，15 秒后进入学习状态，再过 15 秒后进入转发状态。

运行生成树协议的交换机端口总是处于下面四个状态中的一个。在正常操作期间，端口处于转发或阻塞状态。当设备识别网络拓扑结构变化时，交换机端口自动进行状态转换，在这期间端口暂时处于监听和学习状态。交换机端口状态转换如图 4.6 所示。

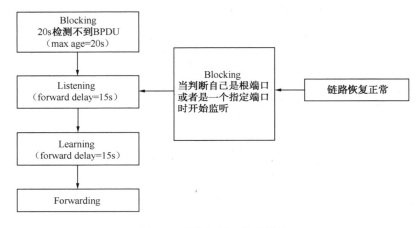

图 4.6 交换机端口状态转换

① 阻塞（Blocking）：所有端口以阻塞状态启动以防止回路。由生成树确定哪个端口转换到转发状态，处于阻塞状态的端口不转发数据，但可接收 BPDU。

② 监听（Listening）：如果一个端口可以成为一个根端口或者指定端口，那么就会转入监听状态。不发送接收数据，接收并发送 BPDU，不进行地址学习（临时状态）。

③ 学习（Learning）：不接收或转发数据，接收并发送 BPDU，开始地址学习形成 MAC 地址表（临时状态）。

④ 转发（Forwarding）：端口能接收和转发数据。

生成树拓扑稳定后，根网桥通过每 2 秒的 Hello 时间间隔创建和发送 Hello BPDU，非根网桥通过根端口接收 BPDU，加上接收端口的成本，从指定端口转发改变后的 BPDU。各交换机通过接收到 BPDU 消息来保持各端口状态有效，直到拓扑发生变化。

BPDU 分为两种：一种是通知 BPDU，主要用于当拓扑发生改变时子网桥通知父网桥；另一种是配置 BPDU，主要包含 BPDU 类型、根网桥 ID，到根网桥的路径开销，发送网桥 ID、

端口 ID 等，用于生成树的产生和维持过程。

2．了解配置生成树协议命令

配置生成树协议涉及下面一些任务：

（1）启用、关闭生成树协议。

生成树协议默认为开启。Cisco 建议即使网络中无环路也要开启生成树协议，防止网络管理员误操作或网线短路等，造成不必要的网络故障。

全局配置模式下开启命令语法如下：

```
spanning-tree enable
```

全局配置模式下关闭命令语法如下：

```
spanning-tree disable
```

（2）通过改变交换机的 VLAN 优先级，合理选择和维护一个根网桥。

在生成树网络中，最重要的事情就是决定根网桥的位置。选择和维护一个根网桥，涉及可修改的参数为桥优先级。目前，Cisco 交换机的默认优先级为 32768，一些以前的交换机设备优先级要低于这个值。

可以让交换机根据生成树算法来选择根网桥，也可使用命令人为指定根网桥或从根网桥（Secondary）。

① 修改网桥优先级。

STP 域内采用默认桥优先级选择根网桥可能会导致一些问题，因为有些旧设备拥有较低的桥优先级，所以容易被选为根网桥，这显然不是想要的结果。可以通过改变桥优先级来控制根网桥的选择结果。

在全局配置模式下修改网桥优先级的命令语法如下：

```
spanning-tree vlan vlan-list priority bridge-priority
```

"vlan-list"可以是一个 VLAN，也可以是一组 VLAN，还可以是多组 VLAN。例如：

```
Switch(config)#spanning-tree vlan 1,10-20,30 priority 20480
```

连字符"-"前后没有空格，各组 VLAN 号之间用英文逗号分隔。

"bridge-priority"为桥优先级，增量设置为 4096 的整数倍。允许值范围是 0～61440，可以是：0、4096、8192、12288、…、61440。

② 人为建立根网桥。

直接指定网络上的某个网桥为根网桥或从根网桥。需要注意的是，不要将接入层的交换机配置为根网桥，根网桥通常是汇聚层或者核心层的交换机。

全局配置模式下直接指定根网桥的命令语法如下：

```
spanning-tree vlan vlan-list root primary|secondary
```

primary 为主根桥，主根桥的桥优先级被设置为 24576；Secondary 为从根网桥，是主根桥的备份，从根网桥的桥优先级被设置为 28672。两个优先级均低于交换机的默认优先级 32768。

例如，指定交换机为 VLAN 10 的主根桥：

```
Switch(config)#spanning-tree vlan 10 root primary
```

这样设置后，如果其他交换机使用默认优先级，这台交换机就成了主根桥。

可以想象，即使某网桥设置了 primary 参数，如果有其他的网桥优先级比 24576 还要低，还是不能成为根网桥。

让交换机返回默认的配置，可以在全局配置模式下使用如下命令：

```
no spanning-tree vlan vlan-list root
```

可以在特权模式下通过如下命令查看所有 VLAN 的生成树信息：

```
show spanning-tree
```

也可以在特权模式下通过如下命令具体查看某个 VLAN 的生成树信息：

```
show spanning-tree vlan vlan-id
```

（3）通过修改端口成本和端口优先级控制和优化生成树。

确定到根网桥的最佳路径所涉及可修改的参数为端口成本、桥优先级和端口优先级。可通过修改这些参数来控制和优化生成树。

生成树协议依次用 BPDU 中这些不同域来确定到根网桥的最佳路径：

● 根路径成本；
● 发送网桥 ID；
● 发送端口 ID。

从端口发出 BPDU 时会被施加一个端口成本，所有端口成本的总和就是根路径成本。生成树首先查看根路径成本，以确定哪些端口应该转发，哪些端口应该阻塞。报告最低路径成本的端口被选为转发端口。

对多个端口来说，如果根路径成本相同，那么生成树将查看网桥 ID，报告有最低网桥 ID 的端口被允许进行转发，而其他所有端口被阻塞。

如果路径成本和发送网桥 ID 都相同（如在平行链路中），生成树将查看发送端口 ID。端口 ID 值小的优先级高，将作为转发端口。

① 修改端口成本。

如果想要改变某台交换机和根网桥之间的数据通路，就要仔细计算当前的路径成本，然后改变所希望路径的端口成本。端口成本更低的端口更容易被选为转发帧的端口。

在接口配置模式下更改交换机端口成本的命令语法如下：

```
spanning-tree vlan vlan-id cost cost
```

"vlan-id" 为 VLAN 号，后一个 "cost" 为所需设置的成本值。

可以在接口配置模式下用以下命令语法来恢复默认成本：

```
no spanning-tree vlan vlan-id cost
```

端口成本改变后，可在特权模式下通过如下命令语法查看所修改的成本：

```
show spanning-tree interface interface-id
```

例如，将交换机的 F0/1 端口的成本修改为 50，然后查看修改结果的命令如下：

```
Switch(config)#interface f0/1
Switch(config-if)#spanning-tree vlan 1 cost 50
Switch(config-if)#end
Switch#show spanning-tree interface f0/1
```

② 修改端口优先级。

在根路径成本和发送网桥 ID 都相同的情况下，有最低优先级的端口将为 VLAN 转发数据帧。

基于 IOS 的交换机端口的优先级别范围是 0～255，默认值为 128。

在接口配置模式下可以通过以下的命令语法修改端口优先级：

```
spanning-tree vlan vlan-id port-priority value
```

这里的 value 是一个增量值，必须是 16 的整数倍，最小为 0，最大为 240。

要恢复默认值，可在接口配置模式下使用下面的命令语法：

```
no spanning-tree vlan vlan-id port-priority
```

例如，修改接口 F0/1 的口优先级为 240，然后查看修改结果。命令如下：

```
Switch(config)#interface f0/1
Switch(config-if)#spanning-tree vlan 1 port-priority 240
Switch(config-if)#end
Switch#show spanning-tree interface f0/1
```

（4）通过设置时间参数、Portfast、Uplinkfast 和 Backbonefast 加速生成树的收敛。

使用默认的 STP 计时器配置，从一条链路失效到另一条接替，需要花费约 50 秒的时间。这可能使网络存取被耽误，从而引起超时，不能阻止桥接回路的产生，还会对某些协议的应用产生不良影响，会引起连接、会话或数据的丢失。下面讲解加速生成树收敛的方法。

① 修改生成树计时器。

使用默认的 STP 计时器配置，从一条链路失效到另一条接替，需要花费 50 秒。可以根据具体情况修改这些计时器时间。但 Cisco 建议不要修改这些时间参数，可以通过设置 Portfast、Uplinkfast、Backbonefast 等来加快端口从阻塞到转发的速度。

修改 STP 计时器参数是在全局配置模式下进行的，各个参数修改的命令语法如下：

● 修改 Hello 时间

```
spanning-tree vlan vlan-id hello-time seconds
```

可以修改每一个 VLAN 的 Hello 时间间隔，取值范围是 1～10 秒。

● 修改转发延迟计时器

转发延迟计时器（Forward Delay Timer）确定一个端口在转换到学习状态之前处于侦听状态的时间，以及在学习状态转换到转发状态之前处于学习状态的时间。

```
spanning-tree vlan vlan-id forward-time seconds
```

转发时间过长，会导致生成树的收敛过慢；转发时间过短，可能会在拓扑改变时，引入暂时的路径回环。

● 修改最大老化时间

最大老化时间（Max Age Timer）规定了从一个具有指定端口的邻接交换机上所收到的 BPDU 报文的生存时间。

如果非指定端口在最大老化时间内没有收到 BPDU 报文，该端口将进入 Listening 状态，并接收交换机产生的配置 BPDU 报文。

修改命令：

```
spanning-tree vlan vlan-id max-age seconds
```

恢复默认值命令：

```
no spanning-tree vlan vlan-id max-age
```

② 配置速端口（Portfast）。

通过速端口，可以大大减少处于侦听和学习状态的时间，速端口几乎立刻进入转发状态。速端口将工作站或者服务器连接到网络的时间减至最短。

注意：确定一个端口下面接的是计算机或终端的时候，方可启用速端口设置。

在全局配置模式下可以使用如下命令语法来默认所有的访问端口为速端口：

```
spanning-tree portfast default
```

也可以针对每个接口来配置，在接口配置模式下启用速端口的命令语法如下：

```
spanning-tree portfast
```

在接口配置模式下关闭速端口的命令语法如下：

```
no spanning-tree portfast
```

在特权状态下查看端口的速端口状态命令语法如下：

```
show spanning-tree interface interface-id detail
```

例如，配置连接计算机的 F0/1 端口为速端口的命令如下：

```
Switch(config)#interface f0/1
Switch(config-if)#spanning-tree portfast
```

③ 配置上行速链路（Uplinkfast）。

当检测到转发链路失效时，上行链路可使交换机上一个阻塞的端口几乎立刻开始进行转发。

使用 STP 上行速链路，可以在链路、交换机失效或者 STP 重新配置时，加速新根端口的选择过程。被阻塞端口会立即转换到转发状态。

上行速链路还可以通过减少最大更新速率（max-update-rate）这个参数值，来限制突发的组播通信。这些参数的默认值是 150 包每秒。

在网络边缘的接入层上，上行速链路是非常有用的功能，但不适合用在骨干设备上。

要在配置了网桥优先级的 VLAN 上启动上行速链路，必须先将 VLAN 上的交换机优先级恢复到默认值。只需要在有冗余上联链路的交换机上配置上行速链路。

在全局配置模式下，使用下面的命令语法恢复交换机优先级为默认值：

```
no spanning-tree vlan vlan-id priority
```

在全局配置模式下配置上行速链路，需要使用如下命令：

```
spanning-tree uplinkfast [ max-uplink-rate pkts-per-second]
```

"pkts-per-second"的取值范围是每秒 0～32000 个数据包。默认值是 150，通常这个值就足够了。

在全局配置模式下关闭上行速链路，使用如下命令：

```
no spanning-tree uplinkfast
```

要检查上行速链路的配置，可以在特权模式下使用如下命令：

```
show spanning-tree summary
```

例如，启动交换机支持速上行链路，执行如下命令：

```
Switch(config)#spanning-tree uplinkfast
```

④ 配置 Backbonefast。

Backbonefast 是一种让网桥的阻塞端口跳过 20 秒检测 BPDU 的时间直接进入监听状态的技术，能够使 STP 再次收敛时间减少 20 秒。需要使网络上的每台交换机都启用 Backbonefast，才能加速 STP 收敛。

在全局配置模式下启用 Backbonefast 的命令语法如下：

```
spanning-tree backbonefast
```

例如，启用 Backbonefast，需要使网络上的所有交换机都执行如下命令：

```
Switch(config)#spanning-tree backbonefast
```

4.2　配置多实例生成树协议解决环路问题

为了提高网络的安全性，网络中关键的拓扑设计往往采用冗余链路的设计，链路冗余在网络上是大量使用的。由于二层交换机使用 MAC 地址表转发数据，当收到不明目标 MAC 地址的数据帧时，交换机就会以广播的方式传送，在链路冗余情况下会产生大量的广播流量，引起广播风暴，从而造成网络瘫痪。

IEEE 802.1d 的生成树协议（Spanning Tree）的使用，消除了网络拓扑中任意两点之间可能存在的重复路径，将两点之间存在的多条路经划分为"通信路径""备份链路"，数据的转发在"通信路径"上进行，而"备份链路"只用于链路的侦听，一旦发现"通信路径"失效，将自动地将通信切换到"备份链路"上。

Spanning Tree 的算法广泛运用于二层以太网的收敛和自愈，但是由于其是在局域网初期开发的技术，所以也存在着一些不足，主要表现在以下几个方面：

① 拓扑收敛时间过长。

交换机端口从阻塞到转发大约需要 50 秒，即使连接计算机也要这么长的时间。

② 网络拓扑容易引起全局波动。

由于 IEEE 802.1d 的理论没有域的概念，所以网络中用户增减、设备配置的改变往往会引起全局不必要的波动，甚至能引起根网桥的改变，出现网络通信的中断。

③ 缺乏对多 VLAN 环境的支持。

IEEE 802.1d 没有阐明在一个存在多个 VLAN 情况下如何处理 Spanning Tree 的算法，造成一个局域网只有一棵生成树，一个端口阻塞所有 VLAN 流量的情况，从而使得双光纤链路的资源只能利用到一半，另一半只能起备份作用。

针对 IEEE 802.1d 的不足，网络设备生产厂商开发了很多增强技术。PVST 就是 Cisco 开发支持每个 VLAN 一棵生成树实例的多生成树协议，使 Cisco 交换机能支持多生成树协议算法。由于缺乏开放性标准，所以 Cisco 交换机与其他厂家的产品互联时，还要依据具体情况而定。

解决网络环路之生成
树选举视频

1．PVST 解决环路问题的同时实现负载均衡

分布层的交换机和核心层交换机连接时，通常使用冗余链路，核心层设备也经常进行冗余备份。

使用三台 Catalyst 2960 交换机 S1、S2 和 S3 来模拟分布层交换机上联核心层交换机的情

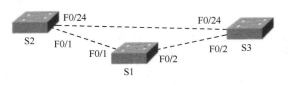

况。S2 和 S3 作为核心交换机，通过各自的 F0/24 口连接；S1 作为分布层交换机，有两条上联链路，分别通过 F0/1、F0/2 口和交换机 S2 的 F0/1、S3 的 F0/2 口连接，拓扑图如图 4.7 所示。

图 4.7　分布层的交换机和核心层交换机之间的冗余连接

交换机之间用 Trunk 链路连接，三台交换机的 VTP 模式默认都是 Server，在 S1 上创建 VTP 域，创建 VLAN 10 和 VLAN 20。

这时在 S2、S3 交换机上查看 VLAN，可以看到 VLAN 10、VLAN 20 已经存在。

在各交换机上执行"show spanning-tree summary"命令，可以看到使用的生成树模式为 PVST，还可以看到 Portfast、UplinkFast、BackboneFast 和 EtherChannel 功能没有打开等信息。说明 Catalyst 2960 的生成树模式默认为 PVST，具有为每个 VLAN 创建生成树的能力，但没有加速生成树收敛的附加配置。

在任意一台交换机上查看生成树信息，都可以发现，每个 VLAN 的根网桥都是同一个交换机，环路上阻塞的端口也是同一个交换机上的同一个端口。一个阻塞端口阻塞了所有 VLAN 的数据流，没有充分发挥冗余链路的作用。

由于没有改变生成树的参数，所以各个 VLAN 的生成树是一样的，VLAN 之间没有实现负载均衡。

现在人为指定 S2 为 VLAN 10 的根网桥，S3 为 VLAN 20 的根网桥。

```
S2(config)#spanning-tree vlan 10 root primary
S3(config)#spanning-tree vlan 20 root primary
```

在 S2 上看一下生成树信息，如图 4.8 所示。

```
s2#show spanning-tree vlan 10
VLAN0010
  Spanning tree enabled protocol ieee
  Root ID    Priority    24586
             Address     000C.8552.6940
             This bridge is the root
             Hello Time  2 sec  Max Age 20 sec  Forward Delay 15 sec

  Bridge ID  Priority    24586  (priority 24576 sys-id-ext 10)
             Address     000C.8552.6940
             Hello Time  2 sec  Max Age 20 sec  Forward Delay 15 sec
             Aging Time  20

Interface        Role Sts Cost      Prio.Nbr Type
---------------- ---- --- --------- -------- --------------------
Fa0/1            Desg FWD 19        128.1    P2p
Fa0/24           Desg FWD 19        128.24   P2p

s2#show spanning-tree vlan 20
VLAN0020
  Spanning tree enabled protocol ieee
  Root ID    Priority    24596
             Address     0001.C94B.57EE
             Cost        19
             Port        24(FastEthernet0/24)
             Hello Time  2 sec  Max Age 20 sec  Forward Delay 15 sec

  Bridge ID  Priority    32788  (priority 32768 sys-id-ext 20)
             Address     000C.8552.6940
             Hello Time  2 sec  Max Age 20 sec  Forward Delay 15 sec
             Aging Time  20

Interface        Role Sts Cost      Prio.Nbr Type
---------------- ---- --- --------- -------- --------------------
Fa0/1            Desg FWD 19        128.1    P2p
Fa0/24           Root FWD 19        128.24   P2p
```

图 4.8　交换机 S2 的生成树信息

从显示结果可以看到 VLAN 10 的根网桥是 S2，而对于 VLAN 20 来讲，S2 的 F0/24 是根端口，说明 VLAN 20 的根网桥是 S3。

对每台交换机的 Trunk 端口在不同 VLAN 中的角色和状态进行统计，得到如表 4.2 所示的各交换机端口状态。

表 4.2　各交换机端口状态

Trunk 端口	角　色		状　态	
	VLAN 10	VLAN 20	VLAN 10	VLAN 20
S2 的 F0/1	Desg	Desg	FWD	FWD
S2 的 F0/24	Desg	Root	FWD	FWD
S1 的 F0/1	Root	Altn	FWD	BLK
S1 的 F0/2	Altn	Root	BLK	FWD
S3 的 F0/2	Desg	Desg	FWD	FWD
S3 的 F0/24	Root	Desg	FWD	FWD

通过对表的分析发现，每个 VLAN 为了避免网络环路，都阻塞了一个交换机端口，但每个 VLAN 阻塞的端口是不一样的。VLAN 10 阻塞的是 S1 的 F0/2 端口，但继续转发 VLAN 20 的数据流量；VLAN 20 阻塞的是 S1 的 F0/1 端口，但继续转发 VLAN 10 的数据流量。

通过人工修改生成树参数，既避免了网络环路，又避免了单一端口阻塞所有 VLAN 流量的现象，实现了 VLAN 流量的分流，充分利用了网络上的 Trunk 链路带宽，实现了负载均衡。

2. 解决环路问题的同时加速生成树的收敛

生成树端口的四个状态为阻塞、监听、学习和转发。端口启动时为避免环路可从阻塞开始，阻塞时间 20 秒、监听 BPDU 花费时间 15 秒、学习 MAC 地址再花费时间 15 秒，然后才进入转发状态。从阻塞到转发需要 50 秒的时间，即使是计算机端口也不例外，这对于一些应用是难以想象的。通过配置生成树的端口参数，可以加速生成树的收敛，提高网络的效率，满足网络上业务的需要。

以典型的网络连接为例，讲解如何配置 STP 端口参数加速生成树的收敛。典型网络连接拓扑如图 4.9 所示。

网络中已经创建了 VLAN 10 和 VLAN 20，VLAN 10 以 S2 为根网桥，VLAN 20 以 S3 为根网桥。在 S1 上查看 VLAN 10 的生成树信息，如图 4.10 所示。

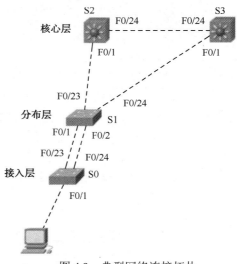

图 4.9　典型网络连接拓扑

可以看到，S1 上 F0/24 口对 VLAN 10 是阻塞端口，阻塞了 VLAN 10 的流量。将要分析的端口状态、链路切换就是针对 VLAN 10 的。

```
Switch#show spanning-tree vlan 10
VLAN0010
  Spanning tree enabled protocol ieee
  Root ID    Priority    24586
             Address     0001.96CE.AD85
             Cost        19
             Port        23(FastEthernet0/23)
             Hello Time  2 sec  Max Age 20 sec  Forward Delay 15 sec

  Bridge ID  Priority    32778  (priority 32768 sys-id-ext 10)
             Address     00D0.D380.A6E8
             Hello Time  2 sec  Max Age 20 sec  Forward Delay 15 sec
             Aging Time  20

Interface       Role Sts Cost      Prio.Nbr Type
--------------- ---- --- --------- -------- --------------------------------
Fa0/1           Desg FWD 19        128.1    P2p
Fa0/2           Desg FWD 19        128.2    P2p
Fa0/23          Root FWD 19        128.23   P2p
Fa0/24          Altn BLK 19        128.24   P2p
```

图 4.10　分布层交换机 S1 上 VLAN 10 的生成树信息

（1）设置 Portfast。

当计算机接入到层交换机的 F0/1 端口时，端口立即进入监听状态，花费 15 秒，而后进入学习状态，又花费 15 秒，然后进入转发状态。共花费了 30 秒，这对于有些应用是不可想象的。如果明确交换机的端口是连接计算机的，那么就可以设置 Portfast 特性，计算机一经接入，端口立即进入转发状态。

```
S0(config)#interface f0/1
S0(config-if)#spanning-tree portfast
```

一定要注意，设置 Portfast 的端口只能连接计算机和路由器，不能连接交换机。

（2）设置 Uplinkfast。

在接入交换机 S0 上，F0/23 是根端口，处于转发状态；F0/24 口处于阻塞状态。当分布层交换机 S1 的 F0/1 口出现故障时，S0 的 F0/23 口能够立即检测到，S0 上的 F0/24 口立即进入监听状态，15 秒后进入学习状态，再过 15 秒后开始转发数据。从主线路故障到备份线路切换完成需要 30 秒的时间。如果 S1 的 F0/1 口和 S0 的 F0/23 口之间还有 HUB 设备的话，S0 的 F0/23 口不能够立即检测到 S1 的 F0/1 口的故障，必须多花费 20 秒的阻塞时间，这样，主链路切换到备份链路就要花费 50 秒的时间。生成树再次收敛的时间为 30～50 秒。

可以通过配置 Uplinkfast 特性来加速收敛，使得在 S0 的 F0/23 口检测到故障时，很快进入转发状态。

```
S0(config)#spanning-tree uplinkfast
```

这条命令只需要在 S0 上配置，就能够实现 S0 的两条上联链路之间的快速切换。

同样，分布层交换机 S1 也有两条上联到核心交换机的冗余链路，要实现 S1 的两条冗余上联链路之间的快速切换，在 S1 上也需要配置 Uplinkfast 特性。

```
S1(config)#spanning-tree uplinkfast
```

（3）设置 Backbonefast。

当 S2 的 F0/24 口出现故障时，S1 的 F0/24 口从阻塞到转发需要 50 秒的时间。如果网络上的每台交换机都设置 Backbonefast 特性，S1 的 F0/24 会立即进入监听状态，30 秒后就进入转发状态。STP 重新收敛可以节约 20 秒的时间。

```
S0(config)#spanning-tree backbonefast
S1(config)#spanning-tree backbonefast
S2(config)#spanning-tree backbonefast
S3(config)#spanning-tree backbonefast
S4(config)#spanning-tree backbonefast
```

总之，Portfast 特性只能用于连接计算机或路由器的端口；Uplinkfast 特性用于有冗余上联链路的交换机；而 Backbonefast 特性用于网络上的所有交换机。

4.3　生成树协议配置实训

一、实训名称

PVST 实现负载均衡与快速收敛。

二、实训目的

（1）了解生成树的工作原理。
（2）掌握 STP 树的控制方法。
（3）利用 PVST 实现 VLAN 负载均衡。
（4）掌握 Portyfast、Uplinkfast 和 Backbonefast 的应用场合和使用方法。

三、实训内容

生成树协议默认在交换机上是打开的，不做任何配置就可以有效避免冗余链路造成的网络环路，但是，生成树的阻塞端口会阻塞所有 VLAN 的流量，没有充分发挥冗余链路的带宽作用；端口状态转换需要花费较长的时间，不能满足有些应用的要求。因此，需要通过支持多生成树实例的生成树协议，经过人工干预生成树的收敛，解决以上问题。

四、实训环境

企业的各部门分别属于不同的 VLAN 子网，网络用户为高要求用户，不能出现通信中断和网络拥塞现象。为了满足用户的需求，企业网络采用了设备备份和链路备份，企业的接入交换机通过两条上联链路分别接入两台核心交换机，核心交换机之间通过一条千兆端口背靠背连接，实现核心设备的热备份。模拟的实训环境如图 4.11 所示。

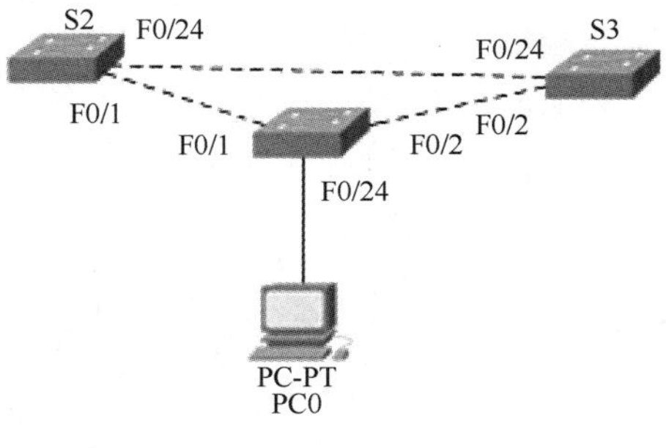

图 4.11　冗余连接企业网络拓扑

五、实训要求分析和设备准备

根据实训内容要求，可以选择两台相对高档次的交换机作为核心交换机，低档次的交换机作为接入交换机构建实训环境。也可以使用三台低档次的交换机，只要达到实训目的就可以。需要三根交叉线和一根直通线，至少需要一台计算机作为网络用户通过直通线连接交换机的端口。

另外，需要有用于交换机本地配置的计算机连接，用于配置交换机和观察分析配置结果。

六、实训步骤

（1）按模拟的环境连接好设备。

（2）配置 VTP 参数、创建 VLAN。

将所有交换机之间连接的端口设置成 Trunk 模式，指定一台交换机为 VTP 服务器模式，创建两个 VLAN；其他为 VLAN 服务器或客户机模式，通过 VTP 协议在域内统一 VLAN 数据库。

```
S1(config)#vtp mode server
S1(config)#vtp domain test
S1(config)#vlan 10
S1(config)#vlan 20
S1(config)#interface range f0/1 - 2
S1(config-if-range)#switchport mode trunk
S1(config-if-range)#interface f0/24
S1(config-if)#switchport mode access
S2(config)#vtp mode client
S2(config)#vtp domain test
S2(config)#interface f0/1
S2(config-if)#switchport mode trunk
S2(config-if)# interface f0/24
S2(config-if)#switchport mode trunk
S3(config)#vtp mode client
S3(config)#vtp domain test
S3(config)#interface f0/2
S3(config-if)#switchport mode trunk
S3(config-if)#interface f0/24
S3(config-if)#switchport mode trunk
```

（3）在 S1 交换机上执行"show spanning-tree summary"命令，查看生成树模式是不是 PVST，有没有显示所创建的 VLAN。

```
S1#show spanning-tree summary
```

（4）在各交换机上执行"show spanning-tree"命令，分析 VLAN 10、VLAN 20 的根网桥和阻塞端口，并记录。

VLAN 10 的根网桥为_____交换机，阻塞端口为_____交换机上的_____端口。

VLAN 20 的根网桥为_____交换机，阻塞端口为_____交换机上的_____端口。

（5）将 VLAN 10 的根网桥指定为 S2，VLAN 20 的根网桥指定为 S3。

```
S2(config)#spanning-tree vlan 10 root primary
S3(config)#spanning-tree vlan 20 root primary
```

（6）在各交换机上执行"show spanning-tree vlan 10""show spanning-tree vlan 20"命令，分析 VLAN 10、VLAN 20 的根网桥和阻塞端口。

VLAN 10 的根网桥为_____交换机，阻塞端口为_____交换机上的_____端口。

VLAN 20 的根网桥为_____交换机，阻塞端口为_____交换机上的_____端口。

（7）设置连接计算机端口的 Portfast 特性。

连接计算机的端口从监听到转发状态需要 30 秒的时间，配置 Portfast 特性，可以很快进入转发状态：

```
S1(config)#interface f0/24
S1(config-if)#spanning-tree portfast
```

注意：只有连接计算机或路由器的端口才能配置 Portfast 特性。

（8）配置接入交换机 S1 的 Uplinkfast 特性。

冗余链路的切换需要 30～50 秒的时间，配置交换机的 Uplinkfast 特性，使冗余链路切换减少 15 秒监听和 15 秒学习时间：

```
S1(config)#spanning-tree uplinkfast
```

注意：只需要在有冗余上联链路的交换机上配置 Uplinkfast 特性。

（9）配置所有交换机的 Backbonefast 特性。

生成树重新收敛需要 30～50 秒的时间，在网络上所有交换机上配置 Backbonefast 特性，重新收敛只需要 30 秒。

```
S1(config)#spanning-tree backbonefast
S2(config)#spanning-tree backbonefast
S3(config)#spanning-tree backbonefast
```

注意：Backbonefast 特性需要在网络上的所有交换机上配置。

4.4　生成树协议之改变根桥实训

一、实训名称

生成树协议之改变根桥。

二、实训目的

（1）掌握生成树协议的选择过程。

（2）掌握网桥优先级的修改命令。

（3）进一步熟悉生成树的查看和分析方法。

三、实训内容

连接交换机构成环路，由于开启了生成树协议，环路上的某个交换机端口会阻塞，那是因为形成了生成树，树根是桥 ID 值最小的网桥。但是，往往生产越早的交换机其 ID 值越小，越容易成为根桥，这是不合理的，所以有时候需要修改根桥。

四、实训环境

根据实训内容设计实训环境，网络拓扑图如图 4.12 所示，全网处于 VLAN 1 中。现在 Switch2 的 F0/2 端口被阻塞、Switch0 的 F0/5 端口被阻塞，根据生成树的选择规则，可以判断，Switch4 是根桥。

五、实训步骤

（1）分析生成树的选择规则。

① 选择根桥：网桥 ID 值最小的为根桥；其他的为非根桥。

② 非根桥上选择根端口：到根桥费用最少的端口为根端口；费用一样时，所连网桥 ID 值小的为根端口；费用一样且所连网桥的 ID 也一样时，所连网桥上端口 ID 值小的为根端口。

③ 每一个网段选择指定端口：去往根桥费用少的端口为指定端口；费用一样时，所连网桥 ID 值小的为指定端口。

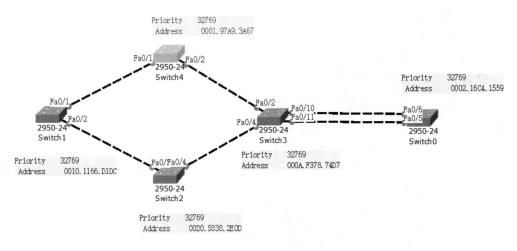

图 4.12　生成树协议之改变根桥

④ 选择阻塞端口：环路中，既不是根端口，也不是指定端口的交换机端口被阻塞，环路就变成了树状。

（2）验证生成树选择结果。

根据生成树的选择规则和所看到的阻塞接口，可以判断，Switch4 是根桥。可以在各个交换机的特权模式下执行"show spanning-tree"命令去查看生成树的状况。图 4.13 显示了 Switch4 的生成树状况，说明 Switch4 的确是根桥。

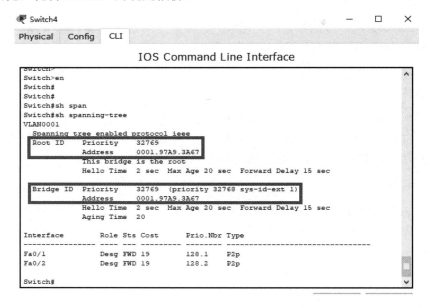

图 4.13　Switch4 的生成树状况

（3）要求改变 Switch3 为根桥。

① 为什么要修改根桥？

因为网络管理员往往希望将核心交换机设置为根桥，而早期的设备性能差，但 MAC 地址值却小，容易成为根桥。

② 怎么修改根桥？

ID 值最小的网桥就是根桥，只能通过将 ID 值设置成最小来实现；网桥 ID 由网桥优先级值和网桥 MAC 地址两部分构成，MAC 地址不能修改，只能修改网桥优先级，哪一台交换机的优先级最小，那么它的 ID 值也就最小。

（4）对于交换机的优先级都是默认的 32768，怎么修改交换机 Switch3 成为根桥？

① 要实现 Switch3 为根桥，只要将 Switch3 的优先级更改为小于 32768 就可以了。

② 要注意的是，优先级的修改以 4096 为增量。

③ 在 Switch3 的全局配置模式下执行如下命令：

```
spanning-tree vlan 1 priority 4096
```

这样，Switch3 的优先级值就变成 4097，成为了网络中最小的 ID，从而成为了根桥。

（5）对于交换机的优先级已经不是默认的 32768，怎么修改交换机 Switch3 成为根桥？

① 如果原先所有交换机的优先级已经是 0，而不是默认的 32768，要实现 Switch3 成为根桥。

② 无法再将 Switch3 的优先级改得更小了，只能重新规划所有交换机的优先级。

```
Switch0: 4096
Switch1: 4096
Switch2: 4096
Switch3:   0
Switch4: 4096
```

③ 在每台交换机上修改优先级值就能实现 Switch3 成为根桥。

```
spanning-tree vlan 1 priority xxxx
```

（6）改变根桥的一种简单方法。

如图 4.14 所示，目前所有交换机采用默认优先级 32768，Switch1 是根桥，现在要求通过更改优先级，实现核心交换机 Switch2 为根桥，Switch1 为从根桥。

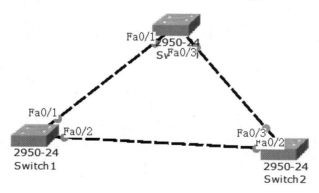

图 4.14　改变根桥的一种简单方法

① 在 Switch2 的特权模式下执行如下命令：

```
spanning-tree vlan 1  root primary
```

这条命令用于修改交换机 Switch2 优先级为 24576。

② 在 Switch1 的特权模式下执行如下命令：

```
spanning-tree vlan 1  root secondary
```

这条命令用于修改交换机 Switch1 优先级为 28672。

（7）针对图 4.14，针对上面的结果，再次希望修改根桥，将 Switch1 改为根桥，Switch2 改为从根桥。

① 在 Switch2 上执行如下命令恢复默认优先级：

```
no spanning-tree vlan 1 root primary
```

② 在 Switch1 上执行如下命令恢复默认优先级：

```
no spanning-tree vlan 1 root secondary
```

③ 在 Switch1 上执行如下命令：

```
spanning-tree vlan 1 root primary
```

④ 在 Switch2 上执行如下命令：

```
spanning-tree vlan 1 root secondary
```

4.5 生成树协议之改变阻塞端口实训

一、实训名称

生成树协议之改变阻塞端口。

二、实训目的

（1）掌握生成树协议的选择过程。

（2）掌握网桥优先级的修改命令。

（3）掌握修改接口费用的命令。

三、实训内容

连接交换机构成环路，由于开启了生成树协议，环路上的某个交换机端口会阻塞。但是，有时候需要修改阻塞端口，以满足网络通信的需要。

四、实训环境

根据实训内容设计实训环境，网络拓扑图如图 4.15 所示，全网处于 VLAN 1 中。现在 Switch2 的 F0/4 端口被阻塞、Switch0 的 F0/5 端口被阻塞，根据生成树的选举规则，可以判断，Switch4 是根桥。现在要求将阻塞端口改变为 Switch1 的 F0/2 接口和 Switch0 的 F0/6 接口。

五、实训步骤

（1）分析生成树的选择规则。

① 选择根桥：网桥 ID 值最小的为根桥；其他的为非根桥。

② 非根桥上选择根端口：到根桥费用最少的端口为根端口；费用一样时，所连网桥 ID 值小的为根端口；费用一样且所连网桥的 ID 也一样时，所连网桥上端口 ID 值小的为根端口。

③ 每一个网段选择指定端口：去往根桥费用少的端口为指定端口；费用一样时，所连网桥 ID 值小的为指定端口。

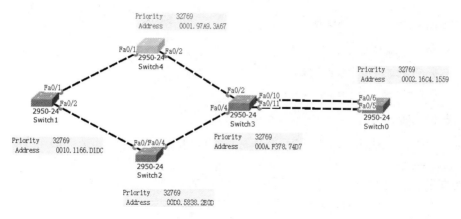

图 4.15　生成树协议之改变阻塞端口

④ 选举阻塞端口：环路中，既不是根端口，也不是指定端口的交换机端口被阻塞。环路就变成了树状。

（2）修改接口费用实现改变阻塞端口。

① 只要这些接口不被选为根端口和指定端口即可。

② 可以通过修改交换机接口的 cost 值来实现。

③ 将 Switch1 的 F0/1 接口的 cost 值改为 57，这样 Switch1 的两个端口去往根桥的费用都是 57，由于 F0/2 接口连接的网桥 ID 值大而被阻塞。

```
spanning-tree vlan 1 cost 57
```

④ 在 Switch0 的 F0/5 接口下将接口的费用改为小于 19。

```
spanning-tree vlan 1 cost 4
```

由于 Switch0 的 F0/5 接口去往根桥的费用小成为根端口，F0/6 接口既不是根端口和指定端口从而被阻塞。

（3）不改变接口 cost 值实现改变阻塞端口。

① 只要这些接口不被选为根端口和指定端口即可。

② 可以通过修改交换机优先级值和接口优先级值来实现。

③ 优先级值按 Switch3<Switch4<Switch2 进行设置，就能实现将阻塞端口改变为 Switch1 的 F0/2 接口。

④ 修改 Switch3 接口的优先级值，将 F0/10 的优先级改大或 F0/11 的优先级值改小，都可以实现 Switch0 的 F0/6 接口被阻塞。

```
int f0/10
spanning-tree vlan 1 port-priority 144
```

注意：接口优先级的修改增量为 16，修改范围为 0～240。

4.6　生成树协议之负载均衡实训

一、实训名称

生成树协议之负载均衡。

二、实训目的

（1）掌握生成树协议的选举过程。

（2）掌握网桥优先级的修改命令。

（3）掌握修改接口费用的命令。

三、实训内容

连接交换机构成环路，由于开启了生成树协议，环路上的某个交换机端口会阻塞。但是，有时候环路是网络管理员设置的冗余链路，一旦阻塞，所有 VLAN 的流量都不能通过阻塞接口，这就造成了链路的浪费。可以通过生成树协议的负载均衡，使得不同的 VLAN 流量阻塞在不同的交换机的不同接口，实现负载均衡，从而高效使用链路。

四、实训环境

根据实训内容设计实训环境，网络拓扑图如图 4.16 所示，三台交换机都创建了 VLAN 10，这样，每个交换机里都有 VLAN 1 和 VLAN 10；三条线路都设置为 Trunk；所有 VLAN 的流量都在 Switch6 的端口 F0/1 阻塞。现在要求生成树协议实现负载均衡，使得不同的 VLAN 流量阻塞在不同的交换机的不同接口。

图 4.16　生成树协议之负载均衡

五、实训步骤

（1）分析生成树的选举规则。

① 选举根桥：网桥 ID 值最小的为根桥；其他的为非根桥。

② 非根桥上选举根端口：到根桥费用最少的端口为根端口；费用一样时，所连网桥 ID 值小的为根端口；费用一样且所连网桥的 ID 也一样时，所连网桥上端口 ID 值小的为根端口。

③ 每一个网段选举指定端口：去往根桥费用少的端口为指定端口；费用一样时，所连网桥 ID 值小的为指定端口。

④ 选举阻塞端口：环路中，既不是根端口，也不是指定端口的交换机端口被阻塞。环路就变成了树状。

（2）负载均衡怎么实现？

① 只要让不同的 VLAN 单独形成生成树实例，可以形成多个生成树实例。

② 让不同的生成树实例阻塞在不同的链路上。

③ 譬如，VLAN 1 为一棵生成树实例，VLAN 10 为另一棵生成树实例。

④ 通过改变阻塞端口，使得两棵生成树的阻塞端口在不同的线路上。

⑤ 假设，VLAN 1 的生成树阻塞 Switch6 的 F0/1 接口，VLAN 10 的生成树阻塞 Switch7 的 F0/2 接口。

（3）负载均衡的实现。

① 针对 VLAN 10 修改阻塞端口。

② VLAN 1 的生成树阻塞 Switch6 的 F0/1 接口，保持原来的阻塞端口不变。

③ 改变 VLAN 10 的生成树阻塞 Switch7 的 F0/2 接口。

④ 就这个网络而言，只需通过调整各个交换机的优先级就可以实现。

⑤ VLAN 10 的优先级值按 Switch6<Switch5<Switch7 来设置就可以。

```
Switch6:
spanning-tree vlan 10 priority 0
Switch5:
spanning-tree vlan 10 priority 4096
Switch7:
spanning-tree vlan 10 priority 8192
```

练 习 题

一、填空题

1. 生成树协议是开放系统互联参考模型层次中_____层的管理协议。

2. 链路的带宽越高，开销就越_____。在根网桥以外的每个网桥上选举到根网桥_____开销的一个端口作为根端口。

3. 网桥 ID 值越小，越可能成为根网桥。两个桥优先级一样的网桥互联，MAC 地址值__的网桥，会成为根网桥。

4. 运行 STP 的交换机端口的四种状态分别为_____、_____、_____和_____。

5. 可以运行_____协议来解决局域网中的环路问题。

6. Backbonefast、Uplinkfast 和 Portfast 等属性能加速生成树的收敛，但配置要求不一样，_____在连接计算机的交换机端口配置，_____是在有冗余链路的交换机上配置，而_____需要在整个网络的所有交换机上配置。

7. 802.1d 生成树协议可以有_____棵生成树实例，PVST 可以有_____棵生成树实例。

8. 启用生成树协议在_____模式下执行"spanning-tree enable"命令。

9. 运行 STP 的交换机主备份端口切换时间默认情况下大约需要_____秒。

10. 端口 ID 由端口_____和端口_____两部分组成。

二、选择题

1. 根桥的选举，下面（　　）描述是正确的。
   A．网桥 ID 值最大的成为根桥　　　　　B．网桥 ID 值最小的成为根桥
   C．网桥优先级值最大的成为根桥　　　　D．网桥 MAC 地址值最小的成为根桥

2. 某网段指定网桥的选举，下面（　　）描述是正确的。
   A．到根桥开销最大的网桥，最可能成为指定网桥

  B．到根桥开销一样的两个网桥中，网桥 ID 值小的更可能成为指定网桥

  C．到根桥开销一样、网桥 ID 也一样的两个网桥中，网桥端口号大的更可能成为指定网桥

  D．网桥 ID 值最小的就是指定网桥

3．下列描述中正确的是（ ）。

  A．VTP 协议可以解决网络中的环路问题

  B．STP 协议可以解决网络中的环路问题

  C．HDLC 协议可以解决网络中的环路问题

  D．802.1q 协议可以解决网络中的环路问题

4．下面的命令中，（ ）是正确的。

  A．switch#spanning-tree enable

  B．switch(config)#spanning-tree vlan 10 root primary

  C．switch(config-f)#spanning-tree vlan 10 priority 4098

  D．switch(config-if)#spanning-tree backbonefast

5．下面的命令中，（ ）是正确的。

  A．switch#spanning-tree vlan 1 port-priority 16

  B．switch(config)#spanning-tree vlan 1 port-priority 256

  C．switch(config-if)#spanning-tree vlan 1 port-priority 16

  D．switch(config-if)#spanning-tree vlan 1 port-priority 256

三、综合题

1．如图 4.17 所示，由 Catalyst 2960 交换机上 VLAN 1 的生成树信息可知 VLAN 1 的根网桥的优先级是多少？到根网桥的根端口是哪个端口？哪个端口是阻塞端口？

```
Switch#sh spanning
VLAN0001
  Spanning tree enabled protocol ieee
  Root ID    Priority    4097
             Address     0090.0C3D.2B67
             Cost        19
             Port        2(FastEthernet0/2)
             Hello Time  2 sec  Max Age 20 sec  Forward Delay 15 sec

  Bridge ID  Priority    8193   (priority 8192 sys-id-ext 1)
             Address     0000.0C28.6082
             Hello Time  2 sec  Max Age 20 sec  Forward Delay 15 sec
             Aging Time  20

Interface        Role Sts Cost     Prio.Nbr Type
---------------- ---- --- -------- -------- ----------------------------
Fa0/4            Altn BLK 19       128.4    P2p
Fa0/2            Root FWD 19       128.2    P2p
```

图 4.17　Catalyst 2960 交换机上 VLAN 1 的生成树信息

  2．新交换机 Catalyst 3560 和 Catalyst 2960 通过各自的 F0/24 口进行 Trunk 连接，将 Catalyst 3560 指定为根网桥，将 Catalyst 2960 的所有连接计算机的端口指定为 Portfast 端口，请给出相关配置。

任务 5　解决交换机常见问题

解决交换机常见
问题视频

互联网操作系统（IOS）是 Cisco 交换机的核心，就和计算机的操作
系统一样，一旦被破坏，交换机就不能工作。而且，IOS 需要根据不同
的应用进行升级。因此，网络管理员就要为 IOS 做好备份，一旦设备的
IOS 被破坏或升级不成功，还能够进行恢复。另外，从用户模式进入特权模式通常需要特权
密码，由于企业的交换机不是经常需要修改配置的设备，所以很容易造成特权密码的丢失。
这个任务主要解决交换机的 IOS 和配置文件的备份、升级和特权密码的恢复等问题。

5.1　了解交换机文件的备份、恢复和升级方法

1．了解 IOS 备份的方法

IOS 保存在网络设备的 FLASH 存储器中，可以在特权模式下通过"dir flash:"命令来查
看 FLASH 中的文件。

比较安全的备份方法是将 IOS 备份到计算机上。恢复 IOS 时，只要将保存在计算机上的
IOS 恢复回去就可以了。

常用的文件传输方法是使用简单文件传输协议（Trivial File Transfer Protocol，TFTP），
TFTP 是 TCP/IP 协议族中的一个用来在客户机与服务器之间进行简单文件传输的协议，
提供不复杂、开销不大的文件传输服务。TFTP 服务器软件安装在计算机上，交换机作
为 TFTP 的客户机。

用 TFTP 协议将 IOS 备份到网络上的服务器需要完成以下三方面的工作：

首先，需要将配置电缆连接到交换机的 Console 口和计算机的串行通信口（COM1 或
COM2），再用一根直通双绞线连接交换机的一个端口（该端口属于 VLAN 1）和计算机的
局域网口，然后给交换机的 VLAN 1 配置 IP 地址，并激活 VLAN 1，给计算机配置 IP 地址，
使计算机能够 ping 通 VLAN 1 的 IP 地址。这样就为 IOS 的备份或升级做好了连接准备工作。

其次，在计算机上运行 TFTP 服务器，打开 TFTP 服务器窗口，设置好 TFTP 服务器的根
目录，准备接收 IOS 备份文件。

最后，用超级终端进入交换机的特权模式，用"dir flash:"命令查看 FLASH 中 IOS 的文
件名。因为 IOS 的文件名通常比较长而且区分大小写，所以先将文件名记录下来备用，然后，
执行如下命令：

```
switch#copy flash: tftp:
```

在执行了该命令后，会提示输入 FLASH 中需要备份的文件名和远程主机的 IP 地址或主
机名，根据提示输入，IOS 文件就被保存到 TFTP 服务器的根目录中（稍后讲解具体的操作步
骤）。所能做备份的文件不仅仅是 IOS，FLASH 中的其他文件也可以保存到计算机中。

2．了解恢复和升级 IOS 的方法

如果要对交换机的 IOS 进行恢复和升级，方法也和备份 IOS 一样，只需要准备好计划恢复
或升级的 IOS 版本，将它存放在 TFTP 服务器的根目录下备用，然后将执行的命令改成"copy

tftp:flash:"就可以了，就是改变一下文件传输的方向，将 IOS 文件从计算机传输到交换机。

3. 了解配置文件的备份和恢复方法

配置文件对 Cisco 交换机来说是非常重要的。这个配置文件就好像操作系统的注册表文件，如果注册表损坏或者配置不准确的话，那么操作系统将无法启动或者运行不稳定，交换机也是如此。配置文件如果出现错误，那么交换机设备就将无法正常工作。一般情况下，Cisco 交换机的配置文件会被存储在三个地方，分别为 RAM、NVRAM、TFTP 服务器。

交换机的配置包含启动配置与运行配置。启动配置，顾名思义就是在启动过程中对交换机进行的配置，也就是通常所说的初始化配置。运行配置就是交换机在运行过程中的配置。如果交换机在启动以后没有修改过配置，那么启动配置和运行配置是一样的，只是保存的位置不一样。由于 RAM 在断电后会丢掉数据，而 NVRAM 不会丢掉，所以交换机关机后运行配置就丢失了。

交换机在启动的时候，会从 NVRAM 中读取交换机的初始配置文件。在利用这个初始配置文件中所规定的内容来初始化交换机过程中需要注意的一点是：由于 RAM 内存中的配置文件在断电后会丢失，所以交换机启动之前，RAM 中是没有内容的。在启动的过程中，交换机的 RAM 从 NVRAM 中读取配置文件，在自己的 RAM 中生成一个配置文件的副本，然后利用这个副本中的内容进行初始化。也就是说，在初始化之前，交换机会先从 NVRAM 中复制配置文件到自己的 RAM 中，而不是说直接通过 NVRAM 中的配置文件来进行初始化。此时就可以把 NVRAM 中的配置文件看作启动配置文件。

当 RAM 中的运行配置更改之后，需要将最新的运行配置文件进行备份。这主要是因为 RAM 内存中的内容断电后会丢失。如果网络管理员希望在交换机运行过程中对其进行更改，在交换机下次启动的时候仍然有效，那么就需要将这个更改的内容保存在启动配置文件中。要实现这个目的，可以在特权模式下使用"copy running-config startup-config"命令。这个命令的含义就是将运行配置文件保存到启动配置文件中。这样就将交换机最近更新的内容保存了下来。需要注意的是，在将 RAM 中的运行配置文件复制到 NVRAM 的时候，需要先确保当前配置的准确性。为了安全起见，最好在将运行配置文件复制到 NVRAM 之前，先对 NVRAM 内容进行备份。这主要是因为在使用"copy running-config startup-config"命令的时候，会自动覆盖目标位置的启动配置文件。此时如果运行配置文件有错误，就会带来网络问题。因此，建议在管理配置文件时，要小心谨慎，宁可多走一步。如在保存更新之前，先将原先的启动配置文件在 TFTP 服务器上进行备份。即使最近的配置有问题，也可以利用备份后的配置文件启动交换机。

要完成配置文件的保存，步骤和 IOS 备份一样，只是第三步运行命令"copy startup-config tftp:"，将启动配置文件保存到 TFTP 服务器上。

这样，如果以后修改过的启动配置文件有问题，也可以使用"copy tftp: startup-config"命令，将备份的配置文件复制到 NVRAM 中，让交换机使用原来正常的配置文件进行初始化。

除了在 NVRAM 与 TFTP 服务器之间可以相互复制之外，在 RAM 与 TFTP 服务器之间也可以进行相互复制。如网络管理员更新了交换机的某个参数，增加了虚拟局域网，在短时间内可能很难判断当前的配置是否准确，也许需要运行一个星期甚至更长的时间才能够做出判断，此时最好不要轻易地更新启动配置文件中的内容。可以使用"copy running-config tftp:"命令，将运行配置文件复制到 TFTP 服务器上备用；需要时也可以使用"copy tftp: running-config"命令，将 TFTP 服务器上的配置文件复制到 RAM 中。

总之，要管理好交换机的配置文件，就是要在适当的时候、适当的地点即时运行"copy"命令。通过使用"copy"命令，IOS 软件能够将配置文件从一个组件或者设备复制到其他需要的组件与设备上。这个命令主要有两个参数：第一个参数表示配置文件的源位置，即需要被复制的文件；第二个参数表示目标位置，即要将这个配置文件复制到哪个地方。如使用"copy running-config tftp:"命令，就可以将运行配置文件复制到网络上的 TFTP 服务器。不过在复制的时候需要注意，如果目标位置有相同的配置文件，则这个命令会将目标文件中相同名字的配置文件覆盖掉。

5.2　用 TFTP 协议备份和升级交换机操作系统

在网络管理和配置时，会遇到交换机或路由器的操作系统需要升级的情况，为了安全，通常先对 IOS 进行备份，然后再升级。下面先将交换机的 IOS 通过 TFTP 协议传输到网络上的计算机进行保存，再将从 Cisco 网站下载的 IOS 升级版本通过 TFTP 协议传输到交换机，实现交换机 IOS 的升级。

1. 前期准备

首先到 Cisco 网站下载 TFTP 服务器软件，安装 TFTP 服务器软件到计算机上，然后再从 Cisco 网站下载交换机升级的操作系统，存放在 TFTP 服务器的根目录下。

交换机的 IOS 可以通过 TFTP 协议传输到网络上的任意一台运行 TFTP 服务器的计算机中，这种传输原则是网络上的这台计算机要能够访问该交换机的管理 IP 地址。

这就需要给交换机配置管理地址，给计算机配置 IP 地址，这两个地址需要在同一网段，这样计算机就可以访问交换机的管理 IP 地址了。

当然，并不是说只有与交换机管理地址在同一网段上的计算机才能作 TFTP 服务器，不同网段上的计算机也可以作 TFTP 服务器，只要这台计算机通过网络能够访问交换机的管理地址。一般情况下，网络管理员升级交换机 IOS 的网络拓扑如图 5.1 所示。

只用一台计算机连接需要进行 IOS 升级

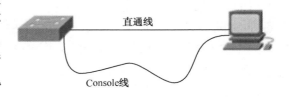

图 5.1　用 TFTP 协议对交换机 IOS 进行升级

的交换机，这台计算机既运行超级终端，又运行 TFTP 服务器软件。

2. 操作步骤

第一步，用 Console 口专用线连接交换机 Console 口与计算机的串口，用直通线连接交换机的普通端口与计算机的网卡接口。

第二步，查看 FLASH 中是否有"vlan.dat"文件，如果有，删除交换机的"vlan.dat"文件。

```
Switch#show flash:
```

第三步，删除启动配置文件。

```
Switch #erase startup-config
```

执行该命令后，将清除交换机的所有配置。执行该命令时，屏幕上会给出提示，需要对删除的文件进行确认。

第四步，重新引导操作系统。

```
Switch #reload
```

执行该命令后，重新启动交换机，此时的交换机就像一台全新的交换机。

第五步，为交换机设置 IP 地址和网关地址。

```
Switch#configure terminal
Switch(config)#interface vlan 1
Switch(config-if)#ip address 192.168.0.1 255.255.255.0
Switch(config-if)#no shutdown
Switch(config-if)#exit
Switch(config)#ip default-gateway 192.168.0.254     !--交换机网关
Switch#exit
```

当然，现在的环境由于在同一个网段，不需要对交换机设置网关。

第六步，为连接的计算机指定与交换机同一网段的 IP 地址和子网掩码。如 IP 地址：192.168.0.18，子网掩码：255.255.255.0。

第七步，此时应该能够从计算机 ping 通交换机的 IP 地址。在计算机上执行"ping 192.168.0.1"命令，查看执行情况。

第八步，在计算机上运行"TFTP Server"，并打开 TFTP Server 窗口，如图 5.2 所示。

第九步，在交换机上执行"copy flash: tftp:"命令来备份交换机的操作系统。注意，在进行下面的操作之前先到 FLASH 里看一下操作系统的名称并记录在纸上备用（这里是文件名 c2950-ipbase-mz.123-6c.bin）。

从如图 5.3 所示的内容中看到，执行 copy 命令后要求确定备份的文件名，输入备份的操作系统文件名。应确定备份到哪台主机的 IP 地址或主机名、备份文件的文件名等。只需指定计算机的 IP 地址，并给存放到 TFTP Server 的操作系统起个文件名就可以了，所有步骤按提示进行操作。

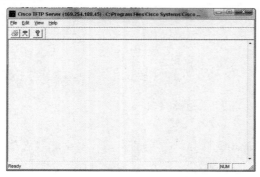

```
switch#copy flash: tftp:
Source filename [config.text]? c2950-ipbase-mz.123-6c.bin
Address or name of remote host []? 192.168.0.18
Destination filename [c2950-ipbase-mz.123-6c.bin]?
!!!!!!!!!!!!!!!!!!!!!!!!!!!!!!!!!!!!!!!!!!!!!!!!!!!!!!!!!!!!!!!!!!!
!!!!!!!!!!!!!!!!!!!!!!!!!!!!!!!!!!!!!!!!!!!!!!!!!!!!!!!!!!!!!!!!!!!
!!!!!!!!!!!!!!!!!!!!!!!!!!!!!!!!!!!!!!!!!!!!!!!!!!!!!!!!!!!!!!!!!!!
!!!!!!!!!!!!!!!!!!!!!!!!!!!!!!!!!!!!!!!!!!!!!!!!!!!!!!!!!!!!!!!!!!!
!!!!!!!!!!!!!!!!!!!!!!!!!!!!!!!!!!!!!!!!!!!!!!!!!!!!!!!!!!!!!!!!!!!
!!!!!!!!!!!!!!!!!!!!!!!!!!!!!!!!!!!!!!!!!!!!!!!!!!!!!!!!!!!!!!!!!!!
3097984 bytes copied in 24.256 secs (127720 bytes/sec)
switch#
```

图 5.2　TFTP Server 窗口　　　　　　　　　图 5.3　TFTP 备份过程

此时 TFTP Server 窗口中会显示文件传输的进展情况，如图 5.4 所示。

```
Mon Sep 21 16:34:28 2009: Receiving 'c2950-ipbase-mz.123-6c.bin' file from 192.168.0.1 in
binary mode
    ################################################################
################################################################
################################################################
##############
Mon Sep 21 16:34:52 2009: Successful.
```

图 5.4　TFTP Server 接收文件的过程

看到显示"Successful"，就说明备份过程中数据传输正确，至此，IOS 操作系统被保存到了 TFTP Server 的根目录，备份工作就完成了。

可以修改 TFTP Server 根目录的默认存放路径，如图 5.5 所示。

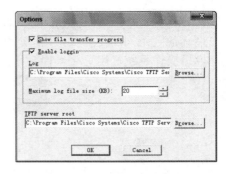

对交换机操作系统的恢复和升级过程与前面的备份过程类似，只是要将需要恢复或升级的操作系统预先存放在 TFTP Server 的默认路径下，对交换机执行如下命令来恢复或升级交换机的操作系统。

图 5.5　修改 TFTP Server 根目录的默认存放路径

```
Switch#copy tftp:flash:
```

按提示输入相应的信息就可以了。

保存交换机的配置到 TFTP 服务器的过程也和保存 IOS 的步骤类似，只要将 IOS 文件名换成配置文件名就可以了，如图 5.6 所示。

TFTP Server 窗口显示的备份配置文件过程如图 5.7 所示。

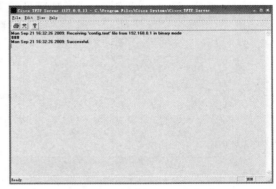

图 5.6　保存配置文件到 TFTP 服务器　　　图 5.7　TFTP Server 窗口显示的文件接收过程

掌握了交换机 IOS 的备份和升级方法，将来再掌握路由器 IOS 的备份和升级就比较简单了，因为方法类似。

5.3　用 XMODEM 恢复交换机操作系统

管理和配置交换机时，如果不小心把 IOS 误删或者在升级 IOS 时失败，那么 FLASH 中的操作系统就不能被引导了。重新启动系统时，交换机则试图从网络上的 TFTP 服务器里引导 IOS。如果从网络上的 TFTP 服务器引导 IOS 仍然失败，就会进入 ROMMON（ROM MONITOR，ROM 监控模式）状态。

这种 IOS 被误删、丢失的情况是比较常见的。而没有了 IOS，交换机就不能进入特权模式，无法设置管理地址等内容，也就没有办法使用 TFTP 协议恢复交换机的 IOS 文件。但可以采用 XMODEM 协议在计算机串口与交换机控制口之间进行异步文件传送，完成交换机的 IOS 恢复。

1. 前期准备

先用其他同系列的交换机采用 TFTP 协议在计算机上备份一份操作系统，或到 Cisco 网站下载交换机操作系统，用这个操作系统采用 XMODEM 协议对交换机进行恢复。

用 Console 线连接计算机的串口和交换机的 Console 口，交换机可以采用 Catalyst 2960 等，拓扑如图 5.8 所示。

Console线

图 5.8　计算机用 Console 线连接交换机

2. 恢复过程分析

交换机在启动过程中，会使用加载器软件完成一系列初始化工作，包括加载操作系统。这个加载器软件有一个命令行工具，可以在操作系统加载前操作 FLASH 中的文件。

利用这个操作系统加载前的命令行工具，将保存在计算机上的 IOS 操作系统传到 FLASH 中。这种向 FLASH 里装载操作系统的方式主要应用于操作系统不能正常启动的情况。

进行这项工作之前，一定要在计算机上准备好交换机的 IOS 操作系统文件，准备一张纸用于记录 IOS 文件名，因为交换机的 IOS 文件名通常比较长而且区分大小写，操作过程中要输入文件名，而且不能采用复制的方式，所以先记录好免得手忙脚乱。

3. 操作步骤

第一步，用 Console 口专用线连接交换机 Console 口与计算机的串口。

第二步，按住交换机面板左侧的 MODE 键，然后重新插上交换机电源线，给交换机加电重新启动，当超级终端显示如下信息时，松开 MODE 键。

```
C2950 Boot Loader (C2950-HBOOT-M) Version 12.1(11r)EA1, RELEASE SOFTWARE
(fc1)
Compiled Mon 22-Jul-02 17:18 by antonino
WS-C2950-24 starting...
Base ethernet MAC Address: 00:0c:85:7d:82:00
Xmodem file system is available.

The system has been interrupted prior to initializing the
flash filesystem. The following commands will initialize
the flash filesystem, and finish loading the operating
system software:

    flash_init
    load_helper
    boot
Switch:
```

显示信息提示，系统在初始化 FLASH 文件系统之前被中断，可以用提示的命令完成 FLASH 文件系统的初始化和引导操作系统，需要先完成 FLASH 文件系统的初始化，才能够用命令往 FLASH 里传文件。

第三步，在超级终端输入 "flash_init" 命令来执行 FLASH 初始化工作，会出现大量提示。而后继续输入 "load_helper" 命令，装载管理帮助工具，这时不会显示任何信息。

```
Switch:flash_init
Switch:load_helper
```

第四步，将准备在计算机上的 IOS 文件复制到 FLASH 中。

假设计算机上这个 IOS 文件名为 test.bin，是一个二进制文件。文件传输到 FLASH 上后的 IOS 文件名为 "c2950-i6q412-mz121-12c.EA1.bin"。文件名可以随便起，但一般从 Cisco 网站下载时是什么文件名，到了 FLASH 里就叫什么文件名。

输入复制指令 "copy XMODEM: test.bin FLASH: c2950-i6q412-mz121-12c.EA1.bin"。出现 "Begin the XMODEM or XMODEM-1K transfer now..." 提示，系统提示不断出现 C 这个字母就为文件传输做好准备工作了。

整个过程如图 5.9 所示。

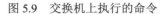
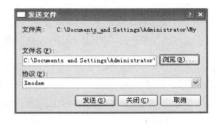

图 5.9 交换机上执行的命令　　　图 5.10 发送文件和 XMODEM 协议的选择

第五步，选择超级终端菜单中的 "传送" → "发送文件" 命令，单击协议下拉按钮选择 "Xmodem" 或者 "Xmodem-1K" 协议，然后输入准备好的 IOS 的文件路径和文件名，也可以浏览选择准备好的 IOS 文件，选择好后单击 "发送" 按钮，文件就开始传送了。发送文件和 "Xmodem" 协议的选择如图 5.10 所示。

第六步，因为没有改变控制台的传输速率，所以传送很慢，传输一个普通的 Cisco IOS 文件大致需要 50 分钟，请耐心等待。

文件传送结束后，在提示符下输入：boot（启用新的 IOS 系统）。经过几十秒，交换机就进入正常状态了，这时查看 FLASH，里面应该有新的 IOS 文件了。

```
Switch:boot
```

IOS 恢复或升级工作的操作步骤是一样的，不过这种方式一般用于 IOS 操作系统不能运行的情况下重新写入操作系统文件，当然，也可以采用此方法进行 IOS 升级。

5.4 了解交换机密码恢复思路

在工程施工或管理网络设备时，会经常遇到遗忘交换机密码的问题，遇到这样的问题时可以根据以下思路来解决。

当交换机在设置了特权密码后，不知道密码是不能对交换机进行配置和管理的，所以进行密码恢复就不能让交换机采用正常的启动模式，因为正常启动时需要用启动配置文件对交换机进行初始化配置，而启动配置文件中有特权密码，这样正常启动后交换机的特权密码也就配置了。所以密码恢复思路就是让交换机启动时避开启动配置文件，这样在交换机启动后则不需要特权密码，此时再把启动配置文件调入 RAM，重新设置特权密码。这样就使用了新密码并使用了原来除密码之外的其他配置。

5.5　恢复交换机密码

1．任务需求

网络管理员经常会碰到交换机密码遗失或忘记的情况，导致无法对交换机进行配置和管理。下面通过对启动配置文件进行改名，使得交换机在启动时避开启动配置文件，然后再把原来的配置调入 RAM，重新设置密码，达到恢复密码的目的。

Catalyst 2950　　　　　　　　计算机

Console线

图 5.11　计算机通过 Console 线连接交换机

2．前期准备

准备一台 Catalyst 2950 交换机、一台计算机。计算机通过串口用配置线缆连接交换机的控制口，如图 5.11 所示。给交换机配置好密码并保存到启动配置文件中，这样重新启动交换机时就需要密码才能进入特权模式。

3．需求分析

交换机在启动过程中，会使用加载器软件完成一系列初始化工作，包括加载操作系统。而后操作系统会使用 FLASH 中的 config.text 文件完成交换机初始配置。

这个加载器软件有一个命令行工具，可以在操作系统加载前操作 FLASH 中的文件。所以，要解决交换机密码遗失问题，只要在开机启动时不使用 config.text 文件对交换机进行初始化配置就可以了。因为这样交换机启动后就没有了初始配置，当然也就没有了密码。

4．操作步骤

（1）将交换机和计算机通过控制线连接。

（2）按住交换机面板上的 MODE 键，重新启动交换机，当超级终端显示如下信息时，松开 MODE 键。

```
    C2950 Boot Loader (C2950-HBOOT-M) Version 12.1(11r)EA1, RELEASE SOFTWARE
(fc1)
    Compiled Mon 22-Jul-02 17:18 by antonino
    WS-C2950-24 starting...
    Base ethernet MAC Address: 00:0c:85:7d:82:00
    Xmodem file system is available.
    The system has been interrupted prior to initializing the
    flash filesystem.  The following commands will initialize
    the flash filesystem, and finish loading the operating
    system software:

        flash_init
        load_helper
        boot

    switch:
```

（3）输入"flash-init"命令，为 FLASH 进行初始化工作。

（4）FLASH 初始化完成后，输入"load_helper"命令，装载交换机管理帮助工具。

（5）将 FLASH 中的启动配置文件 config.text 文件重命名，如重命名为 old.text（这个名称是随便起的）。

```
    switch: rename flash:config.text flash:old.text
```

（6）引导操作系统。

```
switch: boot
```

操作系统引导后，会去 FLASH 中找 config.text 文件完成交换机的初始化配置，但是这个文件的文件名已被改掉了，交换机找不到，所以交换机启动后就没有密码。

交换机启动完成后会询问是否进入对话配置模式，回答"N"。

密码破解到这里就已经完成了。但是，在实际应用中还需要恢复除密码以外的其他配置。下面的操作就是完成这个任务的。

（7）进入用户模式后，输入"enable"就进入了特权状态。

（8）此时从用户模式进入特权模式已经不需要密码，在特权模式下将启动配置文件恢复为原来的名字。

```
switch#rename flash:old.text flash:config.text
```

（9）再将启动配置文件调入 RAM 运行，因为原来的其他配置还要使用。

```
switch#copy flash:config.text system:running-config
```

（10）重新设置交换机 enable 密码。这样，交换机除了 enable 密码被改变成新设置的密码外，其他的配置就和原来一样了。

（11）保存配置。

```
switch#copy running-config startup-config
```

通过以上这些配置，就给交换机更改了一个 enable 密码。Cisco 系列的交换机密码恢复的方法与此不完全一样，但基本思想是一样的，都是启动时避开启动配置文件。

5.6　了解路由器密码恢复思路

在学习了交换机的密码恢复方法后，再来看看路由器。在学习路由器时，会经常遇到路由器密码遗忘的问题，遇到这样的问题时可以根据以下思路来解决。

当路由器在设置了特权密码后，没有密码是不能对路由器进行配置和管理的，所以不能采用正常的启动模式。因为正常启动时需要用启动配置对路由器进行初始化配置，这样特权密码也就配置了，所以密码恢复思路就是让路由器启动时避开启动配置，在路由器启动后就不需要特权密码，此时再把启动配置调入 RAM，修改密码。这样就使用了新密码并使用了原来除密码之外的其他配置。

5.7　恢复路由器密码

1．任务需求

企业网络管理员需要给某个路由器修改配置，但由于忘记了路由器的特权密码，使路由器的配置无法修改，因此需要恢复路由器的特权密码，在恢复密码时还要保留原来的其他配置。

2．前期准备

准备一台 Cisco 2600 系列路由器、一台计算机。计算机通过串口用 Console 线连接路由

Console线

图 5.12　计算机通过 Console 线连接路由器

器的 Console 口，如图 5.12 所示。给路由器配置好密码并保存到启动配置文件中，这样，重新启动路由器时就需要密码才能进入特权模式。

3. 操作步骤

第一步，按图所示连接好设备控制线，在计算机上启动超级终端。

第二步，路由器开机，在 60 秒内按计算机键盘的"Ctrl+Break"组合键，进入 ROMMON 模式。

```
System Bootstrap, Version 12.2(8r) [cmong 8r], RELEASE SOFTWARE (fc1)
Copyright (c) 2003 by cisco Systems, Inc.
C2600 platform with 131072 Kbytes of main memory


monitor: command "boot" aborted due to user interrupt
rommon 1 >
```

第三步，输入"confreg"命令，然后按回车键，查看配置寄存器的值。配置寄存器值通常情况下为 0X2102。

这个配置寄存器的值决定了路由器在启动的时候是否使用启动配置文件来初始化路由器。这个寄存器中存储了 16 位二进制数，每位二进制数控制一个功能。这 16 位从高位到低位分别为第 15、14、……、1、0 位。第 6 位二进制数如果为"0"，启动时需要调用启动配置；第 6 位二进制数如果为"1"，则启动时不需要调用启动配置。

```
rommon 1 > confreg


        Configuration Summary
   (Virtual Configuration Register: 0x2102)
enabled are:
load rom after netboot fails
console baud: 9600
boot: image specified by the boot system commands
     or default to: cisco2-C2600

do you wish to change the configuration? y/n  [n]:
```

第四步，"do you wish to change the configuration? y/n　[n]:"语句询问要不要改变配置，这里不做回答，按下"Ctrl+C"组合键中断退出，出现"rommon 2 >"。

第五步，输入"confreg 0X2142"命令，就是将配置寄存器值从 0X2102 修改成 0X2142。实际上是将配置寄存器的第 6 位的"0"修改成了"1"，从而使路由器在重新启动时，不再用启动配置文件初始化路由器。

此时由于修改了配置寄存器值，系统会提示你重新启动路由器，使修改生效。

```
rommon 2 > confreg 0x2412

You must reset or power cycle for new config to take effect
```

第六步，输入"reset"命令，即用"reset"命令热启动路由器。

```
rommon 3>reset
```

第七步，重新启动路由器后，像正常启动路由器一样，进入路由器的用户模式"Router>"。

第八步，输入"enable"命令。进入特权用户模式，此时系统不再需要密码。

如果只是去除密码，而不需要恢复原来的其他配置的话，到这一步就可以执行"保存配置"命令了。因为密码已经不需要了。但本任务要求设置新密码并且恢复原来的其他配置，所以还要继续下面的工作。

第九步，在特权模式下输入命令"Router#copy startup-config running-config"，把配置文件复制到 RAM，就是将路由器原先的配置调入到 RAM 中运行，这样原先的配置被恢复了，包含原先的密码也被恢复。

第十步，由于现在还在特权模式下，所以对原先的密码是多少并不用关心，只要重新设置密码就可以了。

第十一步，这样，就有了新的密码，并且保留了原先其他的配置。

第十二步，如果到这一步就把运行配置保存的话，以后再启动路由器时还会有问题，因为避开了启动配置文件后，没有把配置寄存器的值恢复成 0X2102。

第十三步，在全局配置模式下用"config-register 0X2102"命令将配置寄存器的值恢复成 0X2102。这样就可以对运行配置进行保存了。

```
Router(config)#config-register 0x2102
```

第十四步，保存命令为"Router#copy running-config startup-config"。

第十五步，保存好运行配置后，重新启动路由器，一台保存了新密码和以前配置的路由器就产生了。

```
Router#reload
```

任务6 认识路由器

路由器（Router）又叫选径器，是一种多端口设备。各种端口是用来连接各种各样网络的。根据每个端口连接网络的不同，需要用不同的协议来驱动不同端口。如以太网口需要以太网协议驱动，以太网口的以太网协议是默认的。广域网口需要相应的广域网协议驱动，由于广域网协议众多，需要配置相应的协议，默认为 HDLC 协议。正是由于路由器支持不同的网络协议，所以能够实现不同协议网络的互联。

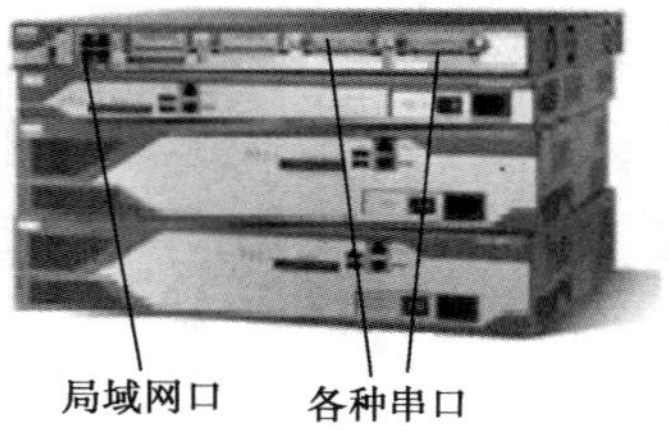

典型的路由器像计算机一样带有自己的处理器、内存、电源和为各种不同类型的网络连接器而准备的输入/输出插座。如图 6.1 所示是一组路由器的示意图。

Cisco 路由器的操作系统叫作互联网操作系统（Internetwork Operating System）或 IOS。

Cisco 路由器主要有以下几种存储器。

ROM：只读存储器，包含路由器正在使用 IOS 的一份副本。

局域网口　各种串口

图 6.1　路由器

RAM：随机访问存储器，主要用来存储运行中的路由器配置和与路由协议有关的 IOS 数据结构。

FLASH：闪存，用来存储 IOS 软件映像文件。闪存是可擦除内存，能够用 IOS 的新版本覆写，IOS 升级就是对闪存中的 IOS 映像文件进行更换。

NVRAM：非易失性随机访问存储器，用来存储系统的配置文件。

配置寄存器：路由器的配置寄存器起着一个类似于开关的作用，在有多个 IOS 映像可供引导时，决定路由器启动引导哪一个映像，决定是否引导启动配置文件。

配置寄存器的值是一个 16 位的二进制数，出厂时的值为 0X2102，其中"0X"是填充值，表示其后是十六进制数。表 6.1 显示了 16 位配置寄存器在出厂时默认的各位二进制值。

表 6.1　寄存器默认值

寄存器位编号	15	14	13	12	11	10	9	8	7	6	5	4	启 动 区			十 六 进 制
													3	2	1	0	
每位的值	0	0	1	0	0	0	0	1	0	0	0	0	0	0	1	0	0X2102

一般情况下，网络管理员比较关心寄存器的 0～7 位，其中 0～3 位的值决定启动时加载

哪个 IOS，4~7 位决定是否加载启动配置文件。

0~3 位若为 0000，启动时会进入 ROM 监控模式；若为 0001，则会从 ROM 中引导 IOS；若为 0010~1111，则由 NVRAM 中的启动配置文件所包含的系统引导命令来决定，系统引导命令中会指定引导哪个闪存中的哪个 IOS 文件。如果没有配置系统引导命令，则从默认的闪存中引导默认的 IOS。如果 FLASH 中 IOS 被损坏或删除，则试图从网络上的 TFTP 服务器里引导 IOS。如果从网络上的 TFTP 服务器引导 IOS 仍然失败，就进入 ROM 监控模式。

4~7 位若为 0000，则开机时需要用启动配置文件初始化；若为 0100，则启动时不需要用启动配置文件初始化。这对网络管理员密码遗忘后重新设置密码提供了方便。

路由器的主要功能就是进行路径选择和数据转发。路由器在转发数据时需要查找路由器内部维护的路由表，根据数据携带的目标网络 IP 地址找到路由表里相应的表项，把数据转发到相应的路由器端口。

路由表里的路由可以是由网络管理者手工配置的静态路由，也可以是由动态路由协议自动产生的，当动态路由和静态路由发生冲突时，静态路由具有最高优先级。

路由器端口可以连接不同传输速率、运行在不同环境下的局域网和广域网。路由器是依赖于协议的，在使用某种协议转发数据之前，必须被设计或者配置成能识别该协议。路由器连接局域网的端口必须支持局域网协议，连接 X.25 广域网的端口必须配置 X.25 协议，连接帧中继网的端口必须配置帧中继协议。不管进出路由器各端口数据链路层协议是什么，路由器内部处理的是网络层上统一的 IP 数据分组。

6.1　了解路由器的工作原理

当 IP 子网中的一台主机发送 IP 分组给同一 IP 子网的另一台主机时，将直接把 IP 分组送到网络上，对方就能收到。而要送给不同 IP 子网上的主机时，要选择一个能到达目的子网上的路由器，把 IP 分组发送给该路由器，由路由器负责把 IP 分组发送到目的地。如果没有找到这样的路由器，主机就把 IP 分组发送给一个称为"默认网关"（Default Gateway）的路由器上，路由器被称为网关是有其历史原因的。"默认网关"是每台主机上的一个配置参数，它通常是指接在同一个网络上的某个路由器端口的 IP 地址。假设网络 192.168.1.0 的默认网关是 192.168.1.1，如图 6.2 所示的就是这个网络里第 111 号主机上的默认网关配置。

路由器转发 IP 分组时，只根据 IP 分组目的 IP 地址的网络号部分，查找路由表，选择合适的端口，把 IP 分组发送出去。同主机一样，路由器也要判定端口所接的是否是目的子网，如果是，就直接把分组通过端口送到网络上，否则就要选择下一个路由器来传送分组。路由器也有默认网关，用来传送不知道往哪儿送的 IP 分组。这样，通过路由器把已知路径的 IP 分组正确转发出去，把不知道路径的 IP 分组发送给"默认网关"路由器，这样一级级地传送，IP 分组最终被送到目的地，发送不到目的地的 IP 分组则被网络丢弃。

图 6.2　计算机默认网关设置

目前 TCP/IP 网络之间，全部是通过路由器互联起来的，Internet 就是成千上万个 IP 子网通过路由器互联起来的国际性网络。这种网络称为以路由器为基础的网络（Router Based Network），形成了以路由器为节点的"网间网"。在"网间网"中，路由器不仅负责对 IP 分组的转发，还要负责与别的路由器进行联络，共同确定"网间网"的路由选择和路由表的维护。

1．了解路由器接口的 IP 地址分配方法

路由器连接几个网络就需要有几个端口，每个端口都需要分配一个该端口所连接网络的 IP 地址。

例如，路由器 R1 连接着三个 C 类网络 192.168.1.0、192.168.2.0 和 192.168.3.0，需要三个接口；路由器 R2 连接着两个 C 类网络 192.168.2.0 和 192.168.3.0，需要两个接口。路由器的每个接口都分配了一个所在网络的 IP 地址。

多个网络通过路由器连接以及路由器各个接口分配不同网络内 IP 地址的情况如图 6.3 所示。

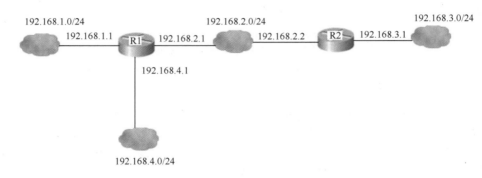

图 6.3　通过两台路由器互联的 4 个网络

2．认识路由表

路由表可以表示为一个（M，N，R）三元组，其中，M 表示子网掩码，N 表示目的网络地址，R 表示去往目的网络 N 路径的"下一个"路由器 IP 地址。

还以如图 6.3 所示的互联网络拓扑为例来看 R1 和 R2 的路由表。如表 6.2 所示为 R1 的路由表，如表 6.3 所示为 R2 的路由表。

表 6.2　R1 的路由表

子 网 掩 码	目 标 网 络	下一路由器
255.255.255.0	192.168.1.0	直接交付
255.255.255.0	192.168.2.0	直接交付
255.255.255.0	192.168.3.0	192.168.2.2
255.255.255.0	192.168.4.0	直接交付

表 6.3　R2 的路由表

子 网 掩 码	目 标 网 络	下一路由器
255.255.255.0	192.168.1.0	192.168.2.1
255.255.255.0	192.168.2.0	直接交付
255.255.255.0	192.168.3.0	直接交付
255.255.255.0	192.168.4.0	192.168.2.1

当路由器 R1 收到一个去往目的地址为 192.168.2.3 的数据包时，会根据这个地址的子网掩码 255.255.255.0 判断出这个 IP 地址所在的网络为 192.168.2.0，然后查找路由表，直接交付

给该网络；如果 R1 收到的是一个目的地址为 192.168.3.5 数据包，就会根据子网掩码知道是去往网络 192.168.3.0 的数据包，然后在路由表里查看有没有目的地址为 192.168.3.0 的表项，如果有就转发，如果没有就丢弃。很显然，R1 查到了 192.168.3.0，是通过 R2 到达的，而 R2 的入口地址是 192.168.2.2，所以 R1 会将数据包交给 R2 去处理。

3. 认识计算机中的路由表

不仅仅路由器有路由表，如果一个子网内的某台计算机需要和其他子网的计算机通信，这台计算机也需要有路由表。如果只是和自己子网内的计算机通信，可以直接交付，不需要路由表。计算机向其他子网发送数据时，会发往默认网关路由器，所以一定要在计算机上指明默认网关的地址。默认网关地址就是数据发往目标网络的路径上的第一个路由器入口地址。

如图 6.3 所示，如果有 IP 地址为 192.168.1.5 的计算机，那么它的默认网关应该设置为 192.168.1.1。默认网关地址要和主机 IP 地址在同一网段。

6.2　区分路由选择协议与路由转发协议

路由动作包括两项基本内容：寻径和转发。寻径即选定到达目的地的最佳路由，路由选择的质量关键在于路由选择算法。路由选择协议根据不同的路由选择算法产生的路由表信息，来决定最佳的路径。

路由选择算法有很多种，一般分为静态路由选择算法和动态路由选择算法两大类。

静态路由选择算法是指采用某种路由选择算法预先计算出每个路由器的路由表，在路由器加电启动时加载到路由器中。在路由器工作过程中，路由表内容保持不变。如果网络拓扑结构或其他网络参数发生变化，则需要重新预先计算出各个路由器的路由表，并重新加载到路由器中。这种路由选择算法也称固定路由选择算法。在静态路由选择算法中，有最短路径 SP（Shortest Path）和基于流量的路由选择 FR（Flow-based Routing）等。

动态路由选择算法根据网络变化情况动态地产生路由表。网络的拓扑结构和通信量是动态变化的，如路由器的加入或退出，网络发生拥挤或阻塞等。如果路由器能够及时获得这些网络动态变化情况，并以此作为路由选择的依据，则会有助于路由器优化路由选择。动态路由选择算法就是采用这一机理进行路由选择的，也称自适应路由选择算法。在动态路由选择算法中，最常用的有距离矢量路由选择和链路状态路由选择两种算法。

转发即沿最佳路径传送信息分组。路由器首先在路由表中查找，判明是否知道将分组发送到下一个站点（路由器或主机）。如果路由器不知道如何发送分组，通常将该分组丢弃，否则就根据路由表的相应表项将分组发送到下一个站点；如果目的网络直接与路由器相连，路由器就把分组直接发送到相应的端口上。这就是路由转发协议（Routed Protocol）。

路由转发协议和路由选择协议是相互配合又相互独立的概念，前者使用后者维护的路由表，同时后者要利用前者提供的功能来发布路由协议数据分组。一般说的路由协议，都是指路由选择协议。

1. 区分静态路由和动态路由的不同应用场合

典型的路由选择方式有两种：静态路由和动态路由。

在一个路由器中，可同时配置静态路由和一种或多种动态路由。它们各自维护的路由表都提供转发程序，但这些路由表的表项间可能会发生冲突。这种冲突可通过配置各路由表的优先级来解决。通常静态路由具有默认的最高优先级，当其他路由表表项与其矛盾时，均按静态路由转发。

静态路由是在路由器中设置的固定路由表。除非网络管理员干预，否则静态路由不会发生变化。由于静态路由不能对网络的改变做出反应，一般用于网络规模不大、拓扑结构固定的网络中。静态路由的优点是简单、高效、可靠。

动态路由是网络中的路由器之间相互通信，传递路由信息，利用收到的路由信息更新路由器表的过程。它能实时地适应网络结构的变化。如果网络发生了变化，路由选择软件就会根据路由更新信息重新计算路由，并发出新的路由更新信息。这些信息通过网络，传给其他路由器，待重新启动其路由算法，并更新各自的路由表从而动态地反映网络拓扑变化。动态路由适用于网络规模大、网络拓扑复杂的网络。当然，各种动态路由协议会不同程度地占用网络带宽和 CPU 资源。

静态路由和动态路由有各自的特点和适用范围，因此在网络中动态路由通常作为静态路由的补充。当一个分组在路由器中进行寻径时，路由器首先查找静态路由。如果查到，则根据相应的静态路由转发分组；否则，再查找动态路由。

2. 区分不同动态路由协议的应用场合

根据是否在一个自治域内部使用，动态路由协议分为内部网关协议（IGP）和外部网关协议（EGP）。这里的自治域指一个具有统一管理机构、统一路由策略的网络。自治域内部采用的路由选择协议称为内部网关协议，常用的有 RIP、OSPF 等；外部网关协议主要用于多个自治域之间的路由选择，常用的是 BGP 和 BGP4。下面分别进行简要介绍。

（1）RIP 路由协议。

RIP 协议最初是为 Xerox 网络系统的 Xerox PARC 通用协议而设计的，采用距离向量算法，即路由器根据距离选择路由，所以也称为距离向量协议。路由器收集所有可到达目的地的不同路径，并且保存有关到达每个目的地的最少站点数的路径信息，除了到达目的地的最佳路径外，任何其他信息均予以丢弃。同时路由器也把所收集的路由信息用 RIP 协议通知相邻的其他路由器。这样，正确的路由信息逐渐扩散到了全网。

RIP 协议使用非常广泛，它简单、可靠，便于配置。但是 RIP 协议只适用于小型的网络，因为其允许数据经过的最大站点数为 15，任何超过 15 个站点的目的地均被标记为不可达。RIP 协议每隔 30 秒需要广播一次路由信息更新，这是造成网络的广播风暴的重要原因之一。

（2）OSPF 路由协议。

20 世纪 80 年代中期，RIP 协议已不能适应大规模异构网络的互联，OSPF 协议随之产生。它是网间工程任务组织（IETF）的内部网关协议工作组为 IP 网络开发的一种路由协议。OSPF 协议是一种基于链路状态的路由协议，需要每个路由器向其同一管理域的所有其他路由器发送链路状态广播信息。在 OSPF 协议的链路状态广播中包括所有接口信息、所有的量度和其他一些变量。利用 OSPF 的路由器必须先收集有关的链路状态信息，并根据一定的算法计算出到每个节点的最短路径。而基于距离向量的路由协议仅向其邻接路由器发送有关路由更新信息。

与 RIP 协议不同，OSPF 协议将一个自治域再划分为区，相应地即有两种类型的路由选择方式：当源和目的地在同一区时，采用区内路由选择；当源和目的地在不同区时，则采用区间路由选择。这就大大减少了网络开销，并增加了网络的稳定性。当一个区内的路由器出故障时并不影响自治域内其他区路由器的正常工作，这也给网络的管理、维护带来了方便。

（3）BGP 和 BGP4 路由协议。

BGP 协议是为 TCP/IP 互联网设计的外部网关协议，用于多个自治域之间。它既不是基于纯粹的链路状态算法，也不是基于纯粹的距离向量算法。它的主要功能是与其他自治域的 BGP 协议交换网络可达信息。各个自治域可以运行不同的内部网关协议。BGP 协议更新信息包括网络号、自治域路径的成对信息。自治域路径包括到达某个特定网络须经过的自治域串，这些更新信息通过 TCP 传送出去，以保证传输的可靠性。

为了满足 Internet 日益扩大的需要，BGP 协议还在不断地发展。在最新的 BGP4 协议中，还可以将相似路由合并为一条路由。

6.3　了解路由器选择原则

路由器的价格从几百元到上百万元不等，企业该如何选择路由器呢？这实质是路由器的分类问题。弄清楚路由器的分类是正确选择合适产品的基础。以市场占有率很高的 Cisco 产品为例来说明，因为很多厂家的产品也和 Cisco 的产品有类似的划分方法。

1. 了解路由器的分类

Cisco 路由器的产品线很长，如图 6.4 所示是 Cisco 全线路由器产品的分类。

» 中小企业路由器	» 数据中心互联平台
» 云连接器（US）	» 服务供应商基础架构软件（US）
» 分支机构路由器	» 服务供应商核心路由器
» 工业路由器	» 服务供应商边缘路由器
» 广域网聚合与互联网边缘路由器	» 移动互联网路由器
» 应用优化	» 虚拟路由器

图 6.4　Cisco 全线路由器产品的分类

用户可以根据具体应用从相应的分类产品中进行选择，每个分类中又有很多具体的产品可供选择。

2. 了解路由器的选购原则

对于用户来讲，应根据自己的实际使用情况，首先确定是选择接入级、企业级还是骨干级路由器。这是用户选择的大方向。然后再根据路由器选择方面的基本原则，确定产品的基本性能要求。具体来讲，应依据以下选型基本原则和可靠性要求进行选择。

可靠性是指故障恢复能力和负载承受能力。路由器的可靠性主要体现在接口故障和网络流量增大时的适应能力上，保证这种适应能力的方式就是备份。

可靠性是选择路由器应该考虑最多的问题，因为路由器的安全可靠实际上就是网络安全可靠的一半。另外，需要考虑的其他问题包括设备是否标准化、可管理能力如何、系统容错冗余怎样及安全性如何。

核心路由器在网络中起核心作用，选择核心路由器时更要注重可靠性，可靠性也包括多个方面，如硬件冗余、模块热插拔等。和可靠性同样重要的是核心路由器的性能。性能方面除了要考察具体指标外，还要考察是否具有真正的线速处理能力，这也在很大程度上影响着网络的性能。有些厂商号称具有线速能力的路由器实际上达不到线速，所以在这方面可以看一看第三方的评测报告。另外，还要考虑厂商实力，因为这不仅仅预示着产品自身的可靠，还预示着在服务能力上的可靠。

边缘路由器一般服务于企业的分支机构，对于仅需要简单的信息传输（如主要以邮件为主，不需要传输一些关键业务）的用户而言，一些基本的边缘路由器就能胜任，也就无须花"高价"买"高档品"。但是对于一些分支机构需要实现传输语音及视频等关键业务的用户而言（如跨国机构、行业用户、大型企业等），情况就不那么简单了，这些业务要求网络设备除了具备传统的数据传输、包交换功能之外，还要支持数据分类、优先级控制、用户识别和快速自愈等特性，这就要求边缘路由器要"智能"。具体来讲，QoS 能力、组播技术、安全和管理性都要具备。同时，随着语音应用的发展，是否支持语音功能也要视自己的应用情况来决定。

除了考虑路由器本身的性能外，还要考虑路由器的售后服务。好的售后服务也是网络正常运行的重要保证。

6.4 了解 Cisco 路由器基本配置方法和配置命令

路由器在使用前需要进行配置，各厂商的路由器基本配置方法不完全相同，但大同小异。Cisco 路由器被广泛应用于各行各业，配置方法和交换机基本类似。这里将从基础配置入手，简单介绍一下 Cisco 路由器的配置方法。

路由器的配置主要是局域网口、广域网口的配置和路由表的配置，各个接口的配置需要配置网络层的 IP 地址和数据链路层的协议、通信连接参数等。这里只介绍一些基本的配置方法，详细的配置会在具体的应用中介绍。

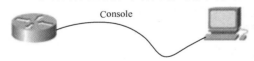

图 6.5　路由器基本配置连接

用路由器厂商提供的 Console 电缆连接路由器的控制口（Console 口）和一台计算机的 COM1 或 COM2 口，如图 6.5 所示。

单击计算机的"开始"→"程序"→"附件"→"通信"→"超级终端"按钮，然后按要求输入相应内容，直到出现"连接描述"对话框，输入连接名称（如"my"）→单击"确定"按钮→弹出"连接到"对话框→选择"COM1"选项（如果使用 COM1 口连接的话）→单击"确定"按钮→弹出"COM1 属性"对话框→选择"还原为默认值"选项→单击"确定"按钮→出现超级终端窗口。此时 COM1 口的属性被设置为 9600、8、无、1、无。路由器的本地配置连接和参数设置和配置交换机时一样。

在超级终端窗口中按回车键，路由器启动后超级终端上会出现一串信息，用户可以从中了解操作系统版本、设备名称、内存大小等信息。

```
System Bootstrap, Version 12.1(3r)T2, RELEASE SOFTWARE (fc1)
Copyright (c) 2000 by cisco Systems, Inc.
cisco 2620 (MPC860) processor (revision 0x200) with 60416K/5120K bytes of
memory

Self decompressing the image:
  ##################################################################
###################################################################
###################################################################
#################################################################[OK]
```

```
                    Restricted Rights Legend

Use, duplication, or disclosure by the Government is
subject to restrictions as set forth in subparagraph
(c) of the Commercial Computer Software - Restricted
Rights clause at FAR sec. 52.227-19 and subparagraph
(c) (1) (ii) of the Rights in Technical Data and Computer
Software clause at DFARS sec. 252.227-7013.


            cisco Systems, Inc.
            170 West Tasman Drive
            San Jose, California 95134-1706



Cisco Internetwork Operating System Software
IOS (tm) C2600 Software (C2600-I-M), Version 12.2(28), RELEASE SOFTWARE (fc5)
Technical Support: http://www.cisco.com/techsupport
Copyright (c) 1986-2005 by cisco Systems, Inc.
Compiled Wed 27-Apr-04 19:01 by miwang

cisco 2620 (MPC860) processor (revision 0x200) with 60416K/5120K bytes of
memory.
Processor board ID JAD05190MTZ (4292891495)
M860 processor: part number 0, mask 49
Bridging software.
X.25 software, Version 3.0.0.
1 FastEthernet/IEEE 802.3 interface(s)
32K bytes of non-volatile configuration memory.
16384K bytes of processor board System flash (Read/Write)


        --- System Configuration Dialog ---

Continue with configuration dialog? [yes/no]:
```

提示用户是采用对话方式配置还是采用命令行方式配置。一般情况下输入"n"，提示"Press RETURN to get started!"，按回车键，进入命令行方式。

出现">"提示符，就可以对路由器进行基本配置了。Cisco 路由器的基本配置方法和交换机类似，也有用户模式、特权模式、全局配置模式、接口模式等，不同模式之间的转换也和交换机上一样。Cisco 的各种命令均可以简写，只要不与其他命令重复即可，如"configure terminal"可以写成"conf t"，下面介绍基本配置。

1. 配置端口 IP 地址

前面已经配置过交换机的管理地址，是为 VLAN 1 接口配置的 IP 地址，为二层交换机的每个接口配置 IP 地址是没有意义的。路由器是网络层设备，每个接口用于连接一个 IP 网段，所以需要为路由器的每个接口配置所连接网段的 IP 地址，然后用"no shutdown"命令启用这个接口，也可以用"shutdown"命令关闭这个接口。

```
Router#configure terminal
Router(config)#interface f0/0                    !-- 指定 f0/0 口
Router(config-if)#ip address 192.168.1.1 255.255.255.0
! -- 192.168.1.1 为快速以太网口地址，为这个接口所连子网内的地址；255.255.255.0 为子网掩码
Router(config-if)#no shutdown                    !--激活 f0/0 口
Router(config-if)#exit
```

除了给路由器接口配置网络层协议参数IP地址外，还要为接口配置数据链路层协议参数。关于数据链路层参数的具体配置，会在后面的广域网互联部分讲解。

2．配置路由

路由器的主要功能就是根据路由表转发数据，路由表可以人工静态配置，也可以启用动态路由协议，由动态路由协议生成。路由表属于全局参数，是在全局配置模式下配置的。根据路由协议的不同，启用动态路由的方式也稍有区别（后面有详细介绍），这里只演示 RIP 协议的配置。

（1）动态路由的配置。

在全局配置模式下启用动态路由协议后，需要在路由配置模式下通告本路由器的直连网络。如路由器直连两个 C 类网络 192.168.1.0 和 192.168.2.0，启用 RIP 协议：

```
Router# configure terminal
Router(config)#router rip        !--使用 RIP 路由协议，常用的路由协议有 Rip、OSPF、
!--IGRP、IS-IS、EIGRP 等
Router(config-router)#network 192.168.1.0    !--192.168.1.0 为路由器接口连
!--接的某个网络
Router(config-router)#network 192.168.2.0    !--192.168.2.0 为路由器接口
!--连接的另一个网络
Router(config-router)#exit
```

（2）静态路由的配置。

指定目标网络 192.168.1.0/24 和下一跳 172.16.1.2 的静态路由：

```
Router(config)#ip route 192.168.1.0 255.255.255.0 172.16.1.2 90
```

其中的"90"为管理距离，通常情况下不配置，采用默认值。在去往同一目标网络有多条路由表项时，哪个表项的管理距离值小，就优先根据这个路由表项路由数据包。在静态路由作为动态路由的备份时，需要设置这个管理距离。

3．保存配置文件

```
Router#copy running-config startup-config
Router#write memory           !--保存到 NVRAM
Router#write terminal         !--在终端上显示配置信息
```

6.5 直连路由实现两个局域网互联

如图 6.6 所示是两个子网通过路由器的两个局域网口连接，子网 192.168.1.0 内有 1 号机和 2 号机，而子网 192.168.2.0 内有 3 号机和 4 号机。

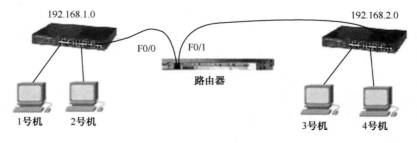

图 6.6 两个子网通过路由器的两个局域网口连接

　　将1号、2号机的IP地址分别设置为192.168.1.1和192.168.1.2，将3号、4号机的IP地址分别设置为192.168.2.1和192.168.2.2，子网掩码都设置为255.255.255.0。在没有配置路由器之前，1号和2号机是可以通信的，因为它们属于同一个子网192.168.1.0；同样，3号和4号机之间也是可以通信的，因为它们属于同一个子网192.168.2.0。但是，1号、2号和3号、4号机之间就不能通信，因为连接两个子网的路由器还没有进行必要的设置。

　　在1号、2号机上增加网关地址192.168.1.254；在3号、4号机上增加网关地址192.168.2.254，再完成如下的路由器设置，1号、2号和3号、4号机之间就能够通信了。

```
Router>
Router>enable                      !--输入 enable 或 en，然后按回车键；进入特权模式
Router#                            !--进入特权模式
Router#configure terminal          !--输入 configure terminal，然后按回车键
Router(config)#                    !--进入全局配置模式
```

　　按上述方法配置路由器的局域网口 F0/0 地址 192.168.1.254，这个地址也就是网络192.168.1.0 的网关地址。

```
Router(config)#interface f0/0            !--进入接口 F0/0 的配置模式
Router(config-if)#ip address 192.168.1.254 255.255.255.0
                                         !--给接口分配 IP 地址
Router(config-if)#no shutdown            !--激活这个接口
Router(config-if)#exit                   !--退出这个接口的配置模式
Router(config)#                          !--回到全局配置模式
```

　　以同样的方法配置路由器的局域网口 F0/1 的地址 192.168.2.254，这个地址将作为网络192.168.2.0 的网关地址。

```
Router(config)#interface f0/1        !--进入接口 F0/1 的配置模式
Router(config-if)#ip address 192.168.2.254 255.255.255.0
Router(config-if)#no shutdown
Router(config-if)#exit
Router(config)#
```

　　经过上面的配置后，可以看到路由表中包含了两条直连路由，如图 6.7 所示。

```
Router#show ip route
Codes: C - connected, S - static, I - IGRP, R - RIP, M - mobile, B - BGP
       D - EIGRP, EX - EIGRP external, O - OSPF, IA - OSPF inter area
       N1 - OSPF NSSA external type 1, N2 - OSPF NSSA external type 2
       E1 - OSPF external type 1, E2 - OSPF external type 2, E - EGP
       i - IS-IS, L1 - IS-IS level-1, L2 - IS-IS level-2, ia - IS-IS inter area
       * - candidate default, U - per-user static route, o - ODR
       P - periodic downloaded static route

Gateway of last resort is not set

C    192.168.1.0/24 is directly connected, FastEthernet0/0
C    192.168.2.0/24 is directly connected, FastEthernet0/1
```

图 6.7　路由器中的直连路由

　　由于有了这两条直连路由，所以当路由器接收到去往 192.168.1.0/24 和 192.168.2.0/24 这两个子网的数据包时会分别从 F0/0 和 F0/1 口转发出去。

6.6 配置本地路由器

图 6.8　路由器本地配置连接

配置路由器可以采用本地配置和远程配置。本地配置是经常使用的配置方式，一般使用如图 6.8 所示的连接方式，使用路由器的 Console 线连接路由器的 Console 口和计算机的通信口。

1．任务要求

路由器有固定配置的路由器和模块化的路由器，有局域网接口和广域网接口，在进行配置之前应仔细观察。然后进行设备连接，为配置本地路由器做好准备。

路由器的很多命令和交换机是一样的，这里主要是进一步熟悉这些命令，尽量使用命令的缩写。另外，完成如表 6.4 所示的配置内容。在完成配置后，对控制口接入、特权密码进行验证，对解析的关闭进行验证，对消息同步输出进行验证，检查配置结果是否正确。

表 6.4　路由器配置参数表

路由器名称	sales
时钟	2013 年 12 月 25 日 8 点 37 分 52 秒
特权加密密码	cisco
启用、设置控制口接入认证密码	class
启用、设置 AUX 口认证密码	cisco
启用、设置 VTY 接入认证密码	cisco
配置 F0/0 端口 IP 地址	192.168.0.1/24
配置静态路由	配置去往网络 192.168.1.0/24 的静态路由，下一跳为 202.202.202.1
关闭	地址解析
开启	同步输出
查看	运行配置

2．任务分析

通过对交换机的学习，掌握了一些 IOS 配置命令，这里可以重点练习命令的缩写，以及以前没有碰到过的一些命令，特别注意接口的 IP 地址配置命令和路由表的配置命令，路由器接口配置后要注意激活。有些命令的使用教材中没有说明，注意使用"？"获取帮助。

如果在用户模式或特权模式下输入了错误的命令，路由器可能会把它当作域名而试图解析，就可以关闭域名解析功能。

在输入命令的过程中，有时会有系统消息中断命令的输入，这时可以通过命令重新显示已经输入的部分。

在进行配置前，特别注意不要将 Console 线连接到路由器的 AUX 端口上。

3．操作步骤

（1）配置路由器名。

```
Router(config)#hostname sales
```

（2）配置路由器工作时间。

```
'sales#clock set 08:37:52 25 december 2013
```

（3）配置特权口令。

```
sales(config)#enable secret cisco
```

（4）配置控制台登录口令。

```
sales(config)#line console 0
sales(config-line)#password class
sales(config-line)#login
sales(config-line)#end
sales#exit
sales>exit
```

（5）重新登录。

输入刚才设置的控制台口令和 enable 口令，再进入特权模式。

（6）配置辅助接口口令。

```
sales(config)#line aux 0
sales(config-line)#password cisco
sales(config-line)#login
```

（7）配置 VTY 口令。

```
sales(config)#line vty 0 4
sales(config-line)#password cisco
sales(config-line)#login
```

（8）给密码加密。

```
sales(config)#service password-encryption
```

（9）在特权状态下输入一条非命令字符串，查看路由器解析。

```
sales#aaaaaaaaaaa
```

（10）关闭域名解析。

```
sales(config)#no ip domain-lookup
```

（11）再次回到特权状态，输入一条非命令字符串，查看路由器解析。

```
sales#aaaaaaaaaaa
```

（12）接口模式下配置接口的 IP 地址。

```
sales(config)#interface f0/0
sales(config-if)#ip address 192.168.0.1 255.255.255.0
sales(config-if)#no shutdown
sales(config-if)#exit
```

（13）全局配置模式下配置一条静态路由表。

```
sales#configure terminal
sales(config)#ip route 192.168.1.0 255.255.255.0 202.202.202.1
sales(config)#exit
sales#
```

（14）查看路由器的运行配置，看看刚才所配置的信息是否齐全。

```
sales#show running-config
```

（15）查看交换机的接口状态，尽量多地了解显示信息的含义。

```
sales#show interface f0/0
```

（16）同步消息输出，不至于中断输入的命令。该命令比较长，练习以缩写方式输入该命令。

```
sales(config)#line console 0
sales(config-line)#logging synchronous
sales(config-line)#exit
```

练 习 题

一、填空题

1. 查看命令 show 在＿＿＿＿＿＿＿＿模式下使用，在＿＿＿＿＿＿＿＿模式下关闭地址解析。

2. 在＿＿＿＿＿＿＿＿模式下启用路由协议，在＿＿＿＿＿＿＿＿模式下配置静态路由表。

3. 在＿＿＿＿＿＿＿＿模式下配置 IP 地址，封装各种广域网协议在＿＿＿＿＿＿＿＿模式下配置。

4. 保存运行配置文件的命令为＿＿＿＿＿＿＿＿＿＿，这个命令在＿＿＿＿＿＿＿＿模式下运行。

5. 路由分为静态路由和动态路由，＿＿＿＿＿＿＿＿＿＿＿＿路由是在路由器中设置固定的路由表，＿＿＿＿＿＿＿＿＿＿＿＿路由是网络中的路由器之间相互通信，传递路由信息，利用接收到的路由信息更新路由器表的过程。

6. 如果去往同一目标网络的路由器上既配置了静态路由又配置了动态路由，默认情况下使用＿＿＿＿＿＿＿＿＿＿＿路由。

7. 路由协议分为内部网关协议和外部网关协议，同一自治系统内部使用＿＿＿＿＿＿＿＿网关协议，不同自治系统之间使用＿＿＿＿＿＿＿＿＿＿＿网关协议；BGP 是＿＿＿＿＿＿＿＿＿网关协议，RIP 和 OSPF 是＿＿＿＿＿＿＿＿＿＿网关协议。

8. 路由表保存在＿＿＿＿＿＿＿＿＿＿＿存储器中。

9. 在＿＿＿＿＿＿＿＿＿＿＿模式下设置 Console 口接入认证密码，特权密码在＿＿＿＿＿＿＿＿＿＿模式下配置。

10. 配置寄存器默认值为＿＿＿＿＿＿＿＿。

二、选择题

1. 下面描述正确的是（　　　　）。

   A．Router#ip address 192.168.1.1 255.255.255.0

   B．Router(config)#ip address 192.168.1.1 255.255.255.0

   C．Router(config-if)#ip address 192.168.1.1 255.255.255.0

   D．Router(config-line)#ip address 192.168.1.1 255.255.255.0

2. 下面描述正确的是（　　　　）。

   A．Router#encapsulation frame-relay

   B．Router(config)#encapsulation frame-relay

   C．Router(config-if)#encapsulation frame-relay

D．Router(config-line)#encapsulation frame-relay

3．下面描述正确的是（　　　）。

A．Router#no ip domain-lookup

B．Router(config)#no ip domain-lookup

C．Router(config-if)#no ip domain-lookup

D．Router(config-line)#no ip domain-lookup

4．下面的命令，（　　　）是正确的。

A．Router#ip route 192.168.1.0 255.255.255.0 202.202.202.1

B．Router(config)#ip route 192.168.1.0 255.255.255.0 202.202.202.1

C．Router(config-if)#ip route 192.168.1.0 255.255.255.0 202.202.202.1

D．Router(config-line)#ip route 192.168.1.0 255.255.255.0 202.202.202.1

5．下面的命令，（　　　）是正确的。

A．Router#logging synchronous

B．Router(config)#logging synchronous

C．Router(config-line)#logging synchronous

D．Router(config-if)#logging synchronous

三、综合题

如图 6.9 所示拓扑图中两台路由器连接三个网段，请给各个路由器的局域网口（F0/0）和广域网口（S0/0）分配 IP，给计算机 A 和 B 分配 IP 地址、子网掩码和网关地址。

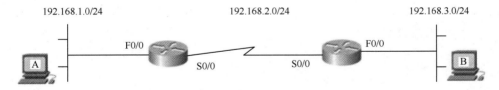

图 6.9　两台路由器连接三个网段

任务 7　解决 VLAN 之间的通信问题

交换机在数据链路层上根据 MAC 地址表转发数据，从一个端口接收到数据帧后，交换机会查看帧头中的目的 MAC 地址，然后通过查找 MAC 地址表来转发数据。如果 MAC 地址表中没有对应的端口，就以广播的方式，发送给除接收端口以外的所有端口。交换机划分 VLAN 之后，由于一个 VLAN 的单播和广播都不能进入其他 VLAN，因此要想实现 VLAN 间通信应采用以下几种办法。

（1）将一个 VLAN 的交换机端口通过交叉线与另一个 VLAN 的交换机端口连接，这样可以实现两个 VLAN 之间的通信，但是失去了划分 VLAN 的意义。

（2）路由器根据 IP 地址，通过查找路由表，实现 VLAN 之间的通信，有效隔离 VLAN 之间的广播，但使用路由器实现 VLAN 间的通信要对每个数据包进行拆封和封装，通信效率会降低。

（3）通过三层交换机实现 VLAN 之间的高速通信，既隔离 VLAN 之间的广播，又能发挥交换机的高速交换能力。

7.1 使用路由器解决 VLAN 之间的通信问题

1. 路由器多端口实现 VLAN 间通信

单臂路由实现 VLAN 之间的通信视频

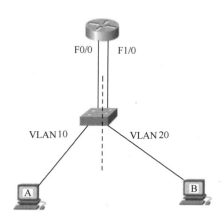

图 7.1 使用路由器的两个局域网口实现两个 VLAN 之间的通信

实现 VLAN 之间的通信，最简单的方法就是有几个 VLAN 就采用几个局域网口，每个局域网口分别连接一个 VLAN，采用路由器的直连路由来解决 VLAN 之间的访问问题。如图 7.1 所示的网络连接，可以实现 VLAN 10 和 VLAN 20 之间的通信。

先在交换机上划分两个 VLAN，分别给这两个 VLAN 分配一些端口成员，计算机 A 接入 VLAN 10，计算机 B 接入 VLAN 20；路由器的快速以太网端口 F0/0 用直通线接入 VLAN 10，快速以太网端口 F1/0 用直通线接入 VLAN 20。再通过路由器的配置和计算机 IP 地址的设置就可以实现两个不同 VLAN 间的计算机 A 和 B 的通信。

（1）路由器配置。

```
Router#configure terminal
Router(config)#interface f0/0
Router(config-if)#ip address 192.168.0.1 255.255.255.0
Router(config-if)#no shutdown
Router(config-if)#exit
Router(config)#interface f1/0
Router(config-if)#ip address 192.168.1.1 255.255.255.0
Router(config-if)#no shutdown
Router(config-if)#exit
Router(config)#
```

由于路由器的局域网端口默认为以太网协议，所以局域网端口不需要另外配置数据链路层协议，只要配置网络层的 IP 地址就可以了。

注意： 接口配置好后要激活。

（2）计算机路由配置。

VLAN 10 里的所有计算机都需要配置和 F0/0 口地址同一网段的 IP 地址，这里为计算机 A 配置 192.168.0.2，子网掩码为 255.255.255.0。也要为 VLAN 10 内的计算机配置路由，下一站路由器地址（默认网关）为路由器的 F0/0 接口的地址 192.168.0.1。

同样，VLAN 20 里的计算机 B 需要配置和 F1/0 口地址同一网段的 IP 地址，也要配置路由、子网掩码，下一站路由器地址为路由器的 F1/0 接口的地址 192.168.1.1。

计算机 A 和 B 的路由配置就是设置 TCP/IP 属性，具体配置如图 7.2 所示。

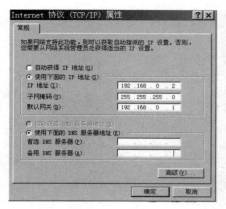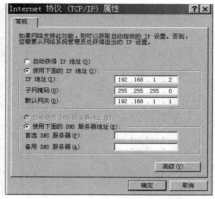

图 7.2　计算机 A 和 B 的 Internet 协议（TCP/IP）属性设置

在完成了以上的配置后，不同 VLAN 里的计算机 A 和 B 就可以互相访问了。

这种方式虽然解决了 VLAN 之间的通信问题，但每个 VLAN 需要占用一个路由器端口和一个交换机端口，很不经济。

2．单臂路由解决 VLAN 间通信

针对前面的方式进行改进，可以使用一个 Trunk 链路来代替多根交换机和路由器之间的连线，所有的 VLAN 数据都通过 Trunk 链路传输。

先在交换机上划分两个 VLAN，分别给这两个 VLAN 分配一些端口成员，然后计算机 A 接入 VLAN 10，计算机 B 接入 VLAN 20；路由器的快速以太网端口 F0/0 用直通线接入交换机的快速以太网端口 F0/24，如图 7.3 所示。下面将完成配置使不同 VLAN 里的两台计算机之间能够通信。

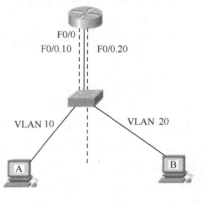

图 7.3　单臂路由

（1）交换机的 Trunk 口配置。

交换机的 F0/24 端口必须是一个 Trunk 口，不同 VLAN 的数据从 Trunk 口流向路由器时，需要由 VLAN 封装协议打标记，从逻辑上分开不同 VLAN 的数据流。VLAN 封装协议需要和路由器端统一。Cisco 产品既可以使用 802.1q 协议封装，也可以使用 ISL 封装。

路由器上使用 F0/0 接口的子接口来接收不同 VLAN 的数据。

```
Switch#configure terminal
Switch(config)#interface f0/24
Switch(config-if)#duplex full
Switch(config-if)#speed 100
Switch(config-if)#switchport mode trunk
```

这里需要指明交换机端口的双工通信方式和通信速率，通信方式和通信速率只要和路由器 F0/0 端口一致就可以，或者设置成 Auto 双方自动协商。

（2）路由器的 F0/0 接口配置、子接口配置。

路由器接口没有 Trunk 属性，但支持子接口划分。可以将一个物理接口逻辑上划分为多个子接口。子接口的数字编号是任意的，但为了管理方便，一般配置成和 VLAN 号对应。

F0/0 口只需要指定全双工、100Mb/s 通信速率，以便和交换机端一致。VLAN 封装协议和 IP 地址在子接口上配置，这样，每个子接口就可以处理相应 VLAN 的数据。

```
Router# configure terminal
Router(config)#interface f0/0
Router(config-if)#duplex full
Router(config-if)#speed 100
Router(config-if)#no shutdown
Router(config-if)#exit
Router(config)#interface f0/0.10              !--创建子接口 f0/0.10
Router(config-subif)#encapsulation dot1q 10   !--封装 802.1q 协议,处理 VLAN 10
!--标记
Router(config-subif)#ip address 192.168.0.1 255.255.255.0
Router(config-subif)#exit
Router(config)#interface f0/0.20              !--创建子接口 f0/0.20
Router(config-subif)#encapsulation dot1q 20   !--封装 802.1q 协议,处理 VLAN 20
!--标记
Router(config-subif)#ip address 192.168.1.1 255.255.255.0
Router(config-subif)#exit
Router(config)#
```

（3）计算机的路由配置。

计算机 A 的地址为 192.168.0.2，子网掩码为 255.255.255.0，默认网关为子接口 F0/0.10 的 IP 地址 192.168.0.1；计算机 B 的地址为 192.168.1.2，子网掩码为 255.255.255.0，默认网关为子接口 F0/0.20 的 IP 地址 192.168.1.1。这样设置后，不同 VLAN 之间就可以通信了。

7.2 使用三层交换机解决 VLAN 之间的通信问题

1．认识三层交换机

由于传统交换机是多端口的网桥，是数据链路层（OSI 模型的第二层）的设备，所以称为二层交换机。当它从一个端口接收到数据帧时，会根据数据帧头部的 MAC 地址，查找 MAC 地址表，然后将数据帧转发到相应端口。因为它仅需要识别数据帧中的 MAC 地址，而直接根据 MAC 地址选择转发端口的算法又十分简单，非常便于采用 ASIC

三层交换机实现 VLAN 之间的通信视频

芯片实现。二层交换机的最大好处是数据传输速度快，能划分 VLAN 子网，但不能解决 VLAN 子网之间的通信问题。

路由器是网络层设备，当它从一个端口接收到数据帧时，需要先拆去数据链路层的封装，然后查看数据报的头部目的地址，再与子网掩码进行"与"运算，计算出目的网络地址，查找路由表，然后再进行数据链路层的封装，从相应的目的端口转发出去。这个过程不像二层交换机那样简单快捷，只能由软件实现，会产生转发延时。由于广播地址不对应任何目的网络，所以路由器能有效地隔离广播。

三层交换机是将二层交换机与路由器有机结合的网络设备，它既可以完成二层交换机的端口交换功能，又可完成路由器的路由功能。进入三层交换机的数据帧，如果源和目的 MAC 地址在同一个 VLAN，数据交换会采用二层交换方式；如果源和目的 MAC 地址不在同一个 VLAN，则会将数据帧拆封后交给网络层去处理，经过路由选择后，转发到相应的端口。当某一信息源的第一个数据流进入三层交换机后，其中的路由系统将会产生一个 MAC 地址与 IP 地址映射表，并将该表存储起来，当同一信息源的后续数据流再次进入第三层交换机时，交换机将根据第一次产生并保存的地址映射表，直接从二层由源地址转发到目的地址，而不需要再经过第三层的路由系统处理，即"一次路由、多次交换"，从而消除了路由选择时造成的网络延迟，提高了数据包的转发效率，解决了网间传输信息时路由产生的速率瓶颈。

三层交换机主要用于中小型局域网的核心设备，或者用于大中型局域网的分布层和核心层设备。

（1）配置三层交换机的二层交换端口和三层路由端口。

三层交换机的端口默认情况下是二层的交换端口，不能配置 IP 地址。如果要配置 IP 地址，必须使用"no switchport"命令改变端口的二层特性。例如，将 F0/1 端口变成三层路由端口，配置 IP 地址 192.168.1.1。

```
Switch#configure terminal
Switch(config)#interface f0/1
Switch(config-if)#no switchport
Switch(config-if)#ip address 192.168.1.1 255.255.255.0
Switch(config-if)#exit
Switch(config)#
```

要将三层路由端口变成二层交换端口，使用"switchport"命令，如：

```
Switch(config)#interface f0/1
Switch(config-if)#switchport
Switch(config-if)#exit
Switch(config)#
```

当交换机端口由三层路由端口变成二层交换端口时，原先配置的 IP 地址就无效了。

（2）配置三层交换机的端口汇聚。

分布层交换机和核心层交换机的级联链路，在配置端口汇聚功能时需要根据具体情况配置。

如果分布层不使用路由功能，端口汇聚的方式就采用二层汇聚的方式。但是，一般在分布层使用三层交换机时，都会使用三层路由功能，这时就需要为以太通道接口配置 IP 地址，就必须使用三层路由端口来汇聚。

例如，分布层交换机的 G0/1 和 G0/2 两个上联口连接核心交换机的 G3/1/1 和 G3/1/2 口，将这两条链路汇聚成 2Gb/s 的以太通道，配置分布层通道端口 IP 地址为 192.168.1.1/30，核心层通道端口 IP 地址为 192.168.1.2/30。

分布层交换机配置：

```
Distributer(config)#interface port-channel 1      !--通道组1内的多个接口汇聚
!--成一个通道口1
Distributer(config-if)#ip address 192.168.1.1 255.255.255.252
Distributer(config-if)#interface g0/1
Distributer(config-if)#no switchport
Distributer(config-if)#no ip address
Distributer(config-if)#channel-group 1 mode on    !--将g0/1接口加入通道组1
Distributer(config-if)#no shutdown
Distributer(config-if)#interface g0/2
Distributer(config-if)#no switchport
Distributer(config-if)#no ip address
Distributer(config-if)#channel-group 1 mode on    !--将g0/2接口加入通道组1
Distributer(config-if)#no shutdown
```

核心层交换机配置：

```
Core(config)#interface port-channel 1            !--通道组 1 内的多个接口汇聚成一
!--个通道口 1
Core (config-if)#ip address 192.168.1.2 255.255.255.252
Core (config-if)#interface g3/1/1
Core (config-if)#no switchport
Core (config-if)#no ip address
Core (config-if)#channel-group 1 mode on         !--将 g3/1/1 接口加入通道组 1
Core (config-if)#no shutdown
Core (config-if)#interface g3/1/2
Core (config-if)#no switchport
Core (config-if)#no ip address
Core (config-if)#channel-group 1 mode on         !--将 g3/1/2 接口加入通道组 1
Core (config-if)#no shutdown
```

有关在三层交换机的物理端口配置 IP 地址的具体应用，会在后面的模块 5 中讲解。

2. 配置三层交换机实现 VLAN 间路由

企业内部网络通常以部门为单位划分虚拟局域网来限制广播域，提高网络安全性，通过三层交换机的路由功能实现各个 VLAN 之间的访问。

例如，某单位有企管部、生产部、销售部、研发部、供应部、售后服务部 6 个部门，生产部门有计算机 28 台左右，研发部和供应部各 10 台，其他每个部门有计算机 20 台左右，另外还有几台共享服务器，每个部门单独使用一个 VLAN。网络连接如图 7.4 所示，接入交换机使用 F0/1 口上连核心交换机，核心交换机使用 F0/1～F0/7 口连接各接入交换机。下面实现各个 VLAN 之间的通信。

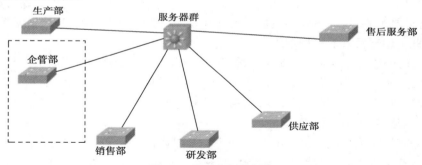

图 7.4　某单位网络拓扑

第一步，规划各个部门的 IP 地址，如表 7.1 所示。

表 7.1　各个部门的 IP 地址规划

部　门	VLAN 号	VLAN 名	IP 地址	子 网 掩 码	网 关 地 址
生产部	VLAN 10	scb	192.168.0.32	255.255.255.224	192.168.0.62
企管部	VLAN 20	qgb	192.168.0.64	255.255.255.224	192.168.0.94
销售部	VLAN 30	xsb	192.168.0.96	255.255.255.224	192.168.0.126
研发部	VLAN 40	yfb	192.168.0.128	255.255.255.224	192.168.0.158
供应部	VLAN 50	gyb	192.168.0.160	255.255.255.224	192.168.0.190
售后服务部	VLAN 60	shfwb	192.168.0.192	255.255.255.224	192.168.0.222
服务器群	VLAN 70	fwqq	192.168.0.224	255.255.255.224	192.168.0.254

注：0 号子网一般不使用。网关地址是子网内的计算机向外部子网或网络发送数据时的下一个路由器地址。

第二步，三层交换机使用 F0/1～F0/7 口连接各部门接入交换机，配置这些端口为 Trunk 口。并配置 VTP 协议，配置 VTP 修剪，创建 VLAN。

```
Switch#configure terminal
Switch(config)#interface range f0/1-7
Switch(config-if-range)#switchport mode trunk
Switch(config-if-range)#exit
Switch(config)#vtp domain factory
Switch(config)#vtp mode server
Switch(config)#vtp pruning       !--VTP 修剪
Switch(config)#vlan 10
Switch(config-vlan)#name scb
Switch(config-vlan)#vlan 20
Switch(config-vlan)#name qgb
Switch(config-vlan)#vlan 30
Switch(config-vlan)#name xsb
Switch(config-vlan)#vlan 40
Switch(config-vlan)#name yfb
Switch(config-vlan)#vlan 50
Switch(config-vlan)#name gyb
Switch(config-vlan)#vlan 60
Switch(config-vlan)#name shfwb
Switch(config-vlan)#vlan 70
Switch(config-vlan)#name fwqq
```

因为交换机并不需要所有的 VLAN 信息，所以多余的 VLAN 信息需要动态修剪掉，这样可以节约 Trunk 链路的带宽。修剪只需要在 VTP 服务器上设置。所有的 VLAN 在三层交换机上创建，接入交换机通过 VTP 协议更新自己的 VLAN 数据库。

第三步，在三层交换机上创建 VLAN 接口，并配置 IP 地址。这个 IP 地址将作为相应 VLAN 内计算机的默认网关。

```
Switch(config)#interface vlan 10
Switch(config-if)#ip address 192.168.0.62 255.255.255.224
Switch(config-if)#interface vlan 20
Switch(config-if)#ip address 192.168.0.94 255.255.255.224
witch(config-if)#interface vlan 30
Switch(config-if)#ip address 192.168.0.126 255.255.255.224
Switch(config-if)#interface vlan 40
Switch(config-if)#ip address 192.168.0.158 255.255.255.224
Switch(config-if)#interface vlan 50
Switch(config-if)#ip address 192.168.0.190 255.255.255.224
Switch(config-if)#interface vlan 60
Switch(config-if)#ip address 192.168.0.222 255.255.255.224
Switch(config-if)#interface vlan 70
Switch(config-if)#ip address 192.168.0.254 255.255.255.224
```

VLAN 接口作为三层交换机上创建的虚拟接口，不需要激活，只要创建，物理链路层就是 UP 状态。如果该 VLAN 内有计算机接入，VLAN 接口的数据链路层线路协议就会处于 UP 状态，VLAN 接口的封装协议为 ARPA，就是 Ethernet Ⅱ协议。

第四步，启动三层交换机路由功能。

```
Switch(config)#ip routing
```

第五步，在每台接入交换机上配置 Trunk 口、给相应的 VLAN 分配端口成员，以研发部、供应部的接入交换机为例。

```
Switch(config)#interface f0/1
Switch(config-if)#switchport mode trunk
Switch(config-if)#exit
Switch(config)#vtp domain factory
Switch(config)#vtp mode client
Switch(config)#interface range f0/2 - 12              !--研发部接入端口
Switch(config-if-range)#switchport access vlan 40
Switch(config-if-range)#interface range f0/13 - 24    !--供应部接入端口
Switch(config-if-range)#switchport access vlan 50
Switch(config-if-range)#end
```

第六步，配置各个 VLAN 中计算机的 IP 地址、子网掩码和默认网关。以研发部的一台计算机为例。

IP 地址为分配给研发部的地址之一，如 192.168.0.129，子网掩码为 255.255.255.224，网关为 192.168.0.158。

第七步，在三层交换机上查看路由表，如图 7.5 所示。

```
Switch#sh ip route
Codes: C - connected, S - static, I - IGRP, R - RIP, M - mobile, B - BGP
       D - EIGRP, EX - EIGRP external, O - OSPF, IA - OSPF inter area
       N1 - OSPF NSSA external type 1, N2 - OSPF NSSA external type 2
       E1 - OSPF external type 1, E2 - OSPF external type 2, E - EGP
       i - IS-IS, L1 - IS-IS level-1, L2 - IS-IS level-2, ia - IS-IS inter area
       * - candidate default, U - per-user static route, o - ODR
       P - periodic downloaded static route

Gateway of last resort is not set

     192.168.0.0/27 is subnetted, 7 subnets
C       192.168.0.32 is directly connected, Vlan10
C       192.168.0.64 is directly connected, Vlan20
C       192.168.0.96 is directly connected, Vlan30
C       192.168.0.128 is directly connected, Vlan40
C       192.168.0.160 is directly connected, Vlan50
C       192.168.0.192 is directly connected, Vlan60
C       192.168.0.224 is directly connected, Vlan70
```

图 7.5　三层交换机的路由表

从路由表可以看出，每个子网都是直接连接，可以直接交付。

经过上述步骤配置后，各个 VLAN 之间就可以互相通信了。

7.3　单臂路由实训

一、实训名称

单臂路由实现虚拟局域网之间的通信。

二、实训目的

（1）了解路由器子接口。

（2）掌握单臂路由配置方法。

三、实训内容

在交换机上创建两个 VLAN，通过单臂路由，实现两个 VLAN 之间的计算机通信。

四、实训环境

交换机上创建了两个 VLAN　（VLAN 10 和 VLAN 20），两台计算机分别接入 VLAN 10 和 VLAN 20，交换机通过直通线连接路由器的局域网口，网络拓扑如图 7.6 所示。

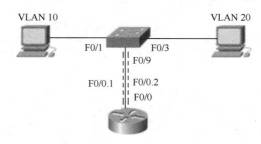

图 7.6　单臂路由实现两个 VLAN 之间通信

五、实训要求分析和设备准备

默认情况下，交换机所有端口属于 VLAN 1，所以清除所有配置重启交换机后，连接在交换机上的计算机之间可以互相通信。如果把这些计算机按其所在的端口分成不同的 VLAN，则不同的 VLAN 之间就不能通信了。要进行 VLAN 之间的通信，就必须借助于路由器的路由功能。

对于单臂路由来说，路由器局域网口需要创建子接口，有几个 VLAN 就需要几个子接口，每个子接口连接一个 VLAN。

交换机上连接路由器的接口必须是 Trunk 口，而且要指定 VLAN 封装协议，这个封装协议要和路由器端一致。

完成这个任务，需要一台二层交换机（如 Catalyst 2960）、一台路由器(如 Cisco 2621)、两台计算机、三根直通线和至少一根 Console 线。

六、实训步骤

（1）按拓扑图连接线路。

（2）查看交换机内的 VLAN 配置情况，删除默认 VLAN 以外的其他 VLAN。

（3）设置计算机 A 的 IP 地址为 192.168.0.100，计算机 B 的 IP 地址为 192.168.0.200，子网掩码均为 255.255.255.0，不设置网关。测试 A 和 B 之间的通信情况。

A 和 B 之间能通信吗？

（4）创建 VLAN。

```
Switch(config)#vlan 10
Switch(config-vlan)#vlan 20
Switch(config-vlan)#exit
Switch(config)#
```

（5）将计算机 A、B 所连接的端口分别加入建立好的 VLAN 10 和 VLAN 20 中。

```
Switch(config)#interface f0/1
Switch(config-if)#switchport access vlan 10
Switch(config-if)#interface f0/3
Switch(config-if)#switchport access vlan 20
Switch(config-if)#exit
Switch(config)#
```

（6）再测试计算机 A 和 B 之间的通信情况。

A 和 B 之间能通信吗？

（7）重新设置 IP 地址，为 VLAN 10 和 VLAN 20 分配不同网段的 IP 地址，以便使用路由器根据不同网段地址查找路由表，实现不同网段之间的通信。A 的地址为 192.168.10.2，子网掩码为 255.255.255.0，网关地址为 192.168.10.1；B 的地址为 192.168.20.2，子网掩码为 255.255.255.0，网关地址为 192.168.20.1。

为什么要重新为 VLAN 分配 IP 地址？

（8）配置交换机的 Trunk 口。

```
Switch(config)#interface f0/9
Switch(config-if)#duplex full              !--交换机与路由器以全双工方式通信
Switch(config-if)#speed 100
Switch(config-if)#switchport mode trunk
```

（9）配置路由器的 F0/0 接口以及子接口。

```
Router(config)#interface f0/0
Router(config-if)#duplex full              !--路由器与交换机以全双工方式通信
Router(config-if)#speed 100
Router(config-if)#no shutdown
Router(config-if)#interface f0/0.1
Router(config-subif)#encapsulation dot1q 10
Router(config-subif)#ip address 192.168.10.1 255.255.255.0
Router(config-subif)#exit
Router(config)#interface f0/0.2
Router(config-subif)#encapsulation dot1q 20
Router(config-subif)#ip address 192.168.20.1 255.255.255.0
Router(config-subif)#exit
Router(config)#ip routing
```

注意：子接口在成为 802.10、802.1q、ISL 三种 VLAN 的一部分时才能配置 IP 地址，所以子接口的配置顺序不能颠倒，必须先封装某种协议，再配置 IP 地址。

激活 F0/0 端口，F0/0 的子接口就会自动激活。

（10）验证计算机 A 和 B 的通信情况。

7.4 三层交换机配置实训

一、实训名称

三层交换机实现 VLAN 间通信。

二、实训目的

（1）了解三层交换机的工作原理。

（2）掌握三层交换机实现 VLAN 间通信的基本配置方法。

三、实训内容

在三层交换机上创建两个 VLAN（VLAN 10 和 VLAN 20），分配 VLAN 成员，使分别属于两个不同 VLAN 的两台计算机能够相互通信。

四、实训环境

两台计算机通过直通线连接三层交换机 Catalyst 3550 的 F0/1 和 F0/2 端口，这两台计算机分别属于两个不同的 IP 子网，即 192.168.10.0/24 和 192.168.20.0/24，网关分别为 192.168.10.1 和 192.168.20.1，拓扑图如图 7.7 所示。

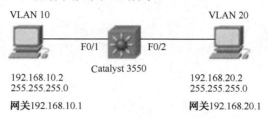

图 7.7　三层交换机实现 VLAN 间通信

五、实训要求分析和设备准备

根据实训内容要求完成以下工作。

准备至少两台计算机和两根直通线，一台 Catalyst 3550 三层交换机，当然也可以是其他的三层交换机。

需要完成以下配置。

（1）在三层交换机的 VLAN 数据库中创建两个新的静态 VLAN：VLAN 10 和 VLAN 20。

（2）把交换机的两个快速以太网端口 1 和 2 分别作为 VLAN 10 和 VLAN 20 的成员。

（3）创建 VLAN 10 和 VLAN 20 接口，并分配 IP 地址。

（4）在三层交换机上激活 IP 路由协议。

（5）配置计算机的 TCP/IP 属性。

（6）验证计算机之间的通信情况。

六、实训步骤

（1）创建 VLAN。

```
Switch#vlan database                        !--进入交换机的 VLAN 数据库
Switch(vlan)#vlan 10 name computerA         !--创建 VLAN 10 并命名为 computerA
Switch(vlan)#vlan 20 name computerB
Switch(vlan)#exit                           !--退出 VLAN 数据库
Switch#
```

（2）指定 VLAN 成员。

将 1 号端口分配给 VLAN 10：

```
Switch#configure terminal
Switch(config)#interface fastethernet 0/l
Switch(config-if)#switchport mode access
Switch(config-if)#switchport access vlan 10
Switch(config-if)#exit
```

将 2 号端口分配给 VLAN 20：

```
Switch(config)#interface fastethernet 0/2
Switch(config-i f)#switchport mode access
Switch(config-if)#switchport access vlan 20
```

```
Switch(config-if)#end
```

（3）创建 VLAN 接口并分配 IP 地址。

```
Switch#configure terminal
Switch(config)#interface vlan 10                    !--创建 VlAN 10 接口
Switch(config-if)#ip address 192.168.10.1 255.255.255.0    !--指定 IP 地址
Switch(config-if)#no shutdown                       !--激活 VlAN 10 接口
Switch(config-if)#exit                              !--退出 VlAN 10 口配置模式
Switch(config)#interface vlan 20
Switch(config-if)#ip address 192.168.20.1 255.255.255.0
Switch(config if)#no shutdown
Switch(config-if)#end                               !--退回到特权模式
```

注意：给 VLAN 接口配置的 IP 地址就是这个网段的网关地址，在该 VLAN 网段中，计算机的网关地址应该设置为这个地址。

（4）激活路由选择协议，保存配置。

与在路由器上激活路由选择协议进程相同，三层交换机上同样也要激活路由协议。只有这样，当目的地不在本地 VLAN 上时，三层交换机才会使用路由协议来转发分组。

```
Switch#configure terminal
Switch(config)#ip routing                           !--启动 IP 路由
Switch(config)#end
Switch#copy running-config startup-config           !--保存配置
Router#show running-config                          !--使用这条命令来观察配置的结果
```

"ip routing"命令用于启动 IP 路由选择协议，这一命令通常在默认情况下也是启动的。产生的路由表也与路由器中的路由表基本相同。可以看出，在三层交换机中已经实现了路由器的很多功能。

（5）配置计算机的 TCP/IP 属性。

（6）查看路由表，验证实验结果。

在三层交换机上查看路由表，检查是否有通往两个子网的路由。进行两台计算机之间的通信实验，验证是否能够成功通信。

练 习 题

一、填空题

1．VLAN 之间的通信，可以通过_____技术实现。

2．单臂路由实现 VLAN 间通信时，连接路由器以太网口的交换机接口工作在____模式。

3．三层交换机的端口，由交换端口变成路由端口，是在接口模式下执行_____命令。

二、综合题

1．在 Catalyst 2960 交换机上创建两个 VLAN，使用单臂路由技术实现这两个 VLAN 之间的互联。请画出网络连接拓扑图，进行合理的 IP 地址分配，给出交换机配置和路由器的配置。

2．在 Catalyst 3560 三层交换机上创建两个 VLAN，给出交换机配置，实现这两个 VLAN

之间的通信。

3．两个部门属于不同的 VLAN，每个部门使用一台二层交换机 Catalyst 2960 上连汇聚层交换机，汇聚层交换机使用三层交换机 Catalyst 3560，请画出网络拓扑图，对三台交换机进行配置，实现两个 VLAN 之间的通信。

任务 8　认识 IPv6

IPv6 在 1998 年 12 月由互联网工程工作小组以互联网标准规范（RFC 2460）的方式正式公布。

与 IPv4 相比，IPv6 的显著特征是具有更大的地址空间。IP 地址大小从 IPv4 中的 32 位增加到 IPv6 中的 128 位，从而可以支持更多层的寻址分层结构。IPv6 还在许多方面改进了 Internet 功能，更改了 IP 数据包头选项的编码方式，从而提高了转发效率。而且，对 IPv6 选项长度的限制也不那么严格。这种更改为以后引入新选项提供了更大的灵活性。

IPv6 相邻节点搜索（Neighbor Discovery，ND）协议简化了 IPv6 的地址配置。IPv6 地址自动配置是 IPv6 主机的一个功能，地址自动配置方便了管理和维护。IPv6 主机地址除了可以自动配置外，当然也可以手工配置。服务器和路由器的接口地址建议采用手工配置。

相邻节点搜索协议对应于这样几个 IPv4 协议的组合：地址解析协议（Address Resolution Protocol，ARP）、Internet 控制消息协议（Internet Control Message Protocol，ICMP）、路由器搜索（Router Discovery，RDISC）和 ICMP 重定向。

8.1　封装 IPv6 数据包

IPv6 地址长度是 IPv4 地址长度的 4 倍，但是 IPv6 包头的大小只是 IPv4 包头大小的 2 倍。IPv6 包头格式要么删除某些 IPv4 包头字段，要么将这些字段设为可选。尽管地址大小增加了，但这种更改却最大限度地减少了 IPv6 包头所占用的带宽。

IPv6 数据包由两个主要部分组成：头部和负载。IPv6 数据包包头封装格式如图 8.1 所示。

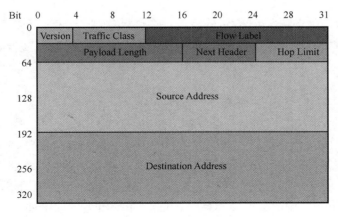

图 8.1　IPv6 数据包包头封装格式

包头由 40 个字节组成，协议版本占 4 位，通信类别占 8 位，流标记占 20 位，分组长度占 16 位，下一个头部占 8 位，生存时间占 8 位，源 IP 地址和目标 IP 地址各占 128 位。

8.2 认识 IPv6 网络基本术语

在认识 IPv6 时会涉及节点、IPv6 路由器、IPv6 主机、链路、相邻节点、IPv6 子网、IPv6 隧道、边界路由器等基本术语，下面通过如图 8.2 所示 IPv6 网络基本组件来解释这些术语。

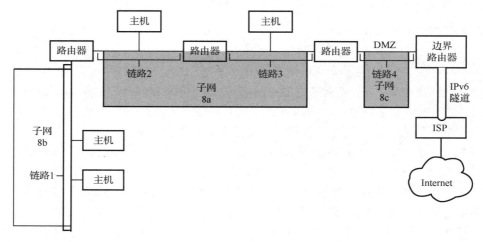

图 8.2　IPv6 网络基本组件

图 8.2 描述了一个 IPv6 网络以及这个网络与 ISP 连接的情况。内部网络由链路 1、链路 2、链路 3 和链路 4 组成。每条链路包含若干台主机，以及若干台末端连接路由器。链路 4 是网络的 DMZ，它的一端连接边界路由器。边界路由器使用 IPv6 隧道与 ISP 相连，从而为网络提供 Internet 连通性。链路 2 和 3 作为子网 8a 进行管理。子网 8b 仅包含链路 1 上的系统。子网 8c 与链路 4 上的 DMZ 相接。

IPv6 网络与 IPv4 网络具有几乎完全相同的组件。但是，IPv6 术语与 IPv4 术语稍有不同。

● 节点：具有 IPv6 地址且接口配置为支持 IPv6 的任何系统。该专业术语适用于主机和路由器。

● IPv6 路由器：用来转发 IPv6 包的节点。路由器必须至少有一个接口配置为支持 IPv6。IPv6 路由器还可以通过内部网络通告企业的已注册 IPv6 站点前缀。

● IPv6 主机：具有 IPv6 地址的节点。IPv6 主机可以有多个配置为支持 IPv6 的接口。与 IPv4 主机一样，IPv6 主机也不转发包。

● 链路：单一且连续的网络介质，其两端均连接有路由器。

● 相邻节点：与本地节点在同一个链路上的 IPv6 节点。

● IPv6 子网：IPv6 网络的管理段。与 IPv4 子网的组件一样，IPv6 子网的组件也可以直接对应于链路上的所有节点。必要时，可以在单独的子网中对链路上的节点进行管理。另外，IPv6 还支持多链路子网，在多链路子网上，多个链路上的节点可以是同一个子网的组件。图 8.2 中的链路 2 和链路 3 是多链路子网 8a 的组件。

● IPv6 隧道：在一个 IPv6 节点和另一个 IPv6 节点端点之间提供虚拟的点对点路径的隧

道。IPv6 支持可手动配置的隧道和 6to4 自动隧道。

● 边界路由器：位于网络边界的路由器，是通往本地网络外部端点的 IPv6 隧道的一个端点。此路由器必须至少有一个连接到内部网络的 IPv6 接口。对于外部网络，此路由器可以有一个 IPv6 接口或一个 IPv4 接口。

8.3　认识 IPv6 地址

一个节点可以有多个接口，所以应将 IPv6 地址指定给接口，而非节点。一个接口可以指定多个 IPv6 地址。

1．IPv6 地址的组成

IPv6 地址的长度为 128 位，由 8 个 16 位字段组成，相邻字段用冒号分隔。IPv6 地址中的每个字段都必须包含一个十六进制数字。IPv6 地址的组成如图 8.3 所示。

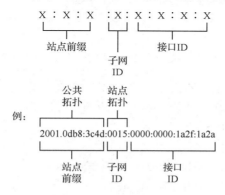

图 8.3　IPv6 地址的组成

IPv6 地址按层次结构进行组织：公共拓扑+站点拓扑+接口 ID。

● 公共拓扑和站点前缀：站点前缀用于定义从网络到路由器的公共拓扑，占 48 位。企业的站点前缀可以从 ISP 或区域 Internet 注册机构（Regional Internet Registry，RIR）获取。

● 站点拓扑和子网 ID：子网 ID 定义用于网络的管理子网，描述站点拓扑，它的最大长度为 16 位。IPv6 子网在概念上与 IPv4 子网相同，每个子网通常都与一个硬件链路相关联。但 IPv6 子网 ID 用十六进制表示法表示，而不是用点分十进制表示法表示。

● 接口 ID：接口 ID 用来标识特定节点的接口。接口 ID 在子网内必须唯一。IPv6 主机可以使用相邻节点搜索协议自动生成其自身的接口 ID。相邻节点搜索协议基于主机接口的 MAC 地址或 EUI-64 地址自动生成接口 ID。也可以手动指定接口 ID，建议对 IPv6 路由器和启用了 IPv6 的服务器采用这种方式。

图 8.3 中的 IPv6 地址"2001:0db8:3c4d:0015:0000:0000:1a2f:1a2a"显示了全部 128 位的 IPv6 地址。其中，前 48 位"2001:0db8:3c4d"表示公共拓扑的站点前缀；随后的 16 位"0015"代表站点专用拓扑的子网 ID；最右边的 64 位"0000:0000:1a2f:1a2a"表示接口 ID。

2．IPv6 地址的简化

大多数 IPv6 地址都不会占用全部 128 位，这可能会导致一些字段被零填充或仅包含零。被零填充或仅包含零的 IPv6 地址可以进行简化。

例如，简化前的 IPv6 地址：2001:0000:0000:0015:0000:0000:1a2f:1a2a。

对这个 IPv6 地址可以进行下面三个步骤的简化：

① IPv6 寻址体系结构允许使用两个冒号 ":" 表示法来表示连续的 16 位零字段，但一个 IPv6 地址中，只允许使用两个冒号 ":" 一次。

第一次简化后的 IPv6 地址：2001:0000:0000:0015::1a2f:1a2a。

② 其他零字段可以表示为单个 "0"。

第二次简化后的 IPv6 地址：2001:0：0：0015::1a2f:1a2a。

③ 还可以省略字段中的前导零，如将 0015 更改为 15。

最终，简化后的 IPv6 地址：2001:0：0：15::1a2f:1a2a。

并不是只有地址中间的连续的全零字段可以使用两个冒号替代，IPv6 地址中任意连续的全零字段都可以使用两个冒号替代。

例如，简化前的 IPv6 地址：2001:0db8:3c4d:0015:0000:d234::3eee:0000。

简化后的 IPv6 地址：2001:db8:3c4d:15:0:d234:3eee::。

3．IPv6 中的前缀

IPv6 地址最左边的字段包含用来路由 IPv6 包的前缀。IPv6 前缀具有以下格式：

```
prefix/length in bits
```

前缀长度以无类域间路由（CIDR）表示法声明。CIDR 表示法在地址末尾有一个斜杠，斜杠后跟以位为单位的前缀长度。

例如：

IPv6 地址：2001:db8:3c4d:0015:0000:0000:1a2f:1a2a。

IPv6 地址的站点前缀：2001:db8:3c4d::/48。

IPv6 地址的子网前缀：2001:db8:3c4d:15::/64。

站点前缀最多占用 IPv6 地址最左侧的 48 位；子网前缀总包含最左侧的 64 位，这些位中有 48 位用于站点前缀，还有 16 位用于子网 ID。子网前缀用来定义连接到路由器的网络的内部拓扑。

下列前缀已留作特殊用途：

```
2002::/16
```

指示后跟 6to4 路由前缀。6to4 是特殊类型的地址，与 6to4 隧道协议一起使用，为 IPv6 主机提供自动地址分配，以便通过当前 IPv4 的 Internet 与另一个启用 IPv6 的主机通信。

```
fe80::/10
```

指示后跟链路本地地址，链路本地地址只在本链路上有效。

```
ff00::/8
```

指示后跟多播地址。

4．IPv6 地址分类

IPv6 定义了以下三种地址类型：单播地址、多播地址和任播地址。单播地址用于标识单个节点的接口；多播地址用于标识一组通常位于不同节点上的接口，发送到多播地址的包将传递到多播组的所有成员；任播地址用于标识一组通常位于不同节点上的接口。发送到任播地址的包将传递到任播组中物理位置最接近发送者的成员节点。IPv6 地址的类型由地址中最左边（高阶）的连续位（其中包含前缀）来确定，如表 8.1 所示。

表 8.1　IPv6 地址分类

地 址 类 型		地址前缀（二进制）	IPv6 前缀标识	备　注
单播地址	未指定地址	00……0（128bits）	::/128	—
	环回地址	00……1（128bits）	::1/128	—
	链路本地地址	1111 1110 10	fe80::/10	—
	唯一本地地址	1111 110	fc00::/7	包括 fd00::/8 和不常用的 fc00::/8
	站点本地地址	1111 1110 11	fec0::/10	新版本已弃用，被唯一本地地址替代
	全局单播地址	其他形式	—	—
多播地址	—	1111 1111	ff00::/8	
任播地址	—	—	—	从单播地址空间中进行分配，使用单播地址的格式

（1）单播地址（Unicast Address）。

IPv6 单播地址和 IPv4 单播地址一样，都只标识一个接口。IPv6 包括 4 种不同的单播地址：全局单播地址、本地单播地址、过渡型全局单播地址和特殊地址。

① 全局单播地址（Global Unicast）。全局单播地址在 Internet 中保持全局唯一，类似于 IPv4 地址中的公网地址，可以在 IPv6 的 Internet 上进行全局路由和访问。这种地址类型允许路由前缀的聚合，以减少全球路由表项的数量。

② 本地单播地址。本地单播地址就是指本地网络使用的单播地址，类似于 IPv4 地址中的私有地址。链路本地地址和唯一本地地址都属于本地单播地址。

● 链路本地地址（Link-local）fe80::/10。链路本地地址只能用在本地单个链路上，不能在不同子网中路由。拥有链路本地地址的节点可以与同一个链路上的相邻节点通信；在 IPv6 协议下，每个网络接口都需要分配一个链路本地地址，即使该接口已经分配了可路由的 IPv6 地址。在企业外部，链路本地地址不但无效，而且无法识别。表 8.2 显示了链路本地地址的格式。

表 8.2　链路本地地址的格式

10bits	54bits	64bits
1111111010	0	Interface ID

IPv6 的链路本地地址需要强制生成，格式如表 8.2 所示，其中的接口标识符（Interface ID）长度为 64 位，内容由接口的 MAC 地址按一定规则形成，常见的格式规则有 EUI-64。

EUI-64 规则就是将 MAC 地址的 48 位二进制数分成前后 24 位，中间插入 1111111111111110（十六进制数 FFFE），得到 64 位二进制数，再将第 7 位取反，就得到了最终的接口标识符。

举例说明：

接口 MAC 地址为：00-11-22-33-44-55。

插入 FFEE 后：00-11-22-ff-fe-33-44-55。

第 7 位取反后：02-11-22-ff-fe-33-44-55。

最终的链路本地地址：fe80::211:22ff:fe33:4455/10。

- 唯一本地地址（Unique-local）：fc00::/7。唯一本地地址只能在本地使用，是本地全局的，可以由本地路由器路由，不可由外网路由器路由，其范围被限制在组织的边界。唯一本地地址 fc00::/7 包含 fd00::/8 和不常用的 fc00::/8。

- 站点本地地址（Site-local）：fec0::/10。站点本地地址在新标准中已经被弃用，被唯一本地地址替代。

③ 过渡型全局单播地址 2002::/16。为了进行过渡，IPv6 协议提供在 IPv6 地址中嵌入 IPv4 地址这一功能。这种类型的 IPv4 地址便于借助现有的 IPv4 网络隧道传送 IPv6 包。6to4 地址就是一种过渡型全局单播地址。表 8.3 显示了一个 6to4 地址。

表 8.3　6to4 地址

16bits	32bits	16bits	64bits
2002	0C9B:A665	0001	0000:0000:0C9B:A665

④ 特殊地址。IPv6 中有些地址是有特殊含义的。

- 未指定地址：::/128。所有比特皆为零的地址称作未指定地址，是一种特殊的单播地址。这个地址不可指定给某个网络接口，并且只有在主机尚未知道其来源 IP 时，才会用于软件中。路由器不可转送包含未指定地址的数据包。

- 环回地址：::1/128。除了最后一比特是 1 其他全是 0 的地址被称为环回地址，也是一种单播地址。如果一个应用程序将数据包送到此地址，IPv6 堆栈会转送这些数据包环回到同样的虚拟接口。

（2）多播地址（Multicast Address）：FF00::/8。

多播地址也称组播地址。多播地址被指定到一群不同的接口，送到多播地址的数据包会被发送到所有的地址，多播地址不能作为 IPv6 数据包的源地址。

多播地址用来标识多播组，多播组是一组通常位于不同节点上的接口。一个接口可以属于任意数量的多播组。

多播地址用来向定义为多播组成员的所有接口发送信息或服务。例如，使用多播地址与本地链路上的所有 IPv6 节点进行通信。

在创建某个接口的 IPv6 单播地址时，内核会自动使该接口成为某些多播组的成员。例如，内核会使每个节点都成为请求节点多播组的成员，相邻节点搜索协议使用该组来检测可访问性。内核还自动使节点成为所有节点或所有路由器多播组的成员。

（3）任播地址（Anycast Address）。

IPv6 任播地址用来标识一组位于不同 IPv6 节点上的接口，每组接口都称作一个任播组。当数据包发送到任播地址时，任播组中物理位置最接近发送者的成员将收到包。

IPv6 任播地址从单播地址空间中进行分配，使用单播地址的格式，不可用作 IPv6 数据包的源地址。

任播是 IPv6 特有的数据发送方式，它像是 IPv4 的 Unicast（单点传播）与 Broadcast（多点广播）的综合。IPv4 支持单点传播和多点广播，单点传播在来源和目的地间直接进行通信；多点广播在单一来源和多个目的地间进行通信。

而 Anycast 则在以上两者之间，它像多点广播（Broadcast）一样，会有一组接收节点的地址列表，但指定为 Anycast 的数据包，只会发送给距离最近或发送成本最低（根据路由表来判断）的其中一个接收地址，该接收地址收到数据包后进行回应，并加入后续的传输。该接收列表的其他节点，会知道某个节点地址已经回应了，它们就不再加入后续的传输作业。

8.4　认识 IPv6 相邻节点搜索协议

IPv6 引入了相邻节点搜索协议，该协议使用消息传递作为处理相邻节点间的交互的方式。相邻节点是指在同一链路上的 IPv6 节点。例如，通过发出与相邻节点搜索相关的消息，节点可以获知相邻节点的链路本地地址。相邻节点搜索控制 IPv6 本地链路上的以下主要活动。

- 路由器搜索：帮助主机查找本地链路上的路由器。
- 地址自动配置：使节点能够为其接口自动配置 IPv6 地址。
- 前缀搜索：使节点能够搜索已分配给链路的已知子网前缀。节点使用前缀来区分位于本地链路上的目标和那些只能通过路由器来访问的目标。
- 地址解析：帮助节点确定相邻节点的链路本地地址（如果只给定目标的 IP 地址）。
- 确定下一个跃点：使用某种算法来确定本地链路之外的包接收者的跃点的 IP 地址。下一个跃点可以是路由器或目标节点。
- 相邻节点无法访问检测：帮助节点确定相邻节点是否不再可以访问。对于路由器和主机，可以重复进行地址解析。
- 重复地址检测：使节点能够确定其要使用的地址是否尚未被使用。
- 重定向：使路由器能够通知主机要用于到达特定目标的较好的第一个跃点节点。

8.5　IPv6 地址自动配置

IPv6 的一个主要特征就是允许主机自动配置接口。通过相邻节点搜索，主机可以在本地链路上查找 IPv6 路由器并请求站点前缀。

在地址自动配置过程中，主机将执行以下操作：

- 为每个接口创建链路本地地址，该操作不要求链路上有路由器。
- 检验地址在链路上是否唯一，该操作不要求链路上有路由器。
- 确定全局地址是通过无状态机制、有状态机制还是这两种机制来获取的。这一操作要求链路上有路由器。

无状态地址自动配置（SLAAC）不需要手动配置主机，如果需要的话，只需对路由器进行很少的配置，而且不需要其他服务器。当连接到 IPv6 网络上时，IPv6 主机可以使用邻居发现协议对自身进行自动配置。当第一次连接到网络上时，主机发送一个链路本地路由器请求（Solicitation）多播请求来获取配置参数。路由器使用包含 Internet 层配置参数的路由器宣告（Advertisement）报文进行回应。无状态机制使用本地信息以及由路由器通告的非本地信息来生成地址。

路由器将通告链路上已指定的所有前缀。IPv6 主机使用相邻节点搜索从本地路由器获取子网前缀。主机通过合并子网前缀和从接口的 MAC 地址生成的接口 ID 来自动生成 IPv6 地址。如果没有路由器，主机可以只生成链路本地地址。链路本地地址只能用于和同一链路上的节点进行通信。

在不适合使用 IPv6 无状态地址自动配置的场景下，网络可以使用有状态配置，如 DHCPv6，或者使用静态方法手动配置。

任务 9　静态路由实现网络互联

本任务主要介绍静态路由的概念、静态路由和默认路由的配置方法和应用场合以及对路由表的理解，重点强调管理距离（AD）和度量（metric）概念，实现两个局域网之间用静态路由实现互联，再用静态路由实现多个局域网之间互联、核心层与分布层之间互联、局域网接入互联网，进一步介绍静态路由的应用。

9.1　认识静态路由

静态路由实现网络
互联视频

静态路由是指由网络管理员手工配置的路由信息。当网络的拓扑结构或链路的状态发生变化时，网络管理员需要手工去修改路由表中相关的静态路由信息。静态路由信息在默认情况下是私有的，不会传递给其他的路由器。当然，网管员也可以通过对路由器进行设置使之成为共享的。静态路由一般适用于比较简单的网络环境，在这样的环境中，网络管理员清楚地了解网络的拓扑结构，便于设置正确的路由信息。

静态路由的 IP 环境最适合小型、单路径、静态 IP 网际网络。

单路径表示网际网络上的任意两个终点之间只有一条路径用于传送数据包。

静态表示网际网络的拓扑结构不随时间的变化而更改。

静态路由因不需要路由协议，可以节省路由器的资源和网络带宽，但也有以下一些缺点。

● 不能容错。如果路由器出现故障或链接中断，配置静态路由的路由器不能感知故障并将故障通知到其他路由器，因为没有配置路由协议。这种情况对于小型网络而言，由于设备较少，即使出现也很好发现，容易解决，但对于大型网际网络是不能接受的。

● 管理开销较大。如果对网际网络添加或删除一个网络，则必须手动添加或删除与该网络连通的路由。

1.　了解静态路由配置命令

配置路由是在全局配置模式下进行的，静态路由配置命令的完整语法如下：

```
ip route prefix mask {ip-address|interface-type interface-number} [distance]
[tag tag] [permanent]
```

其中，粗体部分为命令关键字。

方括号中的内容为可选项，很少会使用。distance 为管理距离，一般不设置，采用默认值。当有多条通往同一目标网络的路由时，由此值决定哪条路由优先权最高。有指明下一跳 IP 地址的静态路由的默认管理距离为"1"，而指明出站接口的静态路由的默认管理距离为"0"。一般不会用到 tag 标记，它是用于通过路由映射表控制重分发的。如果静态路由表中设置 permanent，那么即使接口被关闭，该路由也不会被删除。

经常使用的是前面的部分：**ip route** prefix mask {ip-address|interface-type interface- number}。

"prefix"是目标网络的 IP 路由前缀，"mask"是目标网络的前缀掩码，"ip-address"是可以到达目标网络的下一跳的 IP 地址，而"interface-type"是数据包经过本路由器出口的接口类型，"interface-number"是出口的接口编号。这里的下一跳是指数据包所经过的下一个路由器，每经过一个路由器称为一跳；下一跳的 IP 地址是下一个路由器的入口 IP 地址。静态路由要么指定下一跳，要么指定本路由器出口。

如数据包的目的网络是 192.168.1.0，目的网络子网掩码为 255.255.255.0，数据包经过本路由器的串口 S0/0 出去，再去往下一个入口 IP 地址为 202.19.18.2 的路由器，可以采用下面两种方式来配置静态路由：

```
Router(config)#ip route 192.168.1.0 255.255.255.0 202.19.18.2
```

或

```
Router(config)#ip route 192.168.1.0 255.255.255.0 s0/0
```

如果要删除一条静态路由，只需要在静态路由配置过程的前面加"no"，如：

```
Router(config)#no ip route 192.168.1.0 255.255.255.0 202.19.18.2
```

2. 了解默认路由及其配置命令

当知道目标网络时，可以使用静态路由；当不知道目标网络时，可以使用静态路由的特例——默认路由。可以把默认路由理解为带通配符的静态路由，就是将静态路由指令格式中的 prefix mask 指定为 0.0.0.0 0.0.0.0。

当知道数据包的目标网络是 192.168.1.0/24，出站接口是 S0/0 时，可以配置如下的静态路由：

```
Router(config)#ip route 192.168.1.0 255.255.255.0 S0/0
```

当对目标网络一无所知，而路由器只有一个出站口 S0/0 时，可以配置如下的默认路由：

```
Router(config)#ip route 0.0.0.0 0.0.0.0 S0/0
```

执行"Router#show ip route"命令，会看到默认路由：

```
S*   0.0.0.0/0 is directly connected, Serial0/0
```

"S*"代表默认路由。可见默认路由的路由表中没有特定的目标网络。因此，可以认为所有的数据包，不管它去往哪里都从 S0/0 口出去。

默认路由适合在以下情况使用：企业的末节分支网络连接到总部；或者连接到互联网。

当指明具体目标网络的静态路由和默认路由同时配置时，路由器首先匹配具体目标网络路由，然后是默认路由。

例如，对路由器 R3 做如下的路由配置：

```
Router(config)#hostname R3
R3(config)#ip route 192.168.1.0 255.255.255.0 222.16.205.2
R3(config)#ip route 0.0.0.0 0.0.0.0 s0/1
```

注意： 一个路由器只能配置一条默认路由。

当路由器 R3 收到数据包时，首先将数据包的目的地址与子网掩码进行与运算得出目的网络地址，然后查找路由表，寻找与目的网络匹配的路由表项，如果没有，则查找默认路由，如果还没有，则丢弃收到的数据。

3．了解浮动静态路由及其配置命令

当静态路由和动态路由一起工作时，去往同一目标网络的静态路由比动态路由具有更高的优先权，因为静态路由的管理距离默认值比较小。

因此，在使用静态路由作为动态路由的备份路由时，会出现喧宾夺主的情况。可以通过修改静态路由的管理距离，使其大于动态路由的默认管理距离，这样，动态路由链路就会是主链路，而静态路由处于休眠状态；当主链路出现故障时，静态路由被激活成为主链路。当动态路由恢复正常后，静态路由又回到休眠状态。这样的静态路由称为浮动静态路由。

例如，下面就是某路由器上一条修改了管理距离的静态路由：

```
Router(config)#ip route 192.168.1.0 255.255.255.0 202.19.18.2 254
```

这里的 254 大于所有的动态路由默认管理距离，当该路由器有去往同一目标网络的动态路由存在时，这条静态路由会作为动态路由的备份。

4．查看和分析路由表

路由器是根据路由表转发数据的。路由选择进程向自主系统中的其他路由器发送更新并接收来自这些路由器的更新，这些更新将被加入到路由选择表中。这主要指后面将要讲到的动态路由。静态路由信息在默认情况下是私有的，不会传递给其他路由器，但网络管理员可以把它设置为共享。

路由表生效后，可以用如下命令来查看：

```
Router#show ip route
```

例如，在某路由器上执行路由表查看命令：

```
RouterA#sh ip route
Codes: C - connected, S - static, I - IGRP, R - RIP, M - mobile, B - BGP
       D - EIGRP, EX - EIGRP external, O - OSPF, IA - OSPF inter area
       N1 - OSPF NSSA external type 1, N2 - OSPF NSSA external type 2
       E1 - OSPF external type 1, E2 - OSPF external type 2, E - EGP
       i - IS-IS, L1 - IS-IS level-1, L2 - IS-IS level-2, ia - IS-IS inter
area
       * - candidate default, U - per-user static route, o - ODR
       P - periodic downloaded static route
Gateway of last resort is not set
C    195.16.13.0/24 is directly connected, Serial0/0
C    198.8.15.0/24 is directly connected, FastEthernet0/0
S    202.7.20.0/24 [1/0] via 195.16.13.1
```

可以看到路由器上有 3 条路由表，其中 195.16.13.0/24 和 198.8.15.0/24 网络是直接连接在本路由器的接口上的，一个接在 Serial0/0 接口上，另一个接在 FastEthernet0/0 接口上，去往这两个网络的数据包从相应的接口出去就到达了相应的网络；而 202.7.20.0/24 这个网络没有连接在本路由器上，去往 202.7.20.0/24 这个网络的数据包还需要继续转发到下一个路由器，下一个路由器的入口 IP 地址为 195.16.13.1。

每条路由表的前面有路由类型说明，"C"代表与本路由器直接连接的网络；"S"代表一条静态路由；"I"代表一条 IGRP 动态路由协议产生的路由；"R"代表一条 RIP 路由协议产生的路由；"O"代表一条 OSPF 路由协议产生的路由等。

路由表中"[1/0]"代表管理距离（AD）/度量（metric）。

去往目标网络的路由往往不只一条，有时会有两条或两条以上。有的是网络管理员设置

的静态路由，有的是动态路由协议生成的动态路由，数据包究竟从哪条路由去往目标网络，就要看每条路由的管理距离了。一条路由比其他路由拥有更高优先权的概念被称为管理距离（Administrative Distance），该值越小，路由优先权越高，越容易被路由选择进程选中。管理距离是一个介于 0～255 的数字，数字越大，该路由的优先权越低。为 0 时优先权最高，数据包首选从这条路径通过；为 255 时优先权最低，没有任何流量从这条路径通过。如表 9.1 所示列出了各种路由协议的默认管理距离。

表 9.1　路由协议的默认管理距离

路由选择信息源	管 理 距 离
直连路由或指出出站接口而不是下一跳的静态路由	0
静态路由	1
EIGRP 汇总路由	5
外部 BGP	20
EIGRP	90
IGRP	100
OSPF	110
RIP	120
外部 EIGRP	170
内部 BGP	200
未知网络	255

前面讲到的浮动静态路由，就是人工设置管理距离值，使静态路由作为动态路由的一个备份。

度量（metric）值是衡量路径远近的指标，不同路由协议采用不同的度量方法。对于静态路由（跳数）是指数据包经过本路由到达目标网络需要经过多少跳。有些路由协议也使用跳数作为度量方法，如 RIP 协议；还有些路由协议采用跳数、带宽等综合度量方法，如 OSPF 等。

从路由表可以看出，每条路由表包含如下信息。

● 目标网络：所接收的数据包的目的 IP 地址所处的网络。

● 出站接口：路由器将所接收的数据包转发到哪个接口。

● 下一跳 IP 地址：数据包去往目的网络路径的下一个路由器入口的 IP 地址，这个地址和本路由器出站接口的 IP 地址在同一子网,本站出口和下一站入口使用相同的数据链路层协议，用来让本路由器封装数据链路层的帧。

● 管理距离：根据路由选择协议的不同给每条路由指定一个值，根据这个值来决定到达同一目标网络的多条路由中的最佳路由。

● 度量：数据包经过本路由到达目标网络需要经过的跳数。

9.2　实现两个局域网互联

企业总部的局域网在和远地的分支机构的局域网互联时，经常采用的方法就是租用电信的广域网线路通过路由器互联。总部和分支机构都需要一台路由器，每个路由器都需要一个局域网口和一个广域网口。局域网口用于连接本地局域网，广域网口用于连接广域网。路由器连接网络的接口需要分配所连接网络的 IP 地址。

例如，某公司有 C 类网络 192.168.1.0，需要通过电信的广域网与外地分支机构 C 类网络 192.168.2.0 进行互联，连接拓扑如图 9.1 所示。

图 9.1　两个局域网通过广域网互联

需要注意的是，必须为两个路由器的广域网口配置同一网段的 IP 地址，这个地址是在网络互联时临时分配的。为了节约地址空间，只需要为它们分配一个能使用两个可用 IP 地址的子网就可以了。这里使用的子网是 200.15.122.0/30，这个子网内只有两个 IP 地址可用，这样给两个广域网口分配地址最经济。

为了实现两个局域网之间的通信，在两台路由器上配置静态路由。

R1：

```
Router(config)#hostname R1
R1(config)#ip route 192.168.2.0 255.255.255.0 200.15.122.2
```

R2：

```
Router(config)#hostname R2
R2(config)#ip route 192.168.1.0 255.255.255.0 200.15.122.1
```

在 R1 上配置了一条静态路由后，实际上 R1 的路由表已经有了 3 个条目：两条直连路由，一条静态路由。

当 R1 收到去往 192.168.1.0 和 200.15.122.0 的数据包时，会直接交付；而收到去往 192.168.2.0 网络的数据包时，会将数据包交给 IP 地址为 200.15.122.2 的下一跳路由器 R2 去处理。

同样地，当 R2 收到去往 192.168.2.0 和 200.15.122.0 的数据包时，会直接交付；而收到去往 192.168.1.0 网络的数据包时，会将数据包交给 IP 地址为 200.15.122.1 的下一跳路由器 R1 去处理。

9.3　实现多分支机构局域网互联

对于一个总部与多个分部之间的局域网互联，需要根据通信要求来配置静态路由。可以在总部的路由器上采用多个广域网口与分支机构连接，如图 9.2 所示。

1. 对于只允许总部和分支机构互访、分支机构之间不允许互访的情况

R1：

```
Router(config)#hostname R1
R1(config)#ip route 192.168.3.0 255.255.255.0 222.16.205.1
```

R2：

```
Router(config)#hostname R2
R2(config)#ip route 192.168.3.0 255.255.255.0 200.15.122.1
```

R3：

```
Router(config)#hostname R3
R3(config)#ip route 192.168.1.0 255.255.255.0 222.16.205.2
R3(config)#ip route 192.168.2.0 255.255.255.0 200.15.122.2
```

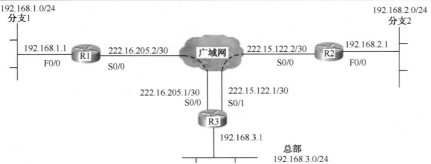

图 9.2　总部与多分支机构局域网互联

2．对于总部和分支机构以及分支机构之间需要互访的情况

R1：

```
Router(config)#hostname R1
R1(config)#ip route 192.168.3.0 255.255.255.0 222.16.205.1
R1(config)# ip route 192.168.2.0 255.255.255.0 222.16.205.1
```

R2：

```
Router(config)#hostname R2
R2(config)#ip route 192.168.3.0 255.255.255.0 200.15.122.1
R2(config)#ip route 192.168.1.0 255.255.255.0 200.15.122.1
```

R3：

```
Router(config)#hostname R3
R3(config)#ip route 192.168.1.0 255.255.255.0 222.16.205.2
R3(config)#ip route 192.168.2.0 255.255.255.0 200.15.122.2
```

　　给路由器的广域网口分配 IP 地址只是通信需要，目的是将不同物理网络的不统一的 MAC 地址从逻辑上进行统一，而用户并不需要访问这些地址，所以路由器上不需要配置到广域网的路由。

　　当然，这样的连接方式需要总部的路由器有较多的广域网接口，后面还会讲解采用虚电路复用的方式，可以节约广域网接口。

9.4　实现分布层与核心层交换机之间的互联

　　分布层交换机和核心层交换机通常采用三层交换机，它们之间的连接通常也需要配置路由。

　　假设有两台分布层交换机按如图 9.3 所示的方式连接核心交换机。根据核心层交换机端口是采用交换端口与分布层连接，还是采用路由端口与分布层连接，讲解这两种路由配置方式。

1．核心层交换机端口和分布层交换机端口均采用路由端口连接

　　核心层交换机端口和分布层交换机端口均采用路由端口连接时，需要单独为连接端口规划 IP 地址，地址分配如下：

Distributer1 和 Core 之间的两个连接端口只需要两个地址，为了节约地址，分配 172.16.1.0/30 网段的地址，这个网段中只有两个可用地址 172.16.1.1 和 172.16.1.2，给 Distributer1 的 F0/24 分配地址 172.16.1.1/30，给 Core 的 F0/23 的地址为 172.16.1.2/30；以同样的方式给 Distributer2 的 F0/24 分配地址 172.16.1.5/30，给 Core 的 F0/24 的地址为 172.16.1.6/30。

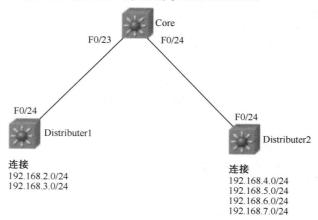

图 9.3　分布层交换机与核心层交换机连接

核心交换机 Core 上的配置：

```
Core(config)#ip route 192.168.2.0 255.255.254.0 172.16.1.1
Core(config)#ip route 192.168.4.0 255.255.252.0 172.16.2.5
Core(config)#interface f0/23
Core(config-if)#no switchport
Core(config-if)#no ip address
Core(config-if)#ip address 172.16.1.2 255.255.255.252
Core(config-if)#no shutdown
Core(config-if)#interface f0/24
Core(config-if)#no switchport
Core(config-if)#no ip address
Core(config-if)#ip address 172.16.1.6 255.255.255.252
Core(config-if)#no shutdown
```

分布层交换机 Distributer1 上的配置：

```
Distributer1(config)#ip route 0.0.0.0 0.0.0.0 172.16.1.2
Distributer1(config)#interface f0/24
Distributer1(config-if)#no switchport
Distributer1(config-if)#no ip address
Distributer1(config-if)#ip address 172.16.1.1 255.255.255.252
Distributer1(config-if)#no shutdown
```

分布层交换机 Distributer2 上的配置：

```
Distributer2(config)#ip route 0.0.0.0 0.0.0.0 172.16.1.5
Distributer2(config)#interface f0/24
Distributer2(config-if)#no switchport
Distributer2(config-if)#no ip address
Distributer2(config-if)#ip address 172.16.1.6 255.255.255.252
Distributer2(config-if)#no shutdown
```

2．核心交换机和分布层交换机之间采用交换端口连接

核心交换机和分布层交换机之间采用交换端口连接时，交换端口要设置为 Trunk，不能配置 IP 地址，只能通过 VLAN 接口来实现路由。

这里分配核心交换机的管理地址为 192.168.0.1/24，Distributer1 的管理地址为 192.168.0.2/24，Distributer2 的管理地址为 192.168.0.3/24。下面给出各个交换机的参考配置。

核心交换机 Core 上的配置：

```
Core(config)#ip route 192.168.2.0 255.255.254.0 192.168.0.2
Core(config)#ip route 192.168.4.0 255.255.252.0 192.168.0.3
Core(config)#interface range f0/23 - 24
Core(config-if-range)#switchport mode trunk
Core(config-if-range)#exit
Core(config)#interface vlan 1
Core(config-if)#ip address 192.168.0.1 255.255.255.0
Core(config-if)#no shutdown
```

分布层交换机 Distributer1 上的配置：

```
Distributer1(config)#ip route 0.0.0.0 0.0.0.0 192.168.0.1
Distributer1(config)#interface f0/24
Distributer1(config-if)#switchport mode trunk
Distributer1(config-if)#interface vlan 1
Distributer1(config-if)#ip address 192.168.0.2 255.255.255.0
Distributer1(config-if)#no shutdown
```

分布层交换机 Distributer2 上的配置：

```
Distributer1(config)#ip route 0.0.0.0 0.0.0.0 192.168.0.1
Distributer1(config)#interface f0/24
Distributer1(config-if)#switchport mode trunk
Distributer1(config-if)#interface vlan 1
Distributer1(config-if)#ip address 192.168.0.3 255.255.255.0
Distributer1(config-if)#no shutdown
```

9.5　实现企业局域网接入互联网

互联网接入路由器既需要通过局域网口连接企业局域网，又需要通过广域网口连接广域网，因此，通常在路由器上需要配置两条路由。

如图 9.4 所示是企业网接入互联网的拓扑图，核心交换机通过 F0/1 路由端口接入路由器的局域网口 F0/0。

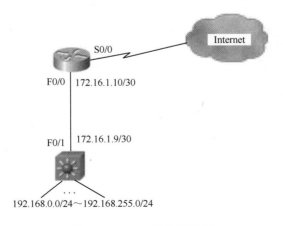

图 9.4　Internet 接入互联网

针对图 9.4 给出 Internet 接入路由器的路由配置：

```
Router(config)#ip route 192.168.0.0 255.255.0.0 172.16.1.9
Router(config)#ip route 0.0.0.0 0.0.0.0 s0/0
```

三层交换机上除了配置到各个分布层交换机的路由外，还需要一条指向互联网接入路由器的默认路由：

```
Switch(config)#ip route 0.0.0.0 0.0.0.0 172.16.1.10
```

9.6 静态路由配置实训

一、实训名称

两个局域网通过两台路由器的串口背靠背连接。

二、实训目的

（1）认识 V.35 电缆、V.35 连接头和 V.24 连接头。
（2）掌握静态路由配置方法。
（3）掌握路由表的查看方法。

三、实训内容

准备两台没有静态划分 VLAN 的交换机，用这两台交换机各组建一个局域网 198.8.15.0/24 和 202.7.20.0/24，通过两台路由器来模拟企业总部局域网和远程分支机构局域网通过广域网互联。这里的每台路由器均准备一个局域网口和一个广域网口，局域网口连接一个局域网，广域网口用于路由器之间的互联。通过配置静态路由表实现两个局域网之间的访问。

四、实训环境

根据实训内容设计实训环境，网络拓扑图和地址分配如图 9.5 所示。

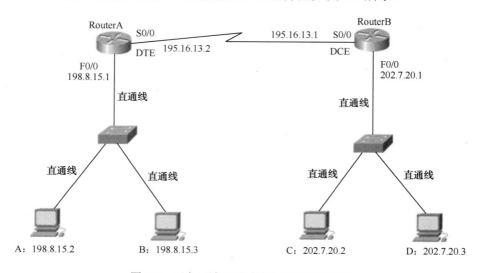

图 9.5 两个局域网通过路由器背对背互联

五、实训要求分析和设备准备

首先需要查看交换机有没有划分 VLAN，如果划分了 VLAN，则需要清除 VLAN，保证同一台交换机上的计算机与路由器的局域网口在同一 VLAN 内。

数据通信设备（DCE）和数据终端设备（DTE）通信时，需要为数据终端设备提供时钟，DCE 设备和 DTE 设备总是成对出现。

注意：两台路由器的串口背靠背连接时，一个连接 DCE 电缆（母头），另一个连接 DTE 电缆（公头），连接 DCE 电缆的路由器接口需要设置时钟。

在实际的应用中，一般路由器串口只需要连接 DTE 电缆，然后连接 Modem 到广域网，总是由 Modem 提供时钟。本环境中没有通过 Modem，因此需要有设备提供时钟。

静态路由规划如表 9.2 所示。

表 9.2　静态路由规划

路由器 A 静态路由的规划	目的网络	202.7.20.0/24
	下一跳地址	195.16.13.1
路由器 B 静态路由的规划	目的网络	198.8.15.0/24
	下一跳地址	195.16.13.2

需要准备 2 台二层交换机、2 台路由器以及 4 台计算机、6 条直通线、1 条母头 V.35 电缆、1 条公头 V.35 电缆以及 1 根控制电缆。

六、实训步骤

（1）根据实训环境进行设备物理连接。

（2）在路由器 A 上实施的操作步骤：

```
Router(config)#hostname RouterA
RouterA(config)#interface f0/0
RouterA(config-if)#ip address 198.8.15.1 255.255.255.0
RouterA(config-if)#no shutdown
RouterA(config-if)#exit
RouterA(config)#interface s0/0                 !--开始配置 s0/0 接口
RouterA(config-if)#ip address 195.16.13.2 255.255.255.252    !--S0/0 接口的
!--IP 地址
RouterA(config-if)#no shutdown                 !--激活 s0/0 接口
RouterA(config-if)#exit                        !--退出 s0/0 接口
RouterA(config)#ip route 202.7.20.0 255.255.255.0 195.16.13.1   !--路由表
```

这里可以用默认路由代替（由实训学生填写）：

_____

（3）在路由器 B 上实施的操作步骤：

```
RouterB(config)#interface f0/0
RouterB(config-if)#ip address 202.7.20.1 255.255.255.0
RouterB(config-if)#no shutdown
RouterB(config-if)#exit
RouterB(config)#interface s0/0          !--开始配置 s0/0 接口
RouterB(config-if)#ip address 195.16.13.1 255.255.255.252   !--s0/0 接口的
!--IP 地址
RouterB(config-if)#clock rate 64000    !--时钟速率 64000bps
```

```
RouterB(config-if)#no shutdown
RouterB(config-if)#exit
RouterB(config)#ip route 198.8.15.0 255.255.255.0 195.16.13.2   !--路由表
```

这里也可以用默认路由代替（由实训学生填写）：

_____

（4）查看路由器 A 的路由表：

```
RouterA#sh ip route
Codes: C - connected, S - static, I - IGRP, R - RIP, M - mobile, B - BGP
       D - EIGRP, EX - EIGRP external, O - OSPF, IA - OSPF inter area
       N1 - OSPF NSSA external type 1, N2 - OSPF NSSA external type 2
       E1 - OSPF external type 1, E2 - OSPF external type 2, E - EGP
       i - IS-IS, L1 - IS-IS level-1, L2 - IS-IS level-2, ia - IS-IS inter area
       * - candidate default, U - per-user static route, o - ODR
       P - periodic downloaded static route
Gateway of last resort is not set
C    195.16.13.0/24 is directly connected, Serial0/0
C    198.8.15.0/24 is directly connected, FastEthernet0/0
S    202.7.20.0/24 [1/0] via 195.16.13.1
```

可以看到有两个直连的网络和一个静态路由。

（5）配置各台计算机的 IP 地址、子网掩码和默认网关。

注意：A 和 B 的默认网关地址为 RouterA 的局域网口地址，这个地址必须和 A、B 同一网段；C 和 D 的默认网关地址为 RouterB 的局域网口地址，这个地址必须和 C、D 同一网段。

（6）测试主机连通性：

用 ping 命令检查彼此之间的连通性。若能相互通信，则表明静态路由设置正确。

在计算机 D 上 ping 198.8.15.2，结果如下：

```
ping 198.8.15.2
Pinging 198.8.15.2 with 32 bytes of data:
Reply from 198.8.15.2: bytes=32 time=124ms TTL=126
Reply from 198.8.15.2: bytes=32 time=156ms TTL=126
Reply from 198.8.15.2: bytes=32 time=141ms TTL=126
Reply from 198.8.15.2: bytes=32 time=156ms TTL=126
Ping statistics for 198.8.15.2:
    Packets: Sent = 4, Received = 4, Lost = 0 (0% loss),
Approximate round trip times in milli-seconds:
    Minimum = 124ms, Maximum = 156ms, Average = 144ms
```

（7）如果已经配置路由器 RouterB 的虚拟终端登录密码和 enable 密码的话，现在就可以在网络上的任意一台计算机上远程配置和管理 RouterB 路由器了，方法是 Telnet 路由器 RouterB 上的任何 IP 地址，如图 9.6 所示。

图 9.6 对路由器进行远程登录

9.7 IPv6 静态路由实训

一、实训名称

IPv6 静态路由配置

二、实训目的

（1）熟悉 IPv6 地址格式。

（2）掌握主机和路由器 IPv6 地址配置方法。

（3）掌握 IPv6 静态路由配置方法。

三、实训内容

使用两台路由器连接 3 个子网，子网地址使用 IPv6 地址，通过静态路由实现全网的互联互通。

四、实训环境

根据实训内容设计实训环境，网络拓扑图和地址分配如图 9.7 所示。使用 IPv6 的 IP 地址，配置静态路由，使两台 PC 之间 ping 通。

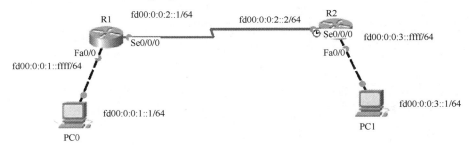

图 9.7 IPv6 静态路由（网络拓扑图和地址分配）

五、实训步骤

（1）PC0 的 IPv6 地址配置（见图 9.8）。

图 9.8 PC0 的 IPv6 地址配置

（2）PC1 的 IPv6 地址配置（见图 9.9）。

图 9.9 PC1 的 Ipv6 地址配置

（3）R1 的接口地址配置。

```
interface FastEthernet0/0
ipv6 address FD00:0:0:1::FFFF/64
no shutdown
interface Serial0/0/0
ipv6 address FD00:0:0:2::1/64
no shutdown
```

（4）R2 的接口地址配置。

```
interface FastEthernet0/0
ipv6 address FD00:0:0:3::FFFF/64
no shutdown
interface Serial0/0/0
ipv6 address FD00:0:0:2::2/64
clock rate 128000
no shutdown
```

当串行接口对接时，母头接口（称为 DCE 接口）需要提供时钟，公头接口（称为 DTE 接口）不需要提供时钟。实际环境中，路由器的接口总是使用公头接口连接 Modem 的母头，由 Modem 母头提供时钟。实训环境中由于没有 Modem，所以时钟需要由路由器母头来提供。

（5）R1 启用路由、配置静态路由。

```
ipv6 unicast-routing
ipv6 route FD00:0:0:3::/64 FD00:0:0:2::2
```

（6）R2 启用路由、配置静态路由。

```
ipv6 unicast-routing
ipv6 route FD00:0:0:1::/64 FD00:0:0:2::1
```

（7）验证结果。

在路由器 R1 和 R2 上查看路由表，可以看到 IPv6 的静态路由，如图 9.10 和图 9.11 所示；也可以在一台计算机上 ping 通另一台计算机，如图 9.12 所示。

```
R1#
R1#show ipv6 route
IPv6 Routing Table - 6 entries
Codes: C - Connected, L - Local, S - Static, R - RIP, B - BGP
       U - Per-user Static route, M - MIPv6
       I1 - ISIS L1, I2 - ISIS L2, IA - ISIS interarea, IS - ISIS summary
       O - OSPF intra, OI - OSPF inter, OE1 - OSPF ext 1, OE2 - OSPF ext 2
       ON1 - OSPF NSSA ext 1, ON2 - OSPF NSSA ext 2
       D - EIGRP, EX - EIGRP external
C   FD00:0:0:1::/64 [0/0]
     via ::, FastEthernet0/0
L   FD00:0:0:1::FFFF/128 [0/0]
     via ::, FastEthernet0/0
C   FD00:0:0:2::/64 [0/0]
     via ::, Serial0/0/0
L   FD00:0:0:2::1/128 [0/0]
     via ::, Serial0/0/0
S   FD00:0:0:3::/64 [1/0]
     via FD00:0:0:2::2
L   FF00::/8 [0/0]
     via ::, Null0
```

图 9.10 R1 的路由表

```
R2#show ipv6 route
IPv6 Routing Table - 6 entries
Codes: C - Connected, L - Local, S - Static, R - RIP, B - BGP
       U - Per-user Static route, M - MIPv6
       I1 - ISIS L1, I2 - ISIS L2, IA - ISIS interarea, IS - ISIS summary
       O - OSPF intra, OI - OSPF inter, OE1 - OSPF ext 1, OE2 - OSPF ext 2
       ON1 - OSPF NSSA ext 1, ON2 - OSPF NSSA ext 2
       D - EIGRP, EX - EIGRP external
S    FD00:0:0:1::/64 [1/0]
       via FD00:0:0:2::1
C    FD00:0:0:2::/64 [0/0]
       via ::, Serial0/0/0
L    FD00:0:0:2::2/128 [0/0]
       via ::, Serial0/0/0
C    FD00:0:0:3::/64 [0/0]
       via ::, FastEthernet0/0
L    FD00:0:0:3::FFFF/128 [0/0]
       via ::, FastEthernet0/0
L    FF00::/8 [0/0]
       via ::, Null0
```

图 9.11　R2 的路由表

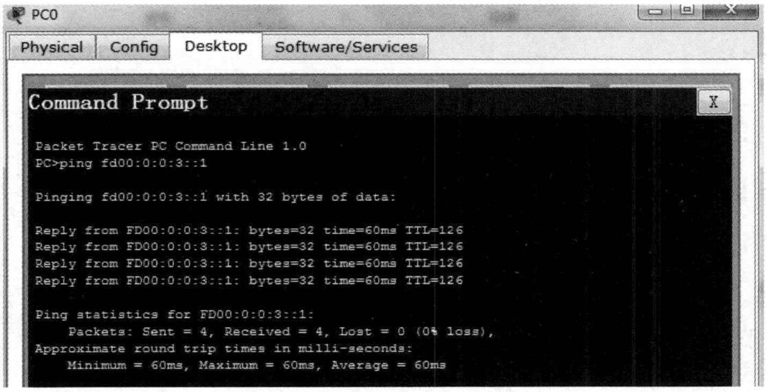

```
PC0
Physical  Config  Desktop  Software/Services

Command Prompt                                    X

Packet Tracer PC Command Line 1.0
PC>ping fd00:0:0:3::1

Pinging fd00:0:0:3::1 with 32 bytes of data:

Reply from FD00:0:0:3::1: bytes=32 time=60ms TTL=126
Reply from FD00:0:0:3::1: bytes=32 time=60ms TTL=126
Reply from FD00:0:0:3::1: bytes=32 time=60ms TTL=126
Reply from FD00:0:0:3::1: bytes=32 time=60ms TTL=126

Ping statistics for FD00:0:0:3::1:
    Packets: Sent = 4, Received = 4, Lost = 0 (0% loss),
Approximate round trip times in milli-seconds:
    Minimum = 60ms, Maximum = 60ms, Average = 60ms
```

图 9.12　计算机之间的联通情况测试

（8）实训扩展。

● 删除 R1 的静态路由。

```
no ipv6 route fd00:0:0:3::/64 fd00:0:0:2::2
```

● 为 R1 添加一条默认路由。

```
ipv6 route ::/0 fd00:0:0:2::2
```

可以看到，用默认路由也可以达到计算机之间互联互通的效果。

● 还可以在配置静态路由或默认路由时，使用出接口来代替下一跳，如下的配置都可以：

```
ipv6 route fd00:0:0:3::/64 s0/0/0
ipv6 route ::/0 s0/0/0
```

通过这个实训，可以发现，IPv6 的静态路由配置方法和 IPv4 类似，但需要在路由器上开启 IPv6 路由。

练　习　题

一、填空题

1．指明下一跳 IP 地址的静态路由默认管理距离为_____，指明出站接口的静态路由默认管理距离为_____。管理距离数值越大，路由优先权越_____。

2．路由器上有去往 192.168.1.0/24 网络的静态路由表项和默认路由表项，路由器收到去往这个目标网络的数据包时，将根据_____路由表项转发数据包。

二、选择题

1．下面描述中正确的是（　　　）。

  A．Router#ip route 192.168.1.1 255.255.255.0 172.16.1.1

  B．Router(config)#ip route 192.168.1.1 255.255.255.0 172.16.1.1

  C．Router(config-if)#ip route 192.168.1.1 255.255.255.0 172.16.1.1

  D．Router(config)#ip router 192.168.1.1 255.255.255.0 172.16.1.1

2．路由表项中不包含（　　　）。

  A．目标网络   B．出站接口

  C．下一跳地址   D．源地址

3．下列描述中正确的是（　　　）。

  A．去往同一目标网络的静态路由比动态路由具有更低的优先权

  B．静态路由适合单路径、经常变化的网络环境

  C．静态路由适合单路径、网络不经常变化的环境

  D．当网络的拓扑结构或链路的状态发生变化时，静态路由能自动更新

三、综合题

1．拓扑如图 9.13 所示中两台路由器连接 3 个网段，请给各个路由器的局域网口（F0/0）和广域网口（S0/0）分配 IP 地址，给计算机 A 和 B 分配 IP 地址和子网掩码，给出两台路由器的路由表。

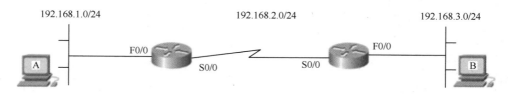

图 9.13　两台路由器连接三个网段

2．两台三层交换机通过各自的 F0/24 口互联，如图 9.14 所示。请给出两台三层交换机的互联接口的配置和默认路由配置，实现两台交换机所连接网络的互联。

图 9.14　三层交换机通过路由端口互联

任务 10　动态路由实现局域网互联

本任务主要完成使用各种路由协议（RIP、IGRP、OSPF、EIGRP）实现小、中、大不同规模的网络互联，实现不同自治系统（AS）之间的网路互联。重点介绍了广泛应用于小型网络的 RIP 协议和可应用于各种网络的 OSPF 协议；简单介绍了 Cisco 公司的专有路由协议 IGRP 和 EIGRP。

静态路由是网络管理员人工配置路由表，不产生额外的网络通信流量，路由受网络管理员控制，但灵活性不够，当网络结构发生变化时需要重新设置路由；而动态路由是根据动态路由协议动态产生路由表，能够发现网络的变化，并能够重新计算路由，但有一定的路由器 CPU 开销和网络带宽开销。对于大型网络，这样的开销代价是值得的。

动态路由协议是一组规则，描述了在网络层上路由选择设备之间如何发送有关网络的更新，以及如何在通往目标网络的多条路径中选择最佳路径的方法。

根据不同路由协议在其路由更新中是否发送子网掩码，可将路由协议分为有类路由协议和无类路由协议。

有类路由协议只传送网络前缀（网络地址），不传送子网掩码。也就是说，如果 A 路由器有两个直连子网 172.16.12.0/24 和 127.16.13.0/24 的话，则发送路由信息时默认是一个 B 类网络，只发送能到达 172.16.0.0 网络的信息，不发送子网掩码，B 路由器也只能收到去往 172.16.0.0 网络的路由更新；如果网络中还有一个 C 路由器连接着子网 172.16.14.0/24，则当路由器 B 收到去往 172.16.12.5 主机的数据包时，就不知道是送给路由器 A 还是路由器 C 了。有类路由协议包含 RIPv1 和 IGRP。

无类路由协议既传输网络前缀，又传输子网掩码，所以支持可变长度子网掩码（VLSM），同一个子网中的路由器接口可以有不同的子网掩码。无类路由协议包括 RIPv2、EIGRP、OSPF、IS-IS 和 BGP 等。

根据路由信息交换的范围，可将路由协议分为内部网关协议（IGP）和外部网关协议（EGP）。IGP 在同一个自治系统（AS）中交换路由信息，EGP 在不同的自治系统之间交换路由信息。根据最佳路径算法分类，可以分为距离矢量协议、链路状态协议和混合型协议。

距离矢量协议使用的度量值是距离，这个距离就是前往目标网络路径经过的路由器个数，经过的路由器个数被称为跳数。到达目标网络跳数最少的路径被选为最佳路径。RIPv1 和 IGRP 就属于距离矢量协议。

链路状态协议也称最短路径优先协议。OSPF 协议就是最短路径优先协议。混合型协议具备距离矢量协议和链路状态协议的特征，EIGRP 就属于混合型路由协议。

10.1　使用 RIP 协议实现网络互联

这个子任务主要讲解 RIP 协议所涉及的基本概念、RIP 协议两个版本的应用场合，以及两者的区别。通过比较，分析两个版本在配置上的不同，以及版本 2 的自动汇总应用。

RIP 路由实现网络
互联视频

1．了解 RIP 协议

RIP 协议称为路由信息协议，是一种基于距离向量（Distance-Vector）算法的协议。路由器启动 RIP 后，便会向相邻的路由器发送请求报文（Request Message），相邻的 RIP 路由器收到请求报文后，响应该请求，回送包含本地路由表信息的响应报文（Response Message）。路由器收到响应报文后，更新本地路由表，同时向相邻路由器发送触发更新报文，广播路由更新信息。相邻路由器收到触发更新报文后，又向其各自的相邻路由器发送触发更新报文。在一连串的触发更新广播后，各路由器都能得到并保持最新的路由信息。路由信息交换报文是 UDP 报文，使用的端口号为 520。

运行 RIP 协议的路由器，起初的路由表只含有直连网络的路由表项，收到相邻路由器发来的请求报文后，会将自己知道的直连网络信息告诉邻居路由器；邻居路由器的路由表中就有了自己直连网络的路由表项和从响应报文中知道的其他网络路由表项，而后将自己知道的路由信息再告诉其他邻居路由器。每个路由器都会从多个邻居路由器收到路由信息，采用距离向量（Distance-Vector）算法对自己的路由表进行路由更新，当收到多条去往同一目标网络的路由更新信息时，采用跳数最少的一条路由信息。经过一段时间的路由信息交换，每个路由器都有了稳定的路由表项，这被称为路由收敛。

RIP 协议分为两个版本：RIPv1 和 RIPv2。RIPv1 是有类路由协议，不支持可变长度子网掩码，发送的路由信息中不包含子网掩码；RIPv2 是无类路由协议，发送的路由信息中包含子网掩码，支持可变长度子网掩码。

RIPv2 使用 224.0.0.9 的多播地址来传送路由信息，替代了传统的 RIPv1 使用广播地址来传送的方法，从而节省了网络资源。

RIPv2 很好地提供了对 RIPv1 的兼容支持。路由器可以配置成只接收 RIPv1 更新、只接收 RIPv2 更新或者两者都接收；也可以配置成只发送 RIPv1 更新、只发送 RIPv2 更新或者两者都发送。

为了保证路由表的有效性，RIP 协议每隔 30 秒发送一次路由更新报文。如果一个路由表项经过 180 秒还没有得到确认，则认为已失效，进入 Holddown 状态（Holddown 状态默认计时 180 秒，这个时间主要用来避免路由信息环路）；如果路由失效后再经过 60 秒，路由表项还没有等到确认，就将删除该表项。

RIP 协议适用于经常变化的小型网络。作为一种距离向量协议，采用跳数来作为度量值，允许的最大跳数为 15 跳。

路由域中所有路由器经过路由信息交换，与当前的网络结构达成一致，路由表趋于稳定的过程称为路由收敛。当网络发生变化时，路由需要重新收敛。从网络的拓扑结构发生变化到网络上所有的相关路由器都得知这一变化，并且相应地改变所需要的时间称为收敛时间。由于网络在不断发生变化时，有可能造成路由不能收敛的情况，所以 RIP 协议采用了以下方法解决不能收敛或者慢收敛的问题。

① 水平分割（Split Horizon）。水平分割就是路由器从某个接口收到的路由信息不会再从这个接口发送出去，但会发送其他的路由信息。

② 限制跳数。数据包从源到目标最多只允许经过 15 个路由器，如果数据包从源到目标要经过 16 个路由器，则认为这个目标不可达。

③ 带触发更新的毒性逆转（Poison Reverse）。当某个路径崩溃后，最早广播此路由的路

由器将原来的路由继续保留在若干个路由刷新报文中，在指明该路由的距离为 16 的同时，立即发送路由信息告诉邻居，不必等到下一个路由刷新周期。

④ 保持（Hold Down）。当得知目标网络在 60 秒内不可达时，路由器不接收关于此网络可达的任何信息。

2. 配置 RIP 路由实现网络互联

配置 RIP 路由协议和配置静态路由一样，需要在全局配置模式下进行。RIPv1 为有类路由协议，RIPv2 为无类路由协议，两个版本的应用情况是不一样的。下面分别用 RIP 协议的两个版本来实现两个网络的互联。

（1）启用 RIPv1 协议。

RIPv1 是有类别路由协议（Classful Routing Protocol），只支持以广播方式发布协议报文。RIPv1 的协议报文无法携带掩码信息，它只能识别 A、B、C 类这样的自然网段的路由，因此 RIPv1 不支持不连续子网（Discontiguous Subnet）。

启用 RIPv1 协议分两步进行：首先在全局模式下指定路由协议，然后在路由配置模式下通告直连网络。命令如下：

```
router rip
version 1| 2          !--用 version 命令来指定版本 1 还是版本 2，无该命令时默认为版本 1
network network-number   !--network-number 为路由器所直连的网络号
```

如果路由器连接两个网络 192.168.1.0/24 和 200.10.10.0/24，且该路由器使用 RIPv1 路由，则 RIPv1 路由配置如下：

```
Router(config)#router rip
Router(config-router)#network 192.168.1.0
Router(config-router)#network 200.10.10.0
```

如果路由器连接着三个子网 192.168.2.4/30、172.16.15.0/24 和 10.1.1.0/24，那么 RIPv1 路由配置如下：

```
Router(config)#router rip
Router(config-router)#network 192.168.2.0
Router(config-router)#network 172.16.0.0
Router(config-router)# network 10.0.0.0
```

如图 10.1 所示的两个网络 172.15.10.0/24 和 192.15.20.0/24，通过路由器 A 和 B 背对背连接，在路由器 A 和 B 上进行如下配置，可使这两个网络实现通信。

路由器 A 的配置：

```
A(config)#interface f0/0
A(config-if)#ip address 172.15.10.1 255.255.255.0
A(config-if)#no shutdown
A(config-if)#interface s0/0
A(config-if)#ip address 200.200.200.1 255.255.255.252
A(config-if)#clock rate 64000
A(config-if)#no shutdown
A(config-if)#exit
A(config)#router rip                      !--启用 RIP 路由
A(config-router)#network 172.15.0.0       !--通告直连网络 172.15.0.0
A(config-router)#network 200.200.200.0    !--通告直连网络 200.200.200.0
A(config-router)#exit
A(config)#
```

路由器 B 的配置：

```
B(config)#interface f0/0
B(config-if)#ip address 192.15.20.1 255.255.255.0
B(config-if)#no shutdown
B(config-if)#interface s0/0
B(config-if)#ip address 200.200.200.2 255.255.255.252
B(config-if)#no shutdown
B(config-if)#exit
B(config)#router rip                      !--启用 RIP 路由
B(config-router)#network 192.15.20.0      !--通告直连网络 192.15.20.0
B(config-router)#network 200.200.200.0    !--通告直连网络 200.200.200.0
B(config-router)#exit
B(config)#
```

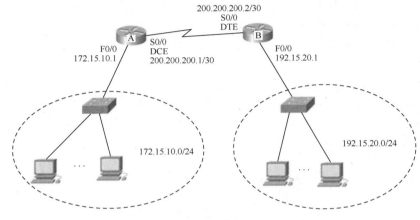

图 10.1 　局域网使用 RIP 协议互联

路由器 A 和 B 配置好后，只要给计算机配置好 IP 地址、子网掩码和网关，两个局域网之间就可以通信了。

如果路由器 B 连接的网络不是 192.15.20.0/24，而是 172.15.20.0/24，那么使用 RIPv1 就不能实现 172.15.10.0/24 和 172.15.20.0/24 这两个子网之间的通信，如图 10.2 所示。

因为 RIPv1 只能识别 A、B、C 类网络号，所以路由器 A 和 B 都会认为 172.15.0.0 就是自己的直连网络。

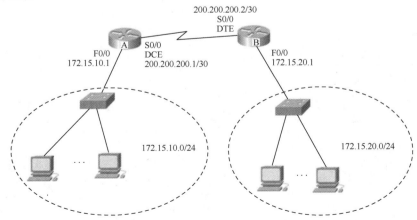

图 10.2 　RIPv1 不能实现相同网络号的两个子网之间的互联

（2）启用 RIPv2 协议。

启用 RIPv2 协议时需要单独指明版本号，配置分三步进行：首先在全局配置模式下指定路由协议，然后在路由配置模式下指定版本号，最后在路由配置模式下通告直连网络。命令如下：

```
router rip
version 2
network network-number
```

RIPv2 是 RIPv1 的改进版本。RIPv2 是无类路由协议，在传送路由信息时既传输网络前缀，又传输子网掩码，支持可变长度子网掩码（VLSM），同一个子网中的路由器接口可以有不同的子网掩码。如图 10.2 所示的两个子网就可以用 RIPv2 协议实现互联，两个局域网互通了。

路由器 A 的路由配置：

```
A(config)#router rip
A(config-router)#version 2                    !--RIPv2
A(config-router)#network 172.15.10.0
A(config-router)#network 200.200.200.0
A(config-router)#exit
A(config)#
```

路由器 B 的路由配置：

```
B(config)#router rip
B(config-router)#version 2
B(config-router)#network 172.15.20.0
B(config-router)#network 200.200.200.0
B(config-router)#exit
B(config)#
```

看一看路由器 A 的路由表：

```
172.15.0.0/16 is variably subnetted, 2 subnets, 2 masks
R       172.15.0.0/16 [120/1] via 200.200.200.2, 00:00:07, Serial0/0
C       172.15.10.0/24 is directly connected, FastEthernet0/0
        200.200.200.0/30 is subnetted, 1 subnets
C       200.200.200.0 is directly connected, Serial0/0
```

发现在 A 的路由表中有了去往网络 172.15.0.0/16 的 RIP 路由，下一跳 200.200.200.2 为路由器 B。那么，为什么不是去往 172.15.20.0/24 的路由而是去往 172.15.0.0/16 呢？这是因为路由器 B 在发送路由信息之前进行了自动路由汇总。

下面，在路由器 A 和 B 上 RIP 路由协议中配置"no auto-summary"，这样，路由器发送更新时不再进行汇总，就可以在 A 的路由表中看到具体的去往子网 172.15.20.0 的 RIP 路由，而不是一条汇总路由去往 172.15.0.0/16。

```
R       172.15.20.0 [120/1] via 200.200.200.2, 00:00:18, Serial0/0
```

可以通过"debug ip rip events"命令来查看 RIP 协议的事件，下面是在路由器 A 上执行这个命令后看到的结果。可以看到通过快速以太网口和串口发往组播地址 224.0.0.9 的版本 2 路由更新，构建的更新路由表项，接收到从 200.200.200.2 来的版本 2 路由更新。

```
A#debug ip rip events
RIP event debugging is on
A#RIP: sending v2 update to 224.0.0.9 via FastEthernet0/0 (172.15.10.1)
RIP: build update entries
     172.15.20.0/24 via 0.0.0.0, metric 2, tag 0
     200.200.200.0/30 via 0.0.0.0, metric 1, tag 0
```

```
RIP: sending v2 update to 224.0.0.9 via Serial0/0 (200.200.200.1)
RIP: build update entries
     172.15.10.0/24 via 0.0.0.0, metric 1, tag 0
RIP: received v2 update from 200.200.200.2 on Serial0/0
     172.15.20.0/24 via 0.0.0.0 in 1 hops
```

如果要结束 RIP 事件的查看，就在特权模式下执行"no debug ip rip events"命令。由于 RIP 事件不断从配置界面弹出，所以输入的命令可能会被弹出信息所打断，没关系，只要把命令连续输入完整就可以了，不要理会显示信息。

3. 配置 RIP 路由汇总

为了控制对外发送路由条目的数量，RIP 协议支持将属于一个更大子网的多个子网路由汇总成一条路由。

路由器支持自动汇总和手工汇总两种方式，默认情况下，路由器采取自动汇总方式。

将路由器设置为自动路由汇总在路由配置模式下执行如下命令：

```
auto-summary
```

例如，如下命令可以在路由器上进行自动路由汇总：

```
Router(config-router)#auto-summary
```

采用自动路由汇总有时会出现问题。例如，网络中的路由器 A 有直连子网 172.16.12.0/24、172.16.13.0/24、172.16.14.0/24 和 172.16.15.0/24，路由器 B 有直连子网 172.16.16.0/24、172.16.17.0/24、172.16.18.0/24 和 172.16.19.0/24。路由器 A 和 B 都会自动汇总成一条关于 172.16.0.0/16 网络的路由对外发送，这样网络中的其他路由器就可能会生成这样的路由：一个目标，两条路径。去往 172.16.0.0/16 网络的数据包会均衡地走两条路径，导致一部分数据包丢失。解决这个问题的方法是关闭自动路由汇总，进行人工路由汇总。

取消自动路由汇总的方法前面已经讨论过，是在路由配置模式下使用以下命令：

```
no auto-summary
```

人工路由汇总是在需要往外发送路由信息的接口上进行的。在接口模式下执行如下命令：

```
ip summary-address rip ip-address subnet-mask
```

子网 172.16.12.0/24、172.16.13.0/24、172.16.14.0/24 和 172.16.15.0/24 可以汇总为 172.16.12.0/22；172.16.16.0/24、172.16.17.0/24、172.16.18.0/24 和 172.16.19.0/24 可以汇总为 172.16.16.0/22。例如，在路由器 A 的 S0/0 接口进行人工汇总：

```
Router(config)#interface s0/0
Router(config-if)#ip summary-address rip 172.16.12.0 255.255.252.0
```

10.2　使用 IGRP 协议实现网络互联

这个子任务用单个 IGRP 进程域（Process Domain）来规划网络实现多分支机构网络互联，有关多个进程域之间的路由请参考 Cisco 公司相关资料。大家不妨思考一下多进程域怎么进行路由配置。

1. 了解 IGRP 路由协议

IGRP（Interior Gateway Routing Protocol）是 Cisco 公司于 20 世纪 80 年代中期设计的一

种动态距离向量路由协议。

IGRP 和 RIP 都是距离向量路由协议，但 IGRP 的度量值使用包括延迟、带宽、可靠性和负载的综合度量，而不像 RIP 协议仅使用跳数来度量；IGRP 支持的最大跳数为 255，默认值为 100，比 RIP 支持的 15 跳要多，因此适合的网络覆盖范围比 RIP 要大；IGRP 的路由刷新周期是 90 秒，是 RIP 的 3 倍，节约了网络带宽，但收敛时间没有 RIP 快。不像 RIP 使用 UDP 520 端口，IGRP 直接通过 IP 层进行 IGRP 信息交换，协议号为 9。

IGRP 也会出现慢收敛问题，解决的方法和 RIP 一样，采用水平分割、毒性逆转、触发更新、保持和限制跳数方法。

IGRP 支持进程域概念，将一个 IGRP 自治系统内的路由器分成多个进程，每个进程域内部交换路由信息，进程域之间的路由信息通过路由的重新分配（Redistribute）来实现。进程域示意图如图 10.3 所示，有关自治系统的概念将在下一个子任务中讲解。

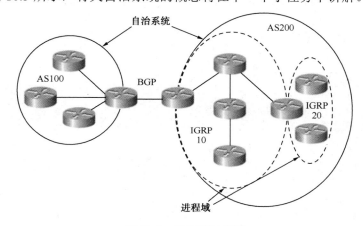

图 10.3　进程域示意图

IGRP 的路由更新包里，把路由条目分为 3 个类别，分别是：

① 内部路由（Interior Route）指被宣告的路由条目是本地化的。

② 系统路由（System Route）指被边界路由器汇总的路由。

③ 外部路由（Exterior Route）指来自外部自治系统的路由。

为了保证路由的有效性，IGRP 也采用了多个计时器。当一条路由初次被学习到以后，这条路由的 invalid timer 就设置为 270 秒，flush timer 设置为 630 秒，每次接收到该路由的更新以后，这些 timer 都会重新初始化。如果在 invalid timer 超出，仍然没接收到该路由的更新，那么该路由就标记为不可达。但是该路由仍然会保存在路由表中，并且以目标不可达的方式宣告出去，直到 flush timer 超出，该路由就被彻底从路由表中删除。

当一条路由标记为不可达的时候，或者下一跳的路由器增大了到达目标地址的 metric 并引起触发更新，那么该路由将进入 Holddown 状态。Holddown 计时器设置为 280 秒，这个期间，关于目标地址的任何新的信息都不会被接收，直到 Holddown 计时器超时，以防环路。可以使用"no metric holddown"命令来关闭这个 Holddown 特性。一般在一个无环路的网络拓扑里，Holddown 特性是没什么用的，关闭这一特性有助于加快收敛时间。

2. 了解 IGRP 路由配置与验证命令

在路由器上启用 IGRP 协议是在全局配置模式下使用如下命令：

```
router igrp autonomous-system
```

autonomous-system 是进程域的编号，并非实际意义上的自治系统，但运行 IGRP 的路由器要想交换路由更新信息，其 autonomous-system 需相同。

启用 IGRP 协议后需要在路由配置模式下通告本地直连网络，命令如下：

```
network network-number
```

配置好 IGRP 路由协议后，通常在特权模式下使用以下命令来检查配置是否正确：

```
Router#show ip route
Router#debug ip igrp
Router#debug ip igrp events
Router#debug ip igrp transations
```

3. 用 IGRP 协议实现多分支机构网络互联

对于一个总部与多个分部之间的局域网互联，可以在总部的路由器上采用多个广域网口与分支机构连接，如图 10.4 所示。

使用 IGRP 动态路由协议完成路由配置。

R1：

```
Router(config)#hostname R1
R1(config)#router igrp 10
R1(config-router)#network 192.168.1.0
R1(config-router)#network 222.16.205.0
```

R2：

```
Router(config)#hostname R2
R2(config)#router igrp 10
R2(config-router)#network 192.168.2.0
R2(config-router)#network 200.15.122.0
```

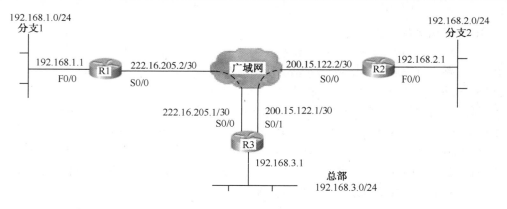

图 10.4　多分支机构局域网互联

R3：

```
Router(config)#hostname R3
R3(config)#router igrp 10
R3 (config-router)#network 222.16.205.0
R3 (config-router)#network 200.15.122.0
R3 (config-router)#network 192.168.3.0
```

以上只是给出了路由协议的配置，要使整个网络能够互联互通，还需要正确配置路由器的接口信息，以及计算机的地址、子网掩码和网关等信息。

10.3　使用 OSPF 协议实现网络互联

这个子任务完成 OSPF 单区域和多区域实现网络互联，当网络规模不大时可以使用单区域来规划网络，而当网络规模比较大时，可以使用多区域。在这个子任务中，介绍了 OSPF 的相关概念、基本配置、路由汇总，重点介绍了区域、邻接、指定路由器（DR）这些概念，详细介绍了末梢区域（Stub）和非完全末梢区域（NSSA）、链路状态广播（LSA）及分析和理解。

随着 Internet 技术在全球范围的飞速发展，OSPF（Open Shortest Path First）已成为目前 Internet 广域网和 Intranet 企业网采用最多、应用最广泛的路由协议之一。OSPF 路由协议是由 IETF（Internet Engineering Task Force）IGP 工作小组提出的，是一种基于 SPF 算法的路由协议，目前使用的 OSPF 协议是其第 2 版，定义于 RFC1247 和 RFC1583。

OSPF 也叫开放式最短路径优先协议，是基于开放标准的链路状态路由选择协议。OSPF 是内部网关路由协议（IGP）。IGP 用于在单一自治系统内决策路由，外部网关路由协议（EGP）用于在多个自治系统之间执行路由。

OSPF 路由协议是一种典型的链路状态（Link-state）路由协议，一般用于同一个路由域内。在这里，路由域是指一个自治系统 AS（Autonomous System），它是指一组通过统一的路由政策或路由协议互相交换路由信息的网络。在这个 AS 中，所有的 OSPF 路由器都维护一个相同的描述这个 AS 结构的数据库，该数据库中存放的是路由域中相应链路的状态信息，OSPF 路由器正是通过这个数据库计算出其 OSPF 路由表的。

作为一种链路状态路由协议，OSPF 将链路状态广播数据包 LSA（Link State Advertisement）传送给在某一区域内的所有路由器，这样所有路由器都掌握了路由域内的链路状况，每个路由器都有统一的链路状态数据库，路由器根据这个数据库计算网络拓扑结构。这一点与距离矢量路由协议不同。运行距离矢量路由协议的路由器是将部分或全部的路由表传递给与其相邻的路由器。

SPF 算法是 OSPF 路由协议的基础。SPF 算法有时也被称为 Dijkstra 算法，这是因为最短路径优先算法 SPF 是 Dijkstra 发明的。SPF 算法将每个路由器作为根（Root）来计算其到每个目的地路由器的距离，每个路由器根据一个统一的数据库会计算出路由域的拓扑结构图，该结构图类似于一棵树，在 SPF 算法中，被称为最短路径树。在 OSPF 路由协议中，最短路径树的树干长度，用 OSPF 路由器至每一个目的地路由器的开销（Cost）来衡量，其算法为：$Cost=100×10^6/$链路带宽。在这里，链路带宽用 bps 来表示。也就是说，OSPF 的 Cost 与链路的带宽成反比，带宽越高，Cost 越小，表示 OSPF 到目的地的距离越近。举例来说，2Mbps 串行链路的 Cost 为 48，10Mbps 以太网的 Cost 为 10。

1. 了解 OSPF 协议

当路由器初始化或当网络结构发生变化（如增减路由器、链路状态发生变化等）时，路由器会产生链路状态广播数据包 LSA，该数据包里包含路由器上所有相连链路的状态信息。

所有路由器会通过一种被称为刷新（Flooding）的方法来交换链路状态数据。Flooding 是指路由器将其 LSA 数据包传送给所有与其相邻的 OSPF 路由器，相邻路由器根据其接收到的链路状态信息更新自己的数据库，并将该链路状态信息转送给与其相邻的路由器，直至稳定的一个过程。

当网络重新稳定下来，也可以说 OSPF 路由协议收敛下来时，所有的路由器会根据其各自的链路状态信息数据库计算出各自的路由表。该路由表中包含路由器到每个可到达目的地的 Cost 以及到达该目的地所要转发的下一个路由器（Next-Hop）。

当网络状态比较稳定时，网络中传递的链路状态信息是比较少的，或者可以说，当网络稳定时，网络中是比较安静的。这也正是链路状态路由协议区别于距离矢量路由协议的一大特点。

（1）分析 OSPF 区域（Area）。

在 OSPF 路由协议的定义中，可以将一个路由域或者一个自治系统 AS 划分为几个区域，以减少每个路由器存储和维护的信息量。在 OSPF 中，由按照一定的 OSPF 路由法则组合在一起的一组网络或路由器的集合称为区域（Area）。一个区域用 32 位无符号数字来标识。区域 0 被保留，用来标识主干区域，其他所有区域必须直接连在区域 0 上。一个 OSPF 网络必须有一个主干区域，它是所有区域的核心。如果一个区域没有与主干区域形成直接的物理连接，就必须建立一个虚链接，由于虚链接的应用场合不多，这里不作讨论。OSPF 多区域解析如图 10.5 所示。

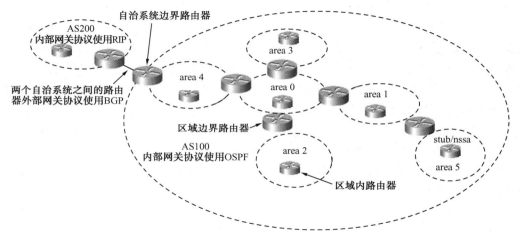

图 10.5　OSPF 多区域解析

在 OSPF 路由协议中，每个区域中的路由器都按照该区域中定义的链路状态算法来计算网络拓扑结构，这意味着每个区域都有着该区域独立的网络拓扑数据库及网络拓扑图。对于每个区域，其网络拓扑结构在区域外是不可见的，同样，在每个区域中的路由器对其域外的其余网络结构也不了解。这意味着 OSPF 路由域中的网络链路状态数据广播被区域的边界挡住了，这样有利于减少网络中链路状态数据包在全网范围内的广播，也是 OSPF 将其路由域或一个 AS 划分成很多个区域的重要原因。

区域概念的引入意味着在同一个 AS 内的所有路由器不再都有一个相同的链路状态数据库，而是路由器具有与其相连的每个区域的链路状态信息，即该区域的结构数据库。那些所有接口都在同一个区域中的路由器称为内部路由器（IR）；同一自治系统中连接多个区域的路由器称为区域边界路由器（ABR）；充当网关作用、从一个 AS 向另一个 AS 重分配路由信息的路由器称为自治系统边界路由器（ASBR）。一个区域边界路由器有自身相连的所有区域的网络结构数据，在同一个区域中的两个路由器有着对该区域相同的结构数据库。

可以根据 IP 数据包的目的地址及源地址将 OSPF 路由域中的路由分成两类：当目的地与源地址处于同一个区域中时，称为区域内路由；当目的地与源地址处于不同的区域甚至处于不同的 AS 时，称为域间路由。

（2）分析末梢区域（stub）和非完全末梢区域（NSSA）。

在 OSPF 的区域概念中，有两个特殊的区域：Stub 区域和 NSSA 区域，分别称为末梢区域和非完全末梢区域。有了这两个区域概念，可以为网络用户在设备采购时节约成本。

末梢区域不可以包含 ASBR，就是说，末梢区域不连接其他 AS，这个区域内的路由器不接收本自治系统外部路由信息，去往自治系统外部目的地的话就使用 ABR 作为默认网关，使用标记为 0.0.0.0 的默认路由。好处是可以减少区域内路由器的路由表条目。虽然末梢区域不接收自治系统外部路由信息，但还是接收其他区域内部路由信息。实际上，区域内的路由器以 ABR 作为默认网关后，其他区域的内部路由信息也是不需要的。这种不需要其他区域内部路由信息的末梢区域，成为完全末梢区域（Totally Stub）。

满足以下四个条件的区域可以认定为 Stub 区域或者 Totally Stub 区域：

①这个区域只有一个去往其他区域的出口；②这个区域里没有自治系统边界路由器（ASBR）；③不是一个虚链路的穿越区域；④不是骨干区域（area 0）。

在划分 OSPF 区域时，通常会基于设备的性能和地理位置来划分，核心网络设备一般划入骨干区域，而接入设备一般处于非骨干区域。如果不使用末梢区域，自治系统内的所有路由器都必须处理大量的 LSDB、存储大量的路由表。这对于核心网络设备而言，是没有问题的，因为核心网络设备处理能力强、内存容量大，可以存储大量的路由表；而对于接入设备而言，负担就比较重了，因为接入设备往往 CHU 的处理能力比较弱，内存容量比较小，存储路由表的能力有限。

将处于 OSPF 自治系统边界，而且不含其他路由协议的区域，配置成 OSPF Stub 区域的话，Stub 区域中的路由器会有一条到 ABR 的默认路由条目，无须外部的具体路由，减少了路由条目，而且，当在 ABR 上配置了完全末梢区域后，末梢区域的其他路由器只有一条到达 ABR 的默认路由，不会学习其他区域的路由条目，到外部以及其他区域的数据包都通过 ABR 转发，这样进一步减少了末梢区域的路由条目，提高了路由器的性能。

末梢区域和完全末梢区域，虽然达到了减少路由条目的目的，但是很多场合并不能够满足网络设计要求，因为它不能够有 ASBR。由于末梢区域不能直接连接外部网络，这就限制了末梢区域的使用。为了能够既利用末梢网络的优点，又能够有 ASBR，就引入了 NSSA 区域的概念。

NSSA 是 Not-So-Stubby Area，是在 RFC 1587 中描述的。OSPF 其他区域引入的外部路由不会进入 NSSA 区域，但 NSSA 区域自身引入的外部路由可以通告给其他区域，其他特性和 Stub 一样。这样，NSSA 区域就可以连接其他 AS，而且 NSSA 还具有 Stub 的优点。

（3）分析路由器之间的邻接（Adjacency）。

共享同一个网络的路由器被称为邻居，如以太网上的两个路由器。邻居路由器只有形成邻接关系，它们之间才能交换路由信息，并不是所有的邻居之间都建立邻接关系。

对于点对点连接的路由器来说，邻居路由器只有一对，它们之间形成邻接关系很正常。而在多路访问网络中，每个路由器只与指定路由器（DR）形成邻接关系，以减少路由通信量。DR 是选举产生的，还会选举出备份指定路由器（BDR），在 DR 失效时，由 BDR 接替。如果没有使用 DR，在一个多路访问网络中的每个路由器需要形成一个与其他路由器的邻接，这将要形成 N-1 个邻接。显然，点对点的连接，不需要选举 DR。

OSPF 路由器周期性地向 224.0.0.5 组播地址发送 Hello 包，用于发现邻居，进行指定路由器（DR）的选举，然后，所有路由器只与 DR 形成邻接关系。

邻接关系的形成要经过 OSPF 邻居路由器间一系列的数据交互过程，由开始到邻接关系形成要经过五种状态：初始化（Init）状态，通过 Hello 包发现邻居、开始选举 DR 等；交换开始（Exstart）状态，DR 确定，决定建立邻接关系，有了共同的数据库描述序数；交换（Exchange）状态，交换数据库描述包；载入（Loading）状态，同步数据库；完全邻接（Full）状态，路由器同步工作完成。

下面是从一台 OSPF 路由器上执行"show ip ospf neighbor"命令后的结果，可以看到 Router1 有两个邻居 192.168.1.1 和 192.168.3.1，并且和这两个邻居之间建立了完全邻接关系。Router1 是 192.168.1.0 网络中的 DR，是 192.168.3.0 网络中的 BDR。

```
Router1#show ip ospf neighbor

Neighbor ID      Pri   State            Dead Time    Address          Interface
  192.168.1.1     1    FULL/DR          00:00:32     192.168.1.1
FastEthernet0/0
  192.168.3.1     1    FULL/BDR         00:00:33     192.168.2.2
FastEthernet0/1
```

DR 根据路由器的优先级高低来选出，优先级最高的被选为 DR，次之被选为 BDR。网络中 DR 一旦选出，其他新加入的路由器就无法替代，不管优先级高低。若 DR 失效，则 BDR 代替，都失效就重新选举。

路由器的优先级是路由器的一个回送接口 IP 地址，如果没有回送设备，则优先级是路由器上最高位 IP 地址。

（4）分析 OSPF 路由。

OSPF 路由器周期性地产生与其相连的所有链路的状态信息，称为链路状态广播 LSA（Link State Advertisement）。当路由器相连接的链路状态发生改变时，路由器也会产生链路状态广播信息，所有这些广播数据是通过扩散（Flooding）的方式在某一个 OSPF 区域内进行的。Flooding 算法是一个非常可靠的计算过程，它保证在同一个 OSPF 区域内的所有路由器都具有一个相同的 OSPF 数据库。根据这个数据库，OSPF 路由器会将自身作为根，计算出一个最短路径树，然后，该路由器会根据最短路径树产生自己的 OSPF 路由表。

在单个 OSPF 区域中，OSPF 路由协议不会产生太多的路由信息。为了与其余区域中的 OSPF 路由器通信，该区域的边界路由器会产生一些其他的信息对域内广播，这些附加信息描绘了在同一个 AS 中的其他区域的路由信息。具体路由信息交换过程如下：

在 OSPF 的定义中，所有的区域都必须与区域 0 相连，因此每一个区域都必须有一个区域边界路由器与区域 0 相连，这一个区域边界路由器会将其相连接的区域内部结构数据通过汇总链路广播至区域 0，这样，与区域 0 相连的边界路由器就会有区域 0 及其他所有区域的链路状态信息，通过这些信息，这些边界路由器能够计算出至相应目的地的路由，并将这些路由信息广播至与其相连接的区域，以便让该区域内部的路由器找到与区域外部通信的最佳路由。

一个 OSPF 自治系统 AS 的边界路由器会将 AS 外部路由信息广播至整个 AS 中除了末梢

区域以外的所有区域。

2. 配置单区域 OSPF 路由实现网络互联

单区域 OSPF 路由实现网络互联视频

对于规模不是很大的网络，可以将网络内的路由器都归属于区域 0。对于只有一个分支机构的网络互联，如图 10.6 所示的两个局域网互联，就只需要一个区域。

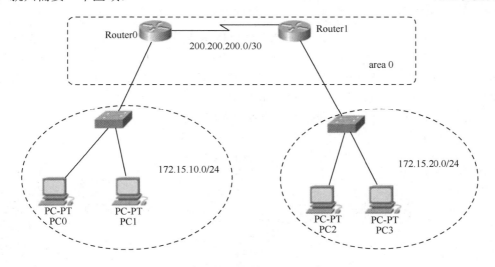

Router0　200.200.200.0/30　Router1

area 0

172.15.10.0/24

172.15.20.0/24

PC-PT PC0　PC-PT PC1　PC-PT PC2　PC-PT PC3

图 10.6　两个局域网通过 OSPF 协议互联

如果在两个路由器上使用 OSPF 路由协议，可以在 Router0 上按如下方式启动 OSPF 路由：

```
Router0(config)#router ospf 10
Router0(config-router)#network 200.200.200.1 0.0.0.3 area 0
Router0(config-router)#network 172.15.10.0 0.0.0.255 area 0
```

可以在 Router1 上按如下方式启动 OSPF 路由：

```
Router1(config)#router ospf 20
Router1(config-router)#network 200.200.200.2 0.0.0.3 area 0
Router1(config-router)#network 172.15.20.0 0.0.0.255 area 0
```

上面的 OSPF 协议启动过程说明了以下几点：

① Router0 上 OSPF 的进程号为 10，Router1 上 OSPF 的进程号为 20。同一区域内的不同路由器的 OSPF 进程号可以不同。

② 一个 OSPF 自治系统可以分为多个区域，但不能没有区域 0。

③ 需要指明路由器的哪些接口参与了 OSPF 路由。

④ 0.0.0.3 是通配符掩码。

通配符掩码是一个 32 位的二进制数，每 8 位二进制数用一个十进制数来表示，采用点分十进制法表示。通配符掩码和网络号成对出现，用于过滤出网络中具体的 IP 地址。过滤的规则是 IP 地址对应通配符掩码中二进制位为 0 的需检查，为 1 的位不需要检查。如表示 192.168.1.0 这个网络，使用通配符掩码 0.0.0.255；表示 200.200.200.4～200.200.200.7 这四个地址，可用网段 200.200.200.4/30，通配符掩码应为 0.0.0.3；而表示一个 IP 地址 200.200.200.4，可用通配符掩码 0.0.0.0。可用 255.255.255.255 表示所有 IP 地址。

下面来看路由器上启动 OSPF 路由协议的命令，分两步启用 OSPF 路由：第一步，在全局配置模式下启用 OSPF 进程；第二步，在路由配置模式下宣告参与区域内路由的路由器接口。

```
router ospf process-number
network network-number wildcard area area-id
```

process-number 是路由器本地的进程号，同一区域内的不同路由器的 OSPF 进程号可以不同。

network-number 是指参与 OSPF 路由的网络号。wildcard 是通配符掩码，用于指明网络中哪些接口参与 OSPF 路由。area-id 是指本地路由器接口属于哪个 OSPF 区域。

可以用"show ip route"命令来查看路由器上的路由表。如 Router1 上有三条路由：一条通过 200.200.200.1 去往网络 172.15.10.0 的 OSPF 路由，管理距离是 110，度量值是 65；另外两条直连路由可以去往网络 172.15.20.0 和 200.200.200.0。

```
Router1#show ip route
Codes: C - connected, S - static, I - IGRP, R - RIP, M - mobile, B - BGP
       D - EIGRP, EX - EIGRP external, O - OSPF, IA - OSPF inter area
       N1 - OSPF NSSA external type 1, N2 - OSPF NSSA external type 2
       E1 - OSPF external type 1, E2 - OSPF external type 2, E - EGP
       i - IS-IS, L1 - IS-IS level-1, L2 - IS-IS level-2, ia - IS-IS inter
area
       * - candidate default, U - per-user static route, o - ODR
       P - periodic downloaded static route
Gateway of last resort is not set

     172.15.0.0/24 is subnetted, 1 subnets
O       172.15.10.0 [110/65] via 200.200.200.1, 00:01:18, Serial0/0
     172.15.0.0/24 is subnetted, 1 subnets
C       172.15.20.0 is directly connected, FastEthernet0/0
     200.200.200.0/30 is subnetted, 1 subnets
C       200.200.200.0 is directly connected, Serial0/0
```

可以用"show ip ospf database"命令来查看链路状态汇总：

```
Router1#sh ip ospf database
        OSPF Router with ID (200.200.200.2) (Process ID 20)

            Router Link States (Area 0)

Link ID         ADV Router      Age      Seq#        Checksum Link count
200.200.200.2   200.200.200.2   725      0x80000002 0x000bf2 2
200.200.200.1   200.200.200.1   725      0x80000003 0x00e83f 3
```

由于是点对点连接的网络，不需要选举 DR，所以只看到了路由器链路状态汇总。其实，在多路访问网络中，链路状态汇总会有四种：路由器链路、网络链路、汇总链路和外部链路。

了解常用链路状态广播（LSA）类型对分析 OSPF 链路状态汇总有很大帮助，LSA 有以下几类。

Type 1（Router links Advertisements），每个 OSPF 区域内的路由器均会产生第一类 LSA，让路由器彼此认识对方的链路、接口等信息，这种类型的 LSA 只会在区域内扩散。而对于 ABR 来说，它将会为自己所属的每个区域产生一条 Type 1 的 LSA，分别描述自己所属的各个区域的链路情况。

Type 2（Network Links Advertisements），由 DR 产生，补充描述该网段（选举 DR/BDR 的网段）的拓扑信息，描述本网段所有路由器的链路状态，这种类型的 LSA 只在产生的区域内泛洪，在其始发的区域内传播。

Type 1 和 Type 2 这两类 LSA 用来描述区域内的路由信息。

Type 3（Summary Link Advertisements），用来描述区域间的路由信息，由 ABR 产生，将某个区域的汇总告知其他区域，这种类型的 LSA 将在 OSPF 网络中扩散，ABR 会将一个区域计算出的区域内路由产生 Type 3 的 LSA 通告到其他区域。

Type 4（AS Summary Link Advertisements），由 ASBR 所在区域的 ABR 产生，并且后续的 ABR 继续传播，其中只包含 ASBR 所在位置的信息。

Type 5（AS External Link Advertisements），由 ASBR 产生，用来通告自治系统外部的路由，在整个 OSPF 自治系统内泛洪。它将为自己引入的每一条外部路由分别产生一条 Type 5 的 LSA，所以管理员应尽量在 ASBR 上进行路由汇总。这种类型的 LSA 将在整个 OSPF 网络中传播，但不能传播到 Stub 区域。

在 OSPF 中，只要引入外部路由的路由器均称为 ASBR，但该路由器未必是真正的 AS 边界。

Type 7（NSSA AS external routes），由 NSSA 区域内的 ASBR 产生，描述到 AS 外部的路由，由 ASBR 发出的通告外部 AS 的 LSA，仅仅在该 NSSA 区域内泛洪，不能在整个自治系统内泛洪。NSSA 网络中的 ABR 会将 Type 7 的 LSA 转换为 Type 5 的 LSA 后通告给主干区域。这样其他区域的路由器就有了 NSSA 引入的外部路由，从而使得 NSSA 比 Stub 更有应用价值了。

表 10.1 列出了 OSPF 区域内所允许的 LSA 类型及路由器所能学习到的路由情况。

表 10.1　OSPF 区域内所允许的 LSA 类型及路由器所能学到的路由情况

OSPF 区域	路　由　学　习	允许的 LSA 类型
普通区域	能学习到其他区域的路由和外部路由	LSA-1、2、3、4、5
Stub 区域	能学习到其他区域的路由，但不能够学习到外部路由	LSA-1、2、3、4
Totally Stub 区域	不能学习到其他区域的路由和外部路由，以一条去往 ABR 的默认路由替代	LSA-1、2
NSSA 区域	能学习到其他区域的路由，不能够学习到其他区域连接的 AS 外部路由，但可以注入本区域连接的 AS 外部路由	LSA-1、2、3、4、7

3. 配置多区域 OSPF 路由实现网络互联

当网络规模比较大时，就需要划分多个区域。区域内的路由器配置和单区域配置一样，区域边界上的路由器一般连接两个或两个以上的区域，如图 10.7 所示的 Router1。

（1）area1 不是末梢区域。

area1 不是末梢区域时，配置和单区域配置类似，启动路由器的 OSPF 进程，通告参与 OSPF 路由的具体区域内的网络。

多区域 OSPF 路由实现网络互联视频

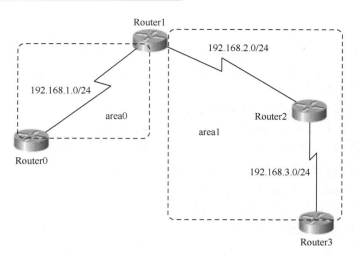

图 10.7　多区域 OSPF 网络

要注意路由器 Router1，它是区域边界路由器，连接着两个区域。连接着区域 0 的网络 192.168.1.0/24，同时还连接着区域 1 的网络 192.168.2.0/24。

下面是各路由器的 OSPF 路由配置：

```
Router0(config)#router ospf 10
Router0(config-router)#network 192.168.1.0 0.0.0.255 area 0

Router1(config)#router ospf 10
Router1(config-router)#network 192.168.1.0 0.0.0.255 area 0
Router1(config-router)#network 192.168.2.0 0.0.0.255 area 1

Router2(config)#router ospf 10
Router2(config-router)#network 192.168.2.0 0.0.0.255 area 1
Router2(config-router)#network 192.168.3.0 0.0.0.255 area 1

Router3(config)#router ospf 10
Router3(config-router)#network 192.168.3.0 0.0.0.255 area 1
```

如果还有更多的区域，区域边界路由器的配置类似于 Router1，就需要向多个连接区域通告连接状况；区域内的路由器只需向本区域通告连接状况。

（2）area1 是末梢区域。

如果 area1 是末梢区域，就可以配置成 NSSA 区域（因为 NSSA 比 Stub 更实用），那么这个区域内的路由器就没有必要知道外部区域的具体路由，不需要知道外界区域的拓扑情况，只需要一条通往区域边界路由器的默认路由。可以在 NSSA 区域内的路由器上按如下方式启动 OSPF 路由：

OSPF 末梢区域视频

```
Router2(config)#router ospf 10
Router2(config-router)#area 1 nssa
Router2(config-router)#network 192.168.2.0 0.0.0.255 area 1
Router2(config-router)#network 192.168.3.0 0.0.0.255 area 1

Router3(config)#router ospf 10
Router3(config-router)#area 1 nssa
Router3(config-router)#network 192.168.3.0 0.0.0.255 area 1
```

在 NSSA 区域内的边界路由器上按如下方式启动 OSPF 路由，可以看到 NSSA 区域内的路由器 Router2 和 Router3 上除了有区域内的路由外，还有一条从 ABR 上汇总来的其他区域的区域间路由，路由表前面有"IA"标志。

```
Router1(config)#router ospf 10
Router1(config-router)#area 1 nssa
Router1(config-router)#network 192.168.1.0 0.0.0.255 area 0
Router1(config-router)#network 192.168.2.0 0.0.0.255 area 1

Router2 的路由表：
O IA 192.168.1.0/24 [110/2] via 192.168.2.1, 00:00:11, FastEthernet0/1
C    192.168.2.0/24 is directly connected, FastEthernet0/1
C    192.168.3.0/24 is directly connected, FastEthernet0/0
Router3 的路由表：
O IA 192.168.1.0/24 [110/3] via 192.168.3.1, 00:00:41, FastEthernet0/0
O    192.168.2.0/24 [110/2] via 192.168.3.1, 00:13:18, FastEthernet0/0
C    192.168.3.0/24 is directly connected, FastEthernet0/0
```

为了进一步减少发送到 NSSA 区域中的链路状态发布（LSA）的数量，可以在 ABR 上配置 no-summary 属性，禁止 ABR 向 NSSA 区域内发送区域间链路广播（Type3 LSA）。配置该参数后，ABR 会将 Type3 类型的 LSA 也过滤掉，即 NSSA 区域中不会出现区域间路由，路由表进一步精简。

修改边界路由器 Router1 的路由配置，加 no-summary 属性，NSSA 区域内的路由器就不会再有具体的区域外部网络路由，去往区域外部采用一条默认路由。

```
Router1(config)#router ospf 10
Router1(config-router)#area 1 nssa no-summary
Router1(config-router)#network 192.168.1.0 0.0.0.255 area 0
Router1(config-router)#network 192.168.2.0 0.0.0.255 area 1

Router2 的路由表：
C    192.168.2.0/24 is directly connected, FastEthernet0/1
C    192.168.3.0/24 is directly connected, FastEthernet0/0
O*IA 0.0.0.0/0 [110/2] via 192.168.2.1, 00:01:37, FastEthernet0/1
Router3 的路由表：
O    192.168.2.0/24 [110/2] via 192.168.3.1, 00:01:02, FastEthernet0/0
C    192.168.3.0/24 is directly connected, FastEthernet0/0
O*IA 0.0.0.0/0 [110/3] via 192.168.3.1, 00:01:02, FastEthernet0/0
```

NSSA 的原理不复杂，配置也比较简单，相关命令只有一条，在路由配置模式下执行如下命令：

```
area area-id nssa [default-route-advertise] [no-import-route] [ no-summary ]
```

area-id 是需要配置成 NSSA 的区域的区域号。"[]"内的参数只有在该路由器是 ABR 时才会生效。

关键字 default-route-advertise 用来产生缺省的 Type7 LSA，应用了该参数后，在 ABR 上无论路由表中是否存在缺省路由 0.0.0.0，都会产生 Type7 LSA 缺省路由；而在 ASBR 上当路由表中存在缺省路由 0.0.0.0，才会产生 Type7 LSA 缺省路由。

关键字 no-import-route 用在 ASBR 上，使得 OSPF 通过"import-route"命令引入的路由不被通告到 NSSA 区域。如果 NSSA 的路由器既是 ASBR 也是 ABR，则一般选用该参数选项。

no-summary 属性，不汇总其他区域的路由，该参数推荐配置。

总之，如果路由器只是一台 NSSA 区域内的路由器，则只需配置 area area-id nssa 即可。

如果是 ABR，则根据实际需要，选择添加三个可选参数。

4．汇总 OSPF 路由

OSPF 路由汇总分两种情况：一种是自治系统边界路由器（ASBR）汇总外部路由到 OSPF；另一种是区域边界路由器（ABR）汇总一个区域路由到 area 0。这两种汇总路由都会被通告到骨干区域，骨干区域再通告到其他区域。

在 ASBR 上汇总路由到 OSPF 是在路由配置模式下采用以下命令：

```
summary-address network_address network_mask[tag tag_number]
```

从其他 OSPF 区域汇总到 area 0，在路由配置模式下使用以下命令：

```
area area_id range network_address network_mask
```

例如，两个自治系统 RIP 和 OSPF，通过 ASBR 路由器连接，如图 10.8 所示将 RIP 路由汇总到 OSPF。

```
Router(config)#router ospf 20
Router(config-router)#summary-address 192.168.0.0 255.255.252.0
```

要进行汇总，需要使用连续的地址空间，这样可以将多个网络汇总到一个更大的网络。对于 OSPF 区域来说，area 0 区域不能汇总，因为 OSPF 所有的汇总要经过 area 0 区域通告给其他区域。

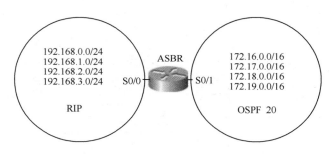

图 10.8　路由汇总示意图 1

10.4　使用 EIGRP 协议实现网络互联

本子任务旨在为学习 EIGRP 路由协议提供一个引子，简单介绍 EIGRP 单路由域实现多分支机构网络互联，介绍了 EIGRP 的基本概念、路由基本配置命令、自动汇总和手工汇总。其实，EIGRP 是一个支持大型网络互联的路由协议，更深层次的相关内容，请参考 Cisco 公司相关资料。

EIGRP 是增强型内部网关协议，是 Cisco 公司于 1994 年发布的距离向量路由协议。它既具有距离向量协议的特点，又具有传统链路状态协议的特点，还支持非等成本路由上的负载均衡。

EIGRP 协议启动后，通过路由器的每个接口发送 Hello 包来发现邻居，一旦发现一个邻居，路由器就会记录下所发现邻居的 IP 地址和接口，然后向这个邻居通告自己所知道的路由信息，邻居们也会做同样的事情。邻居信息被保存在 EIGRP 拓扑表中。每个邻居都有一个保持计时器，路由器通过定时发送 Hello 包来判断邻居的有效性。如果在保持计时器超时之前没有收到邻居的 Hello 包，则删除这个邻居，同时，所有通过这个邻居的路由都被取消。

根据拓扑表，采用散射更新算法（Dual）来计算每个目标的最低度量非环回路由，这个最低度量的路由的下一跳路由器被指定为后继；还会计算下一个最低度量的路由作为备份路由，备份路由的下一跳称为可行性后继。

一旦路由器失去了后继，就查找有没有可行性后继，如果有，可行性后继就升为后继，路由器进入被动状态；如果没有，路由器就进入主动状态。

当路由器处于主动状态时，就会询问所有邻居有没有去往目标网络的路由，如果邻居路由器的后继是询问路由器，那么这个邻居会向自己的其他所有邻居询问，通过邻居对询问过程的重复，来实现整个网络的查询。当收到所有邻居的应答后，重新计算路由。

运行 EIGRP 的路由器维护了邻居表、拓扑表和路由表，邻居表中保存了与路由器直接相连的邻居路由器的相关信息；拓扑表保存了组织内部所有的路由，包括最佳路由和备份路由；路由表中保存了最佳路由。

1. 了解 EIGRP 路由配置与验证命令

在路由器上启用 EIGRP 协议，在全局配置模式下使用如下命令：

router eigrp autonomous-system

autonomous-system 是进程域的编号，并非实际意义上的自治系统，但运行 EIGRP 的路由器要想交换路由更新信息，其 autonomous-system 需相同。

启用 EIGRP 协议后需要通告本地直连网络，在路由配置模式下使用如下命令：

network network-number wildcard

配置好 EIGRP 路由协议后，通常在特权模式下使用以下命令来检查配置是否正确：

```
Router#show ip route
Router#debug ip eigrp neighbors
Router#debug ip eigrp topology
Router#debug ip eigrp topology aa-links
```

2. 用 EIGRP 协议实现多分支机构网络互联

对于一个总部与多个分部之间的局域网互联，可以在总部的路由器上采用多个广域网口与分支机构连接，如图 10.9 所示。

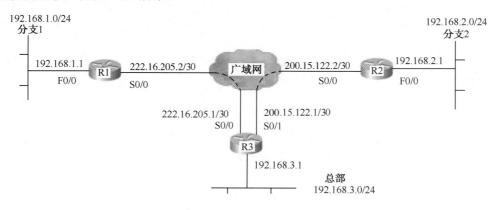

图 10.9　多分支机构网络互联

使用 EIGRP 动态路由协议来完成路由配置，有关路由器接口和计算机 IP 参数的相关配置这里不再赘述。

R1：

```
Router(config)#hostname R1
R1(config)#router Eigrp 10
R1(config-router)#network 192.168.1.0
R1(config-router)#network 222.16.205.0
```

R2：

```
Router(config)#hostname R2
R2(config)#router Eigrp 10
R2(config-router)#network 192.168.2.0
R2(config-router)#network 200.15.122.0
```

R3：

```
Router(config)#hostname R3
R3(config)#router Eigrp 10
R3 (config-router)#network 222.16.205.0
R3 (config-router)#network 200.15.122.0
R3 (config-router)#network 192.168.3.0
```

3. 汇总 EIGRP 路由

EIGRP 支持自动汇总和人工汇总，汇总的目的是减少 EIGRP 查询和路由表的数量。默认情况下，在重分配 EIGRP 路由到其他有类路由协议的边界时会自动汇总，且这个自动汇总功能不能关闭；路由器通告路由时会自动汇总，这个功能可以关闭。

可以在路由配置模式下关闭自动汇总：

```
no auto-summary
```

也可以在路由配置模式下开启自动汇总：

```
auto-summary
```

可以使用如下命令在某个接口上通告一个汇总地址：

```
ip summary-address eigrp autonomous-system summary-address address-mask
```

也可以在某个接口上通告一个默认路由：

```
ip summary-address eigrp autonomous-system 0.0.0.0 0.0.0.0
```

配置了通告默认路由后，其他的路由更新就没有了，只有默认路由更新。

例如，边界路由器连接自治系统 EIGRP 10 和 EIGRP 20，每个自治系统内有 4 个网络，如图 10.10 所示。

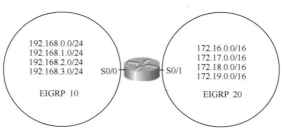

图 10.10　路由汇总示意图 2

这种网络号连续的多个网络，可以汇总为一个更大的网络，边界路由器接口 S0/0 和 S0/1 使用人工汇总：

```
Router(config)#no auto-summary
Router(config)#int s0/0
Router(config-if)#ip summary-address eigrp 10 172.16.0.0 255.252.0.0
Router(config-if)#int s0/1
Router(config-if)#ip summary-address eigrp 20 192.168.0.0 255.255.252.0
```

10.5　路由重分布实现不同自治系统之间的互联

前面介绍了静态路由和动态路由，大家自然而然地会想到使用不同路由的各个网络之间怎么实现互联，这就涉及路由的重新分布问题。路由重分布主要关心各种路由协议的度量（Metric）问题，由于不同路由协议采用不同的度量方法，当将某一种路由通告给另一种路由协议时，就要将这种路由协议的度量值转换成另一种路由协议的度量值，反之亦然。本子任务通过 EIGRP 和 RIP 之间的路由重分布来介绍如何将一种路由信息告诉另一种路由协议，重点讲解了 Metric 值的转换问题。

1.　了解路由重分布

当运行多个路由协议的网络要集成到一起时，必须在这些路由选择协议之间共享路由信息。在路由选择协议之间交换路由信息的过程称为路由重分布（Route Redistribution）。

路由重分布为在同一个互联网络中高效地支持多种路由协议提供了可能，执行路由重分布的路由器被称为自治系统边界路由器（ASBR），因为它们位于两个或多个自治系统的边界上。

路由重分布时，计量单位和管理距离是必须要考虑的。每一种路由协议都有自己的度量标准，所以在进行路由重分布时必须转换度量标准，使得它们之间能够兼容。从外部网络重新分布进来的路由的初始度量值称为种子度量值（Seed Metric），是在路由重分布里定义的。

路由重分布需要考虑以下问题：

● 路由环路。路由器有可能将从一个自治系统学到的路由信息发送回该自治系统，特别是在做双向重分布的时候，一定要注意。

● 次优路由。每一种路由协议的度量标准不同，所以路由器通过重分布所选择的路径可能并非最佳路径，出现次优路由问题。

路由环路和次优路由问题可以通过设置合适的度量值、设置访问控制列表等方法去解决，有关这方面的内容请参考相关资料。

2.　了解路由重分布配置指令

路由重分布是在边界路由器上配置的，在路由模式下执行相应的命令，主要是对不同路由协议的 Metric 度量方法进行兼容。其他路由重分布给 RIP 和 OSPF 时，度量值转换比较简单，只需要给被转换的路由指定一个 Metric 值；而其他路由重分布给 EIGRP 时，度量值转换比较复杂，需要给被转换路由指定用于 EIGRP 度量值计算的 Bandwidth、delay、reliability、load、MTU 值，这里不对这些参数进行研究，推荐一组设置值 1000、10、255、1、1500，这些值可以根据网络实际情况进行设置。

● 其他路由重分布到 RIP，在路由模式执行如下命令：

```
redistribute ospf process-id [metric value]
redistribute eigrp autonomous [metric value]
redistribute static [metric value]
redistribute connected [metric value]
```

process-id 为 OSPF 进程号，autonomous 为 EIGRP 自治系统号，value 为 RIP 的种子度量值，这个值必须设置，可设定范围 0～16，因为它的默认值为无限大，不设置外部路由将无法重分布。这个值的设定要注意，如果种子度量值设定得比较大，意味着外部的路由跳数多，再加上 RIP 网络的内部路由器到达这个边界路由器的跳数，可能造成目标不可达，因为 RIP 路由支持的最大跳数不能超过 16 跳。

可以在 RIP 路由配置模式下查看哪些路由可以重分布到 RIP。

```
Router(config-router)#router rip
Router(config-router)#redistribute ?
  connected  Connected
  eigrp      Enhanced Interior Gateway Routing Protocol (EIGRP)
  metric     Metric for redistributed routes
  ospf       Open Shortest Path First (OSPF)
  rip        Routing Information Protocol (RIP)
  static     Static routes
```

● 其他路由重分布到 OSPF，种子度量值默认为 20，可以根据具体情况设置。在 OSPF 路由配置模式下可以查看哪些路由可以重分布到 OSPF。

```
Router(config-router)#router ospf 10
Router(config-router)#redistribute ?
  bgp        Border Gateway Protocol (BGP)
  connected  Connected
  eigrp      Enhanced Interior Gateway Routing Protocol (EIGRP)
  metric     Metric for redistributed routes
  ospf       Open Shortest Path First (OSPF)
  rip        Routing Information Protocol (RIP)
  static       Static routesRedistribute eigrp autonomous [metric value]
[metric-type type]
```

● 其他路由重分布到 EIGRP，在路由模式执行如下命令：

```
redistribute ospf process-id [metric bandwidth delay reliability load MTU]
redistribute rip [metric bandwidth delay reliability load MTU]
redistribute static [metric bandwidth delay reliability load MTU]
redistribute connected [metric bandwidth delay reliability load MTU]
```

其中，bandwidth、delay、reliability、load、MTU 分别为源和目的地之间链路的最小带宽、源和目的地之间接口的累计延时、源和目的地之间的最低可靠性、源和目的地之间链路的最重负载和路径最大传输单元，这些值一定要设置，因为 EIGRP 种子度量值默认为无限大，不设置的话，路由不能被重分布到 EIGRP。

3．实现不同自治系统之间的互联

一个自治系统与另一自治系统互联时，可以在自治系统边界路由器上使用路由汇总（Summary）和路由重分布（Redistribute）技术来实现两个自治系统之间的路由。

下面以大型企业省市县三级架构为例，解决自治系统之间的路由问题。省和市之间运行 EIGRP 协议、市和县之间运行 RIP 协议，如图 10.11 所示。

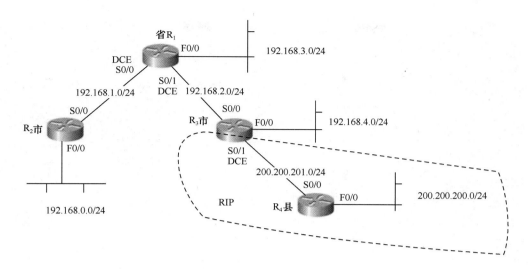

图 10.11　不同自治系统互联

R1：

```
R1(config)#interface f0/0
R1(config-if)#ip address 192.168.3.1 255.255.255.0
R1(config-if)#no shutdown
R1(config-if)#interface s0/0
R1(config-if)#ip address 192.168.1.1 255.255.255.0
R1(config-if)#clock rate 128000
R1(config-if)#no shutdown
R1(config-if)#interface s0/1
R1(config-if)#ip address 192.168.2.1 255.255.255.0
R1(config-if)#clock rate 128000
R1(config-if)#no shutdown
R1(config-if)#exit
R1(config)#router eigrp 10
R1(config-router)#network 192.168.1.0
R1(config-router)#network 192.168.2.0
R1(config-router)#network 192.168.3.0
```

R2：

```
R2(config)#interface f0/0
R2(config-if)#ip address 192.168.0.1 255.255.255.0
R2(config-if)#no shutdown
R2(config-if)#interface s0/0
R2(config-if)#ip address 192.168.1.2 255.255.255.0
R2(config-if)#no shutdown
R2(config-if)#exit
R2(config)#router eigrp 10
R2(config-router)#network 192.168.1.0
R2(config-router)#network 192.168.0.0
```

R3：

```
R3(config)#interface f0/0
R3(config-if)#ip address 192.168.4.1 255.255.255.0
R3(config-if)#no shutdown
R3(config-if)#interface s0/0
R3(config-if)#ip address 192.168.2.2 255.255.255.0
R3(config-if)#no shutdown
```

```
R3(config-if)#interface s0/1
R3(config-if)#ip address 200.200.201.1 255.255.255.0
R3(config-if)#clock rate 64000
R3(config-if)#no shutdown
R3(config-if)#exit
R3(config)#router eigrp 10
R3(config-router)#network 192.168.4.0
R3(config-router)#network 192.168.2.0
R3(config-router)#redistribute rip metric 1000 10 255 1 1500
!--将 RIP 度量转换为 EIGRP 的度量，这个 metric 值必须设置
R3(config-router)#router rip
R3(config-router)#network 200.200.201.0
R3(config-router)#redistribute eigrp 10 metric 5
                              !--将 EIGRP 度量转换为 RIP 的度量
```

R4:

```
R4(config)#interface f0/0
R4(config-if)#ip address 200.200.200.1 255.255.255.0
R4(config-if)#no shutdown
R4(config-if)#interface s0/0
R4(config-if)#ip address 200.200.201.2 255.255.255.0
R4(config-if)#no shutdown
R4(config-if)#exit
R4(config)#router rip
R4(config-router)#network 200.200.200.0
R4(config-router)#network 200.200.201.0
```

R3 是自治系统边界路由器（ASBR），在上面做了双向路由重分布，将 RIP 路由重分布到 EIGRP，将 EIGRP 路由重分布到 RIP。这样两个自治系统之间的路由就完成了。

下面是从 R2 上看到的路由表，2 条直连路由、3 条 EIGRP 路由和 2 条 EIGRP 外部路由。这两条外部路由是从 RIP 重分布来的，管理距离是 170，度量值是 3 609 600，如图 10.12 所示。

```
R2#show ip route
Codes: C - connected, S - static, I - IGRP, R - RIP, M - mobile, B - BGP
       D - EIGRP, EX - EIGRP external, O - OSPF, IA - OSPF inter area
       N1 - OSPF NSSA external type 1, N2 - OSPF NSSA external type 2
       E1 - OSPF external type 1, E2 - OSPF external type 2, E - EGP
       i - IS-IS, L1 - IS-IS level-1, L2 - IS-IS level-2, ia - IS-IS inter area
       * - candidate default, U - per-user static route, o - ODR
       P - periodic downloaded static route

Gateway of last resort is not set

C    192.168.0.0/24 is directly connected, FastEthernet0/0
C    192.168.1.0/24 is directly connected, Serial0/0
D    192.168.2.0/24 [90/2681856] via 192.168.1.1, 00:28:50, Serial0/0
D    192.168.3.0/24 [90/2172416] via 192.168.1.1, 00:31:39, Serial0/0
D    192.168.4.0/24 [90/2684416] via 192.168.1.1, 00:27:34, Serial0/0
D EX 200.200.200.0/24 [170/3609600] via 192.168.1.1, 00:14:25, Serial0/0
D EX 200.200.201.0/24 [170/3609600] via 192.168.1.1, 00:14:33, Serial0/0
```

图 10.12　路由器 R2 的路由表

如图 10.13 所示是 R2 上看到的 EIGRP 拓扑表，从拓扑表中可以看到 R2 已经通过路由重分布知道了整个网络的拓扑。

```
R2#show ip eigrp topology
IP-EIGRP Topology Table for AS 10

Codes: P - Passive, A - Active, U - Update, Q - Query, R - Reply,
       r - Reply status

P 192.168.0.0/24, 1 successors, FD is 28160
        via Connected, FastEthernet0/0
P 192.168.1.0/24, 1 successors, FD is 2169856
        via Connected, Serial0/0
P 192.168.3.0/24, 1 successors, FD is 2172416
        via 192.168.1.1 (2172416/28160), Serial0/0
P 192.168.2.0/24, 1 successors, FD is 2681856
        via 192.168.1.1 (2681856/2169856), Serial0/0
P 192.168.4.0/24, 1 successors, FD is 2684416
        via 192.168.1.1 (2684416/2172416), Serial0/0
P 200.200.201.0/24, 1 successors, FD is 3609600
        via 192.168.1.1 (3609600/3097600), Serial0/0
P 200.200.200.0/24, 1 successors, FD is 3609600
        via 192.168.1.1 (3609600/3097600), Serial0/0
```

图 10.13　路由器 R2 上看到的 EIGRP 拓扑表

如图 10.14 所示是 R4 的路由表，可以看到除了 2 条直连路由外，还有 5 条从外部重分布进来的 RIP 路由，它们的管理距离是 120，度量值是 5（这个值是在进行路由重分布时设置的）。

```
R4#sh ip route
Codes: C - connected, S - static, I - IGRP, R - RIP, M - mobile, B - BGP
       D - EIGRP, EX - EIGRP external, O - OSPF, IA - OSPF inter area
       N1 - OSPF NSSA external type 1, N2 - OSPF NSSA external type 2
       E1 - OSPF external type 1, E2 - OSPF external type 2, E - EGP
       i - IS-IS, L1 - IS-IS level-1, L2 - IS-IS level-2, ia - IS-IS inter area
       * - candidate default, U - per-user static route, o - ODR
       P - periodic downloaded static route

Gateway of last resort is not set

R    192.168.0.0/24 [120/5] via 200.200.201.1, 00:00:22, Serial0/0
R    192.168.1.0/24 [120/5] via 200.200.201.1, 00:00:22, Serial0/0
R    192.168.2.0/24 [120/5] via 200.200.201.1, 00:00:22, Serial0/0
R    192.168.3.0/24 [120/5] via 200.200.201.1, 00:00:22, Serial0/0
R    192.168.4.0/24 [120/5] via 200.200.201.1, 00:00:22, Serial0/0
C    200.200.200.0/24 is directly connected, FastEthernet0/0
C    200.200.201.0/24 is directly connected, Serial0/0
```

图 10.14　路由器 R4 的路由表

其他路由器上也像 R2 和 R4 一样，有去往所有网络的路由，这样，整个网络就可以互联互通了。

和 RIP、EIGRP 路由重分布一样，其他的动态路由之间也可以进行路由重分布，静态路由和直连路由也可以在自治系统边界路由器上重分布给各个动态路由协议。有了路由重分布，就可以实现各种路由网络之间的互联互通。

10.6　路由热备份实现双出口接入 Internet

这个子任务主要介绍路由器的热备份，介绍 Cisco 公司专有的热备份路由协议（Hot Standby Router Protocal，HSRP）的工作原理和配置方法，重点介绍企业网络双出口接了 Internet 时路由器之间的热备份，保证用户不会因为某个出口出现故障而无法访问 Internet。

　　随着人们对网络依赖性的增强，网络的可靠性就显得尤为重要，基于设备的备份是网络提高可靠性的重要手段之一。路由器是整个网络的核心，如果路由器、核心交换机发生致命性的故障，将导致网络的瘫痪。因此，对路由器采用热备份是提高网络健壮性（Robust）的最佳选择。对于 IP 网络而言，Cisco 公司的热备份路由协议（Hot Standby Router Protocal，HSRP）可以实现在一个路由器不能正常工作的情况下，它的全部功能可以被系统中的另一个备份路由器完全接管。HSRP 协议允许一台或多台配置 HSRP 协议的路由器使用同一个虚拟路由器的 IP 地址和 MAC 地址。

1．了解 HSRP 工作原理

　　HSRP 协议根据一个优先级方案决定用哪个路由器来作为活动路由器，如果一个路由器的优先级比其他路由器的优先级高，那么这个路由器就成为活动路由器。路由器的默认优先级为 100，如果优先级相同，IP 地址值大的路由器成为活动路由器。

　　实现 HSRP 的条件是网络中有多台路由器，它们组成一个"热备份组"，这个组形成一个虚拟路由器。在任一时刻，一个组内只有一个路由器是活动的，并由它来转发数据包。如果活动路由器发生了故障，将选择一个等待路由器来替代活动路由器。但是在本网络内的主机看来，虚拟路由器没有改变，所以主机仍然保持连接，没有受到故障的影响，这就较好地解决了路由器切换的问题。

　　配置了 HSRP 协议的路由器默认情况下每 3 秒广播一次 Hello 消息，广播 HSRP 优先级和状态信息。

　　配置了 HSRP 协议的路由器任意时刻处于下列状态之一。

- 初始状态：HSRP 启动时的状态，HSRP 还没有运行，一般是在改变配置或端口刚刚启动时进入该状态。
- 学习状态：在该状态下，路由器还没有决定虚拟 IP 地址，也没有看到认证的、来自活动路由器的 Hello 报文。路由器仍在等待活动路由器发来的 Hello 报文。
- 监听状态：路由器已经得到了虚拟 IP 地址，但是它既不是活动路由器也不是等待路由器。它一直监听从活动路由器和等待路由器发来的 Hello 报文。
- 说话状态：在该状态下，路由器定期发送 Hello 报文，并且积极参加活动路由器或等待路由器的竞选。
- 等待状态：处于该状态的路由器是下一个候选的活动路由器，它定时发送 Hello 报文。
- 活动状态：处于活动状态的路由器承担转发数据包的任务，这些数据包是发给该组的虚拟 MAC 地址的。它定时发出 Hello 报文。

2．用 HSRP 实现路由热备份

　　热备份路由实现步骤如下：

- 在接口上启动 HSRP，指定热等待组，设置虚拟路由器 IP 地址。

```
standby group ip address
```

group 为热等待组的组号，address 为虚拟路由器的 IP 地址。

- 设置可能成为活动路由器。此项设置为可选项，只有设置了此项，当路由器的优先级最高时，才可以成为活动路由器。

```
standby group preempt
```

- 设置路由器优先级。可选项，优先级最高的会成为活动路由器。

> **standby** group **priority** value

value 为优先级值，默认值为 100。

● 设置认证密码。可选项，创建一个 8 字符的认证字符串，包含在 HSRP 的多点广播消息中。同一热备份组的认证密码要相同。

> **standby** group **authentication** password

password 为设置的认证密码。

● 指定 Hello 间隔时间，以及等待多长保持时间宣布活动路由器出现故障。

> **standby** group **timers** time1 time2

time1 为 Hello 间隔时间，默认为 3 秒；time2 为等待多长保持时间宣布活动路由器出现故障，默认为 10 秒。如果改变时间设置，则组内各路由器要一致。

● 接口监控，更好地扩充备份功能，不仅在路由器出现故障时提供备份功能，当某个接口不可用时，也可以使用备份功能。

> **standby** group **track** interface [priority-reduced]

命令的作用是监控某个接口（Interface），如果该接口变为不可用，则路由器的优先级减少（priority-reduced），priority-reduced 的默认值为 10。

如图 10.15 所示的双出口接入 Internet 网络，192.168.0.0/24 局域网中的用户通过两个出口访问互联网，可以走 RouterA 或 RouterB，主要看用户计算机的网关设置为这两个路由器中哪一个的局域网口地址，如果网关指向 RouterA，当 RouterA 出现故障时，则这些计算机将无法访问互联网。

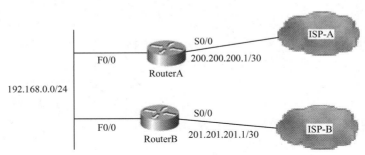

图 10.15　双出口外联网络

下面在 RouterA 和 RouterB 上配置 HSRP 协议，实现路由热备份，形成虚拟路由器，以虚拟路由器的地址作为 192.168.0.0/24 局域网内计算机的网关，这个地址需要是该网段内的一个地址。这样，不管哪一台路由器出现故障，另一台都会完全接替它的工作，保证用户访问不受影响。

虚拟路由器物理上并不存在，只是一个备份其他路由器的公共路由器对象。

RouterA 上的配置：

```
Router(config)#hostname RouterA
RouterA(config)#interface f0/0
RouterA(config-if)#ip address 192.168.0.2 255.255.255.0
RouterA(config-if)#standby 1 ip 192.168.0.1      !--指定备份组 1 的虚拟 IP 地址
RouterA(config-if)#stangby 1 preempt             !--设置这台路由器有可能成为活动
!--路由器
```

```
RouterA(config-if)#stangby 1 authentication test  !--设置备份组内认证密钥
RouterA(config-if)#stangby 1 timers 5 20
RouterA(config-if)#stangby 1 track s0/0              !--s0/0 接口如果出现故障,
! --优先级减 10
RouterA(config-if)#no shutdown
RouterA(config-if)#interface s0/0
RouterA(config-if)#ip address 200.200.200.1 255.255.255.252
RouterA(config-if)#clock rate 128000
RouterA(config-if)#no shutdown
RouterA(config-if)#exit
RouterA(config)#ip route 0.0.0.0 0.0.0.0 s0/0
```

RouterB 上的配置：

```
Router(config)#hostname RouterB
RouterB(config)#interface f0/0
RouterB(config-if)#ip address 192.168.0.3 255.255.255.0
RouterB(config-if)#stangby 1 ip 192.168.0.1
RouterB(config-if)#stangby 1 preempt
RouterB(config-if)#stangby 1 priority 150        !--抢占优先级为150,不设置默认
! --为 100
RouterB(config-if)#stangby 1 authentication test
RouterB(config-if)#stangby 1 track s0/0 60      !--s0/0 接口如果出现故障,优先级
! --减 60
RouterB(config-if)#stangby 1 timers 5 20
RouterB(config-if)#no shutdown
RouterB(config-if)#interface s0/0
RouterB(config-if)#ip address 201.201.201.1 255.255.255.252
RouterB(config-if)#clock rate 128000
RouterB(config-if)#no shutdown
RouterB(config-if)#exit
RouterB(config)#ip route 0.0.0.0 0.0.0.0 s0/0
```

完成以上配置后，只要将网络 192.168.0.0/24 中的主机的网关指向虚拟路由器的 IP 地址 192.168.0.1，就能实现 RouterA 和 RouterB 的热备份。平时 RouterB 为活动路由器，因为它的抢占优先级高。当 RouterB 出现故障时，RouterA 完全接替它的工作，使得用户不受影响；当 RouterB 恢复正常时，将重新成为活动路由器。另外，每个路由器还在监控连接到 ISP 的接口，以防活动路由器连接 ISP 的接口不正常导致通信故障。一旦监控到接口故障，就自动降低优先级，重新进行活动路由器的选举。

可以通过在特权状态下执行"show standby"命令来查看路由热备份的状态。

10.7 利用 DHCP 自动获取地址

相对于人工分配 IP 地址，动态地址分配可以满足网络不断变化的需求。DHCP（动态主机配置协议）服务器就是为局域网中的每台计算机自动分配 IP 地址、子网掩码、网关以及 DNS 服务器等相关 TCP/IP 参数的服务器。Cisco 的路由器和三层交换机可以作为 DHCP 服务器。

DHCP 以客户机/服务器模式运行，服务器集中管理 IP 配置信息，客户机主动向服务器提出请求。

1. 客户机和服务器在同一个广播域

对于 DHCP 服务器和客户机在同一个广播域的情况，客户机以广播的形式询问 DHCP 服

务器，服务器向客户机提供一个地址，由于这个广播域内可能有多个 DHCP 服务器都向客户机提供了地址，所以客户机需要确认用哪个地址，然后被选中的服务器再进行确认。地址请求过程如图 10.16 所示。

发送DHCP discover报文，谁能给我分配IP地址？

回复DHCP offer报文，我能给你分配IP地址192.168.1.1/24

发送DHCP request报文，好，我就用你分配192.168.1.1/24

发送DHCP ACK报文，好，我确认！

图 10.16　地址请求过程

在同一个广播域，服务器配置比较简单，需要开启 DHCP 服务、定义一个地址池，排除固定分配的地址。

以图 10.16 为例，路由器作为 DHCP 服务器，路由器的局域网接口 F0/0 连接客户机所在的局域网，给客户机分配 C 类网络地址 192.168.1.0/24，而 192.168.1.254 作为客户机的网关地址，那么这个 192.168.1.254 就要从地址池中排除，因为这个地址需要固定分配给作为 DHCP 服务器的路由器的 F0/0 接口。

下面给出 DHCP 服务器的配置：

第一步，开启 DHCP 服务。

```
Service dhcp
```

第二步，排除固定分配的地址。

```
ip dhcp excluded-address 192.168.1.254
```

第三步，定义地址池。进入地址池后，既可以定义网络和子网掩码，用于指定一个用于分配的地址范围，也可以指定 DNS 服务器和网关，还可以指定地址租期等。

```
ip dhcp pool test
  network 192.168.1.0 255.255.255.0
  default-router 192.168.1.254
  dns-server 202.102.3.121
```

第四步，设置客户机 TCP/IP 参数为自动获取 IP 地址和 DNS 地址，然后通过在命令行执行"ipconfig /renew"命令获取地址，就会发现客户机已经从地址池中获取到了 IP 地址、子网掩码、网关和 DNS 地址。

2. 客户机和服务器不在同一个广播域

对于 DHCP 服务器和客户机不在同一个广播域的情况，客户机以广播的形式询问 DHCP 服务器，这个请求数据包到不了服务器，就需要进行 DHCP 中继。当地址请求广播到了中继器后，由中继器代理客户机以单播的形式向服务器发送地址请求，服务器以单播的形式给中继器分配一个地址，然后中继器再以广播的形式在客户机所在域内以广播的形式发送从服务器来的地址，从而使客户机获取到地址。地址获取中继过程如图 10.17 所示。

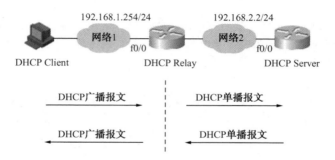

图 10.17　地址获取中继过程

　　客户机和服务器不在同一个广播域时，需要为作为中继器的路由器连接客户机网段的接口 F0/0 做相应的配置，指明中继到 DHCP 服务器 192.168.2.2。

　　下面是中继器的相关配置：

```
Service dhcp
Int f/0
  Ip add 192.168.1.254 255.255.255.0
  ip helper-address 192.168.2.2
  no sh
```

服务器的相关配置如下：

```
Service dhcp
ip dhcp excluded-address 192.168.1.254
ip dhcp pool test
  network 192.168.1.0 255.255.255.0
  default-router 192.168.1.254
  dns-server 202.102.3.121
```

　　这样，客户机就可以获取到地址了。需要注意的是，地址池中的地址必须和中继路由器的 F0/0 接口地址在同一网段。另外，全网路由必须配置。初学者经常忘记配置作为 DHCP 路由器到网段 192.168.1.0/24 的路由。

10.8　RIP 路由配置实训

一、实训名称

RIP 路由配置。

二、实训目的

（1）了解距离向量协议。

（2）了解静态路由与动态路由的区别。

（3）掌握 RIP 协议的基本特点和配置方法。

（4）了解 RIPv1 和 RIPv2 的区别。

三、实训内容

　　某公司有一个远程分支机构，分支机构的局域网需要与公司总部的局域网实现互联。总部和分支机构之间拟租用电信的 64Kbps 带宽的 DDN 线路。要求构建实训环境，模拟实现两个局域网使用 RIP 路由方式实现互联。要求首先使用默认路由实现两个局域网之间的通信，然后删除默认路由，再使用 RIP 路由实现两个局域网之间的通信。

四、实训环境

如图 10.18 所示是模拟公司总部和分支机构局域网互联的网络拓扑图，每个局域网由 1 台交换机和 2 台计算机组成，路由器之间通过串口进行背对背连接。

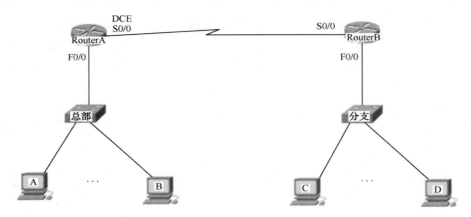

图 10.18 公司总部和分支机构局域网互联网络拓扑图

五、实训要求分析和设备准备

模拟两个局域网互联环境，需要准备 2 台交换机、2 台路由器和 4 台计算机、6 根直通线、1 根 DCE 电缆和 1 根 DTE 电缆，以及至少 1 根 Console 线。

需要为网络分配 IP 地址，这里为总部局域网分配地址为 178.8.15.0/24，为分支局域网分配地址为 202.7.20.0/24，还要为两个串口连接分配另一网段地址，这里分配为 195.16.13.4/30。

两台路由器分配的基本参数如表 10.2 所示。

表 10.2 两台路由器分配的基本参数

路 由 器 名	F0/0	S0/0
RouterA	178.8.15.1 / 24	195.16.13.5 / 30
RouterB	202.7.20.1 / 24	195.16.13.6 / 30

六、实训步骤

（1）根据实验环境进行设备物理连接，连接正常后启动所有设备。做好配置路由器的准备工作。

（2）清除两台路由器的启动配置，重新热启动路由器。也就是在特权模式下输入 "erase startup-config" 命令，再输入 "reload" 命令重启路由器。

（3）分别进行路由器 A 和 B 的主机名、特权密码、VTY 密码以及以太网口和串口 IP 地址配置，注意作为 DCE 端的路由器其串口必须进行时钟配置，配置完成后激活这些端口。

（4）配置两台路由器上的默认路由。

```
RouterA(config)#ip route 0.0.0.0 0.0.0.0 195.16.13.6
RouterB(config)#ip route 0.0.0.0 0.0.0.0 195.16.13.5
```

（5）查看路由表，了解默认路由。

```
RouterA#sh ip route
RouterB#sh ip route
```

静态默认路由的管理距离为_____。

（6）在网络 178.8.15.0 和网络 202.7.20.0 上都对计算机进行 IP 参数配置，用 ping 命令检查彼此之间的连通性，应该能够在两个局域网之间通信。

计算机 A 的 IP 地址为_____，默认网关地址为_____。

计算机 C 的 IP 地址为_____，默认网关地址为_____。

（7）删除默认路由。

```
RouterA(config)#no ip route 0.0.0.0 0.0.0.0 195.16.13.6
RouterB(config)#no ip route 0.0.0.0 0.0.0.0 195.16.13.5
```

（8）查看路由表，在看不到默认路由之后，验证局域网之间的连通性。

计算机 A 和 B 还能够通信吗？_____。

以上进行的是默认路由练习，下面部分是 RIP 路由练习。

（9）配置 RIP 协议。

路由器 A 上实施的操作步骤：

```
RouterA(config)#router rip
RouterA(config-router)#network 178.8.15.0
RouterA(config-router)#network 195.16.13.0
RouterA(config-router)#end
RouterA#
```

路由器 B 上实施的操作步骤：

```
RouterB(config)#router rip
RouterB(config-router)#network 195.16.13.0
RouterB(config-router)#network 202.7.20.0
RouterB(config-router)#end
RouterB#
```

（10）查看路由表，检查有没有去往远程局域网的 RIP 路由表。

测试主机连通性：验证局域网之间的连通性，若能相互通信，则表明 RIP 协议设置正确。

以上完成了 RIP 协议实现局域网互联。下面比较 RIPv1 和 RIPv2 的区别。

（11）将分支机构的网络号改为 178.8.16.0/24，涉及更改 RouterB 的局域网口 F0/0 的 IP 地址和计算机 C 和 D 的 IP 参数。

RouterB 的局域网口 F0/0 的 IP 地址改为_____。

计算机 C 的 IP 地址改为_____，默认网关改为_____。

（12）由于 RouterB 的直连网络发生了改变，所以需要重新配置 RouterB 的 RIP 路由。

```
RouterB(config)#router rip
RouterB(config-router)#network 195.16.13.0
RouterB(config-router)#network 178.8.16.0
RouterB(config-router)#end
RouterB#
```

（13）清除路由器 RouterA 和 RouterB 的动态路由表。

```
RouterA#clear ip route *
RouterB#clear ip route *
```

（14）清除动态路由表后，RIP 协议会重新计算路由，产生新的路由表。

（15）再次查看路由表时，会发现没有到达远程局域网的路由，当然，两个局域网之间就不能通信了。这是因为在默认情况下，启动的 RIP 协议是 RIPv1，而 RIPv1 是有类路由协议，路由信息中不包含子网掩码，它会认为 178.8.15.0 和 178.8.16.0 是同一个 B 类网络 178.8.0.0。

（16）将路由协议改成 RIPv2，两个局域网之间就可以通信了。

```
RouterA(config)#router rip
RouterA(config-router)#version 2
RouterA(config-router)#no auto-summary
RouterB(config)#router rip
RouterB(config-router)# version 2
RouterB(config-router)# no auto-summary
```

（17）分别在两台路由器上查看路由表，分析两个局域网之间能通信的原因。
为什么现在两个局域网之间可以通信了？

10.9　OSPF 路由配置实训

一、实训名称

OSPF 路由协议实现局域网互联。

二、实训目的

（1）了解链路状态路由协议与距离矢量路由协议的异同。
（2）了解无类路由协议的基本特点。
（3）掌握单域 OSPF 协议的配置方法。

三、实训内容

某企业有两个子网：173.10.18.0/24 和 173.10.19.0/24。这两个子网通过一台 Cisco 路由器的两个局域网口连接。另外，该企业在外地还有一个分支机构，分支机构的子网为 173.10.20.0/24。现在分支机构网络需要通过 OSPF 动态路由协议与总部的局域网互联。

四、实训环境

在总部的交换机上划分两个 VLAN：VLAN 10 和 VLAN 20。这两个 VLAN 分别模拟总部的两个子网，分支机构单独用一台交换机来模拟局域网，如图 10.19 所示。

五、实训要求分析和设备准备

在总部选择具有一个快速以太网端口和一个串口的 Cisco 路由器，快速以太网端口划分子端口可以满足总部连接两个局域网的要求；同样，分支机构选用一台具有一个快速以太网端口和一个串口的 Cisco 路由器。准备 2 台交换机、1 条 DCE 电缆和 1 条 DTE 电缆，至少 1 根 Console 线，再准备 3 台计算机和 5 根直通线。

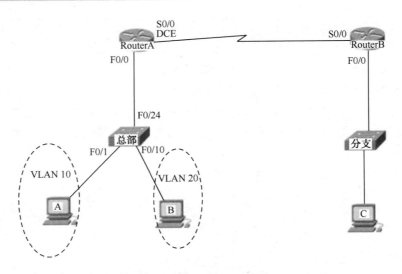

图 10.19　OSPF 路由协议实现局域网互联

需要在总部交换机上使 Trunk 链路与路由器连接。为各个子网分配 IP 地址：VLAN 10 为 173.10.18.0/24，VLAN 20 为 173.10.19.0/24，分支机构局域网地址为 173.10.20.0/24，两台路由器基本参数如表 10.3 所示。

表 10.3　两台路由器基本参数

路 由 器 名	F0 / 0	S0 / 0	特权及 VTY 密码
RouterA	F0/1.10 子接口 173.10.18.1 / 24	195.16.13.1 / 30	cisco
—	F0/1.20 子接口 173.10.19.1 / 24	—	—
RouterB	173.10.20.1 / 24	195.16.13.2 / 30	cisco

六、实训步骤

（1）根据实训环境准备线缆，并测试线缆的连同性。

（2）进行设备物理连接。

（3）清除交换机和路由器所有配置，重启设备。

（4）在总部交换机上基于端口划分 VLAN 10 和 VLAN 20，将计算机 A 连接的交换机端口作为 VLAN 10 的成员，将计算机 B 连接的交换机端口作为 VLAN 20 的成员。

查看总部交换机 VLAN 配置情况是否正确。

（5）总部交换机配置 Trunk 端口参数，Trunk 默认封装 802.1q 协议。

```
Switch(config)#interface f0/24
Switch(config-if)#duplex full
Switch(config-if)#speed 100
Switch(config-if)#switchport mode trunk
```

Cisco 2950、2960 交换机默认在 Trunk 口封装 802.1q 协议，所以，如果采用的交换机不是默认的封装 802.1q 协议，则还需要配置 VLAN 封装协议，交换机端和路由器端要采用一致的封装。

（6）配置路由器。

① 路由器 A 上的参考配置。

局域网口配置：

```
RouterA(config)#interface f0/0
RouterA(config-if)#duplex full
RouterA(config-if)#speed 100
RouterA(config-if)#no shutdown
RouterA(config-if)#interface f0/0.10
RouterA(config-subif)#ip address 173.10.18.1 255.255.255.0
RouterA(config-subif)#encapsulation dot1q 10
RouterA(config- subif)#no shutdown
RouterA(config- subif)#interface f0/0.20
RouterA(config-subif)#ip address 173.10.19.1 255.255.255.0
RouterA(config-subif)#encapsulation dot1q 20
RouterA(config- subif)#no shutdown
RouterA(config- subif)#exit
```

广域网口配置：

```
RouterA(config)#interface s0/0
RouterA(config-if)#ip address 195.16.13.1 255.255.255.252
RouterA(config-if)#clock rate 64000
RouterA(config-if)#no shutdown
RouterA(config-if)#exit
```

OSPF 路由配置：

```
RouterA(config)#router ospf 1
RouterA(config-router)#network 173.10.18. 0 0.0.0.255 area 0
RouterA(config-router)#network 173.10.19.0 0.0.0.255 area 0
RouterA(config-router)#network 195.16.13.0 0.0.0.3 area 0
RouterA(config-router)#end
RouterA#
```

② 路由器 B 上的参考配置：

```
RouterB(config)#interface f0/0
RouterB(config-if)#ip address 173.10.20.1 255.255.255.0
RouterB(config-if)#no shutdown
RouterB(config-if)#exit
RouterB(config)#interface s0/0
RouterB(config-if)#ip address 195.16.13.2 255.255.255.252
RouterB(config-if)#no shutdown
RouterB(config-if)#exit
RouterB(config)#router ospf 1
RouterB(config-router)#network 173.10.20.0 0.0.0.255 area 0
RouterB(config-router)#network 195.16.13.0 0.0.0.3 area 0
RouterB(config-router)#end
RouterB#
```

（7）在两台路由器上查看路由表，如图 10.20 和图 10.21 所示。

可以看到路由器的路由表中已经有了去往各个网络的路由。由于 OSPF 路由协议是无类路由协议，能够在路由信息更新中包含子网掩码，所以子网 173.10.18.0/24、173.10.19.0/24 和 173.10.20.0/24 被区分开来。

```
RouterA#sh ip route
Codes: C - connected, S - static, I - IGRP, R - RIP, M - mobile, B - BGP
       D - EIGRP, EX - EIGRP external, O - OSPF, IA - OSPF inter area
       N1 - OSPF NSSA external type 1, N2 - OSPF NSSA external type 2
       E1 - OSPF external type 1, E2 - OSPF external type 2, E - EGP
       i - IS-IS, L1 - IS-IS level-1, L2 - IS-IS level-2, ia - IS-IS inter area
       * - candidate default, U - per-user static route, o - ODR
       P - periodic downloaded static route

Gateway of last resort is not set

     173.10.0.0/24 is subnetted, 3 subnets
C       173.10.18.0 is directly connected, FastEthernet0/0.10
C       173.10.19.0 is directly connected, FastEthernet0/0.20
O       173.10.20.0 [110/782] via 195.16.13.2, 00:20:00, Serial0/0
     195.16.13.0/30 is subnetted, 1 subnets
C       195.16.13.0 is directly connected, Serial0/0
```

图 10.20　RouterA 的路由表

```
RouterB#sh ip route
Codes: C - connected, S - static, I - IGRP, R - RIP, M - mobile, B - BGP
       D - EIGRP, EX - EIGRP external, O - OSPF, IA - OSPF inter area
       N1 - OSPF NSSA external type 1, N2 - OSPF NSSA external type 2
       E1 - OSPF external type 1, E2 - OSPF external type 2, E - EGP
       i - IS-IS, L1 - IS-IS level-1, L2 - IS-IS level-2, ia - IS-IS inter area
       * - candidate default, U - per-user static route, o - ODR
       P - periodic downloaded static route

Gateway of last resort is not set

     173.10.0.0/24 is subnetted, 3 subnets
O       173.10.18.0 [110/782] via 195.16.13.1, 00:04:25, Serial0/0
O       173.10.19.0 [110/782] via 195.16.13.1, 00:04:09, Serial0/0
C       173.10.20.0 is directly connected, FastEthernet0/0
     195.16.13.0/30 is subnetted, 1 subnets
C       195.16.13.0 is directly connected, Serial0/0
```

图 10.21　RouterB 的路由表

（8）设置各台计算机的 IP 参数。

计算机 A 的 IP 地址为_____，子网掩码为_____，网关为_____。

计算机 B 的 IP 地址为_____，子网掩码为_____，网关为_____。

计算机 C 的 IP 地址为_____，子网掩码为_____，网关为_____。

（9）测试计算机之间的连通性，互相之间应该都可以连通。

10.10　IPv6 的 RIP 路由配置实训

一、实训名称

IPv6 的 RIP 路由配置。

二、实训目的

（1）掌握 IPv6 的 RIP 路由配置方法。

（2）比较 IPv4 和 IPv6 的 RIP 配置有什么不同。

（3）学会查看 IPv6 路由表。

三、实训内容

使用两台路由器连接 3 个子网，子网地址使用 IPv6 地址，通过 RIP 路由实现全网的互联互通。

四、实训环境

根据实训内容设计实训环境，网络拓扑图和地址分配如图 10.22 所示。使用 IPv6 的 IP 地址，配置 RIP 路由，使两台 PC 之间 ping 通。

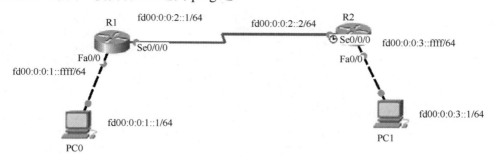

图 10.22　IPv6 的 RIP 路由

五、实训步骤

（1）PC0 的 IPv6 地址配置（见图 10.23）。

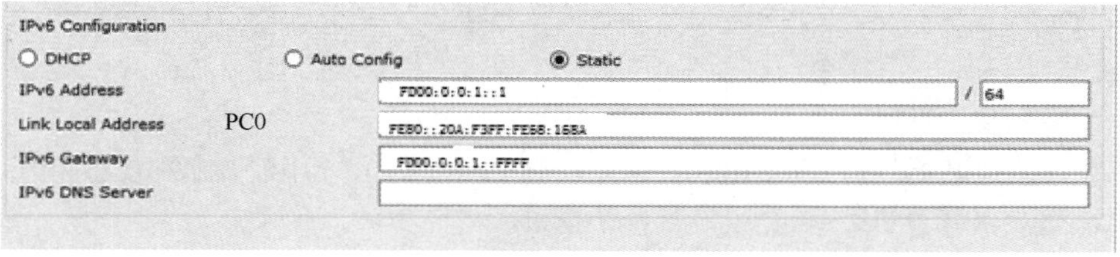

图 10.23　PC0 的 IPv6 地址配置

（2）PC1 的 IPv6 地址配置（见图 10.24）。

图 10.24　PC1 的 IPv6 地址配置

（3）R1 的接口地址配置。

```
interface FastEthernet0/0
   ipv6 address FD00:0:0:1::FFFF/64
   no shutdown
interface Serial0/0/0
   ipv6 address FD00:0:0:2::1/64
   no shutdown
```

（4）R2 的接口地址配置。

```
interface FastEthernet0/0
   ipv6 address FD00:0:0:3::FFFF/64
   no shutdown
interface Serial0/0/0
   ipv6 address FD00:0:0:2::2/64
   clock rate 128000
   no shutdown
```

（5）R1 配置 RIP 路由：启用路由、开启 RIP 进程、让接口加入指定的 RIP 进程。

```
    ipv6 unicast-routing
    ipv6 router rip test
    interface FastEthernet0/0
 ipv6 address FD00:0:0:1::FFFF/64
        ipv6 rip test enable
 interface Serial0/0/0
        ipv6 address FD00:0:0:2::1/64
        ipv6 rip test enable
```

（6）R1 配置 RIP 路由：启用路由、开启 RIP 进程、让接口加入指定的 RIP 进程。

```
    ipv6 unicast-routing
 ipv6 router rip test
 interface FastEthernet0/0
    ipv6 address FD00:0:0:3::FFFF/64
    ipv6 rip test enable
 interface Serial0/0/0
    ipv6 address FD00:0:0:2::2/64
    ipv6 rip test enable
    clock rate 128000
```

（7）验证结果。

在路由器 R1 和 R2 上查看路由表，可以看到 IPv6 的 RIP 路由，如图 10.25 和图 10.26 所示；也可以在一台计算机上 ping 通另一台计算机，如图 10.27 所示。

```
R1#
R1#show ipv6 route
IPv6 Routing Table - 6 entries
Codes: C - Connected, L - Local, S - Static, R - RIP, B - BGP
       U - Per-user Static route, M - MIPv6
       I1 - ISIS L1, I2 - ISIS L2, IA - ISIS interarea, IS - ISIS summary
       O - OSPF intra, OI - OSPF inter, OE1 - OSPF ext 1, OE2 - OSPF ext 2
       ON1 - OSPF NSSA ext 1, ON2 - OSPF NSSA ext 2
       D - EIGRP, EX - EIGRP external
C   FD00:0:0:1::/64 [0/0]
     via ::, FastEthernet0/0
L   FD00:0:0:1::FFFF/128 [0/0]
     via ::, FastEthernet0/0
C   FD00:0:0:2::/64 [0/0]
     via ::, Serial0/0/0
L   FD00:0:0:2::1/128 [0/0]
     via ::, Serial0/0/0
R   FD00:0:0:3::/64 [120/2]
     via FE80::2E0:A3FF:FE10:1444, Serial0/0/0
L   FF00::/8 [0/0]
     via ::, Null0
```

图 10.25　R1 的路由表

```
R2#show ipv6 route
IPv6 Routing Table - 6 entries
Codes: C - Connected, L - Local, S - Static, R - RIP, B - BGP
       U - Per-user Static route, M - MIPv6
       I1 - ISIS L1, I2 - ISIS L2, IA - ISIS interarea, IS - ISIS summary
       O - OSPF intra, OI - OSPF inter, OE1 - OSPF ext 1, OE2 - OSPF ext 2
       ON1 - OSPF NSSA ext 1, ON2 - OSPF NSSA ext 2
       D - EIGRP, EX - EIGRP external
R   FD00:0:0:1::/64 [120/2]
     via FE80::202:16FF:FEA0:A712, Serial0/0/0
C   FD00:0:0:2::/64 [0/0]
     via ::, Serial0/0/0
L   FD00:0:0:2::2/128 [0/0]
     via ::, Serial0/0/0
C   FD00:0:0:3::/64 [0/0]
     via ::, FastEthernet0/0
L   FD00:0:0:3::FFFF/128 [0/0]
     via ::, FastEthernet0/0
L   FF00::/8 [0/0]
     via ::, Null0
```

图 10.26　R2 的路由表

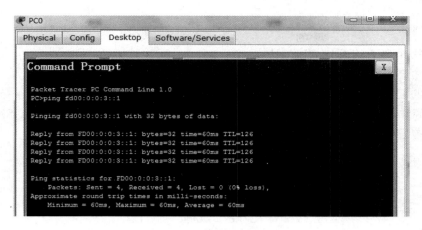

图 10.27　计算机之间的连通情况测试

通过这个实训，可以发现，IPv6 的 RIP 路由配置方法和 IPv4 不一样，但原理是一样的，也需要在路由器上开启 IPv6 路由。

10.11　IPv6 的多区域 OSPF 路由配置实训

一、实训名称

IPv6 的多区域 OSPF 路由配置。

二、实训目的

（1）掌握 IPv6 的 OSPF 路由配置方法。

（2）比较 IPv4 和 IPv6 的 OSPF 配置有什么不同。

（3）学会查看 IPv6 路由表。

三、实训内容

使用 3 台路由器连接 4 个子网，子网地址使用 IPv6 地址，通过 OSPF 路由实现全网的互联互通，4 个子网被划分为 2 个 OSPF 区域。

四、实训环境

根据实训内容设计实训环境，网络拓扑图和地址分配如图 10.28 所示。使用 IPv6 的 IP 地址，配置 RIP 路由，使两台 PC 之间 ping 通。

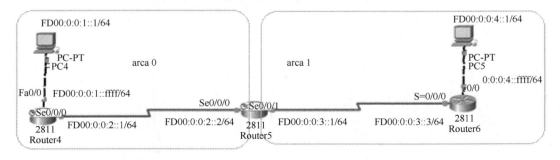

图 10.28　IPv6 的多区域 OSPF 路由

五、实训步骤

（1）PC4 和 PC5 的 IPv6 参数配置。

（2）各个路由器的配置。

路由器的配置主要涉及接口地址配置和 OSPF 路由配置，如图 10.29 所示。OSPF 路由配置需要开启路由、启用 OSPF 进程、将接口加入到相应的 OSPF 区域。在开启 OSPF 进程时可能会提示不能发现 Router-ID，要我们手工指定 Router-ID。

```
hostname Router4
ipv6 unicast-routing
ipv6 router ospf 10
  router-id 1.1.1.1
int f0/0
  ipv6 add fd00:0:0:1::ffff/64
  ipv6 ospf 10 area 0
  no sh
int s0/0/0
  ipv6 add fd00:0:0:2::1/64
  clock rate 64000
  ipv6 ospf 10 area 0
  no sh
```

```
hostname Router5
ipv6 unicast-routing
ipv6 router ospf 10
  router-id 2.2.2.2
int s0/0/1
  ipv6 add fd00:0:0:3::1/64
  clock rate 64000
  ipv6 ospf 10 area 1
  no sh
int s0/0/0
  ipv6 add fd00:0:0:2::2/64
  ipv6 ospf 10 area 0
  no sh
```

```
hostname Router6
ipv6 unicast-routing
ipv6 router ospf 10
  router-id 3.3.3.3
int f0/0
  ipv6 add fd00:0:0:4::ffff/64
  ipv6 ospf 10 area 1
  no sh
int s0/0/0
  ipv6 add fd00:0:0:3::2/64
  ipv6 ospf 10 area 1
  no sh
```

图 10.29　各个路由器的配置

（3）验证结果。

在各个路由器上查看路由表，可以看到 IPv6 的 OSPF 路由，如图 10.30、图 10.31 和图 10.32 所示；也可以在一台计算机上 ping 通另一台计算机，如图 10.33 所示。

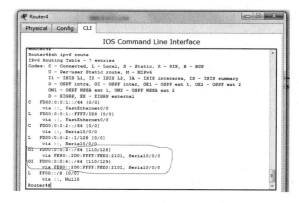

图 10.30　Router4 的路由表

图 10.31　Router5 的路由表

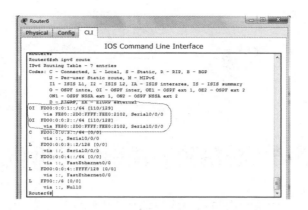

图 10.32　Router6 的路由表

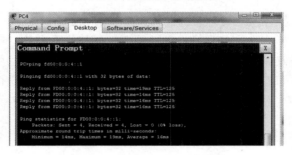

图 10.33　计算机之间的联通情况测试

通过这个实训，可以发现，IPv6 的 OSPF 路由配置方法和 IPv4 不一样，但原理是一样的，也需要在路由器上开启 IPv6 路由。

练 习 题

一、填空题

1. 路由协议分为有类路由协议和无类路由协议，＿＿＿＿＿＿＿＿路由协议既传输网络前缀，又传输子网掩码。

2. RIP 协议采用＿＿＿＿＿＿＿＿、＿＿＿＿＿＿＿＿、带触发更新的毒性逆转和保持方法解决不能收敛或者慢收敛问题。

3. RIP 协议允许数据包经过的最大跳数为＿＿＿＿＿＿跳；IGRP 协议允许数据包经过的最大跳数为＿＿＿＿＿＿跳。

4. 路由协议分距离向量协议和链路状态协议，RIP 协议是距离向量协议，IGRP 是＿＿＿＿协议，OSPF 是 ＿＿＿＿＿＿＿＿＿协议。

5. OSPF 路由协议采用＿＿＿＿＿＿＿＿＿算法，来计算路由器到每一个目的地路由器的距离。

二、综合题

如图 10.34 所示两台路由器连接 3 个网段，请分别用 RIP、OSPF、IGRP 和 EIGRP 4 种路由协议实现网络互联，分别给出两台路由器的路由配置。

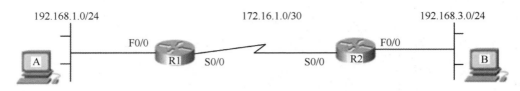

图 10.34　两台路由器连接 3 个网段

任务 11　用访问控制列表限制计算机访问

技术是一把双刃剑，网络应用与互联网的普及在大幅提高企业的生产经营效率的同时，也带来了诸如数据泄露等负面影响。如何将一个网络有效地管理起来，尽可能地降低网络所带来的负面影响就成了摆在网络管理员面前的一个重要课题。

企业网络建成后可能会遇到各种各样的问题，如网络会受到攻击；领导会抱怨互联网开通后，员工成天上网聊天；财务人员说研发部门的员工看了不该看的数据等。这些问题都需要网络管理员来解决。那有什么办法能够解决这些问题呢？答案就是使用网络层的访问限制控制技术——访问控制列表（Access Control List，ACL）。

11.1　了解访问控制列表

访问控制列表是 Cisco IOS 所提供的一种访问控制技术，主要应用在路由器和三层交换机上。在其他厂商的路由器或多层交换机上也提供类似的技术，不过名称和配置方式都可能有细微的差别。

ACL 是应用到路由器接口的一组指令列表，路由器根据这些指令列表决定是接收数据包还是拒绝数据包。

ACL 使用包过滤技术，在路由器上读取第三层及第四层包头中的信息，如源地址、目的地址、源端口、目的端口等，根据预先定义好的规则对数据包进行过滤，从而达到访问控制的目的。

看一个简单的 ACL 配置：

```
Router(config)#access-list 1 permit host 192.168.1.2
Router(config)#access-list 1 deny any
Router(config)#interface vlan 1
Router(config-if)#ip access-group 1 out
```

这几条命令定义了一个访问控制列表（列表号为 1），并且把这个列表所定义的规则应用于 vlan 1 接口出去的方向。

这几条命令中的相应关键字的意义如下：

● access-list：配置 ACL 的关键字，所有的 ACL 均使用这个命令进行配置。

● access-list 后面的 1：ACL 表号，ACL 号相同的所有 ACL 形成一个列表。

● permit/deny：操作。permit 是允许数据包通过，deny 是拒绝数据包通过。

● host 192.168.1.2/any：匹配条件。host 192.168.1.2 等同于 192.168.1.2 0.0.0.0，意思是只匹配地址为 192.168.1.2 的数据包。0.0.0.0 是通配符掩码（wildcards），某位的 wildcards

为 0 表示 IP 地址的对应位必须符合，为 1 表示 IP 地址的对应位不管是什么都行。any 表示匹配所有地址。

● interface vlan 1 和 ip access-group 1 out：这两句将 access-list 1 应用到 vlan 1 接口的 out 方向。"ip access-group 1 out" 中的 1 是 ACL 号，和相应的 ACL 进行关联。"out" 是对路由器该接口上出口方向的数据包进行过滤，可以有 in 和 out 两种选择。

ACL 是使用包过滤技术来实现的，过滤的依据仅仅只是第三层和第四层包头中的部分信息，这种技术具有一些固有的局限性，如无法识别到具体的人，无法识别到应用内部的权限级别等。因此，要达到 end to end 的权限控制目的，还需要和系统级以及应用级的访问权限控制结合使用。

1. 了解访问控制列表的分类

访问控制列表主要使用的有两类：号码式访问控制列表和命名式访问控制列表。两者都有标准访问控制列表和扩展访问控制列表之分，如表 11.1 所示。

表 11.1　ACL 分类

号　码　式	命　名　式
标准号码式访问控制列表	标准命名访问控制列表
扩展号码式访问控制列表	扩展命名访问控制列表

标准访问控制列表利用源 IP 地址来做过滤决定，配置简单，但应用场合有限，不能进行复杂条件的过滤；而扩展访问控制列表则可以利用多个条件来做过滤，包括源 IP 地址、目标 IP 地址、网络层的协议字段和传输层的端口号。

标准号码式访问控制列表的表号范围为 1～99，而扩展号码式访问控制列表的表号范围为 100～199。

2. 了解访问控制列表设置规则

设置 ACL，一方面是为了保护资源节点，阻止非法用户对资源节点的访问；另一方面是为了限制特定用户的访问权限。

访问控制列表的设置要点如下：

● 每个接口、每个方向、每种协议只能设置一个 ACL。
● 组织好 ACL 顺序，测试性最好放在 ACL 的最顶部。
● 在 ACL 里至少要有一条 permit 语句，除非要拒绝所有的数据包。
● 要把所创建的 ACL 应用到需要过滤的接口上。
● 尽可能把标准 ACL 放置在离目标地址近的接口上，而把扩展 ACL 放置在离源地址近的接口上。
● 号码式访问控制列表一旦建立好，就不能去除列表中的某一条。去除一条就意味着去除了整个控制列表。
● 访问控制列表按顺序比较，先比较第一条，再比较第二条，直到最后一条。
● 从第一条开始比较，直到找到符合条件的那条，符合以后就不再继续比较。
● 每个列表的最后隐含了一条拒绝（Deny）语句，如果在列表中没有找到一条允许（Permit）语句，数据包将被拒绝。

3．了解访问控制列表中的协议

扩展访问控制列表涉及协议和端口，那么 TCP/IP 协议栈中有哪些协议？它们之间的关系是怎样的？

在 TCP/IP 参考模型中，计算机网络被分为四层，每层都有自己的一些协议，而每层的协议又形成一种从上至下的依赖关系，如图 11.1 所示。

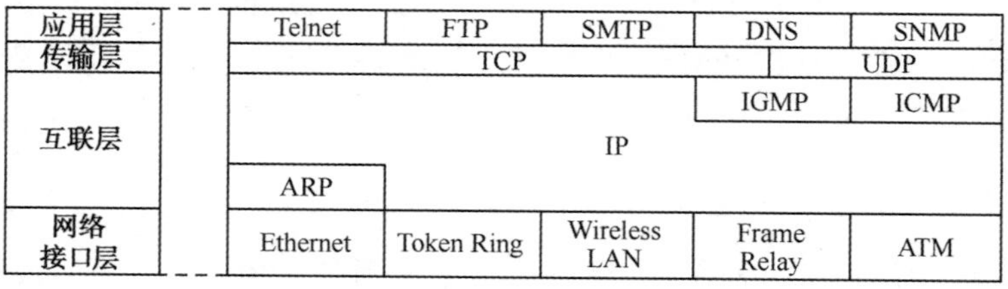

应用层	Telnet	FTP	SMTP	DNS	SNMP
传输层	TCP			UDP	
互联层				IGMP	ICMP
		IP			
	ARP				
网络接口层	Ethernet	Token Ring	Wireless LAN	Frame Relay	ATM

图 11.1　TCP/IP 协议栈

从图 11.1 中可以看出，Telnet、FTP、SMTP 协议依赖于 TCP 协议，而 TCP 协议又依赖于 IP 协议。

因此，如果在访问控制列表中只禁止 FTP 报文通过路由器，那么，其他的报文，如 Telnet、SMTP 的报文仍然可以通过路由器。下面的扩展访问控制列表就是只禁止依赖于 TCP 协议的 FTP 报文通过路由器，其他报文都可以通过路由器。如果没有后面的 eq ftp，所有依赖于 TCP 协议的报文都不能通过路由器，那么 Telnet、SMTP 和 FTP 的报文也就都不能通过路由器。

```
Router(config)#access-list 101 deny tcp 192.168.1.0 0.0.0.255 192.168.3.0
0.0.0.255 eq ftp
Router(config)#access-list 101 permit ip any any
```

4．理解访问控制列表中的端口号

端口分为硬件领域的端口和软件领域的端口。硬件领域的端口又称接口，如计算机的 COM 口、USB 口、路由器的局域网口等；软件领域的端口一般指网络中面向连接服务和无连接服务的通信协议接口，是一种抽象的软件结构，包括一些数据结构和 I/O（基本输入/输出）缓冲区。

（1）访问控制列表中的端口号指的是软件领域的端口编号，按端口号可分为三大类。

① 公认端口（WellKnown ports）：编号从 0 到 1023，它们紧密绑定（Binding）于一些服务，明确表明了某种服务的协议。例如，21 端口总是 FTP 通信，80 端口总是 HTTP 通信。

② 注册端口（Registered ports）：编号从 1024 到 49151，它们松散地绑定于一些服务。也就是说有许多服务绑定于这些端口，这些端口同样用于许多其他目的。

③ 动态/私有端口（Dynamic and/or Private ports）：编号从 49152 到 65535，理论上，不应为服务分配这些端口。实际上，计算机通常从 1024 起分配动态端口。

一些端口常常会被黑客利用，还会被一些木马病毒利用，对计算机系统进行攻击，了解这些端口可以帮助网络管理员针对这些端口进行限制。

（2）计算机端口的介绍以及防止被黑客攻击的简要办法。

① 8080 端口。

8080 端口同 80 端口，是被用于 WWW 代理服务的，可以实现网页浏览，经常在访问某个网站或使用代理服务器的时候，会加上 ":8080" 端口号。

8080 端口可以被各种病毒程序所利用，如 brown Orifice（brO）特洛伊木马病毒可以利用 8080 端口完全遥控被感染的计算机。另外，RemoConChubo、RingZero 木马也可以利用该端口进行攻击。

② 21 端口。

FTP 服务，FTP 服务器所开放的端口，用于上传、下载文件。最常见的攻击是寻找打开 anonymous 的 FTP 服务器。这些服务器带有可读/写的目录。木马 Doly Trojan、Fore、Invisible FTp、WebEx、WinCrash 和 blade Runner 就开放该端口。

③ 23 端口。

Telnet 远程登录服务。木马 Tiny Telnet Server 就开放这个端口。

④ 25 端口。

SMTP 简单邮件传输服务。SMTP 服务器所开放的端口，用于发送邮件。入侵者寻找 SMTP 服务器是为了传递他们的 SPAM。木马 Antigen、Email password Sender、Haebu Coceda、Shtrilitz Stealth、WinpC、WinSpy 都开放这个端口。

⑤ 80 端口。

HTTP 服务，用于网页浏览。木马 Executor 开放此端口。

⑥ 102 端口。

Message transfer agent(MTA)-X.400 over TCp/Ip 服务。消息传输代理。

⑦ 110 端口。

POP3 服务，POP3 服务器开放此端口，用于接收邮件，客户端访问服务器端的邮件服务。POP3 服务有许多公认的弱点。

⑧ 119 端口。

NEWS 新闻组传输协议端口，承载 Usenet 通信。这个端口的连接通常是人们在寻找 Usenet 服务器。多数 ISP 限制，只有他们的客户才能访问他们的新闻组服务器。

⑨ 135 端口。

Location Service 服务。

Hacker 扫描计算机的这个端口是为了找到这个计算机上运行的 Exchange Server 吗？什么版本？还有些 DOS 攻击直接针对这个端口。

⑩ 137、138、139 端口。

NETbIOS Name Service 服务。

137、138 是 UDP 端口，当通过网上邻居传输文件时用这个端口。而通过 139 端口进入的连接试图获得 NetbIOS/SAMBA 服务，这个协议被用于 Windows 文件和打印机共享以及 SAMBA。还有 WINS Regisrtation 也用它。

⑪ 161 端口。

SNMP 服务，SNMP 允许远程管理设备。所有配置和运行的信息都储存在数据库中，通过 SNMP 可获得这些信息。

了解端口后，网络管理员就能够根据具体情况设置相应的访问控制列表，来增加网络的安全性。例如，局域网内部容易受到冲击波病毒的冲击，而冲击波病毒主要使用 69、4444、135、138 和 139 端口。可以使用下面的 ACL 来防止冲击波病毒从 S0/0 口进入：

```
Router(config)#ip access-list extended curity
Router(config-ext-nacl)#deny tcp any any eq 69
Router(config-ext-nacl)#deny tcp any any eq 4444
Router(config-ext-nacl)#deny tcp any any eq 135
Router(config-ext-nacl)#deny tcp any any eq 138
Router(config-ext-nacl)#deny tcp any any eq 139
Router(config-ext-nacl)#exit
Router(config)#interface s0/0
Router(config-if)#ip access-group curity in
```

11.2 配置号码式访问控制列表限制计算机访问

号码式 ACL 分为标准号码式 ACL 和扩展号码式 ACL 两种。前者基于源地址过滤，后者可以基于源地址、目标地址、第三层协议和第四层端口进行复杂的组合过滤。

当网络管理员想要阻止来自某一网络的所有通信流量，或者允许某一特定网络的所有流量通过某个路由器的出口时可以使用标准号码式 ACL。由于标准号码式 ACL 只基于源地址来过滤数据包，所以一些复杂的过滤要求就不能实现，这时就需要使用扩展号码式 ACL 来进行过滤。

标准号码式访问控制列表
限制计算机的访问视频

1. 配置标准号码式 ACL 限制计算机访问

（1）了解标准号码式 ACL 的设置命令。

标准号码式 ACL 的配置是使用全局配置命令 access-list 来定义访问控制列表的。详细语法如下：

```
access-list list-number { permit | deny }source[source-wildcard][log]
```

可以在全局配置模式下通过在执行"access-list"命令前面加"no"的形式，移去一个已经遍历的标准 ACL，语法如下：

```
no access-list list-number
```

"access-list"命令中的参数说明如下：

- list-number。访问控制列表的表号。标准访问控制列表的表号为 1～99 中的一个数字，同一数字的语句形成一个访问控制列表，1～99 中的一个数同时告诉 IOS 该访问表是和 IP 协议联系在一起的；扩展访问控制列表的表号为 100～199 中的一个数字。
- permit。允许从入口进来的数据包通过。
- 竖线。两项之间的竖线"|"表示选择两项中的某一项。
- deny。拒绝从入口进来的数据包通过。
- source

数据包的源地址，对于标准的 IP 访问表，可以是网络地址，也可以是主机的 IP 地址。在实际应用中，使用一组主机要基于对通配符掩码的使用。

- source-wildcard（可选）

通配符掩码，用来和源地址一起决定哪些位需要匹配操作。Cisco 访问表所支持的通配符掩码与子网掩码的方式是相反的。某位的 wildcards 为 0 表示 IP 地址的对应位必须匹配，为 1 表示 IP 地址的对应位不需要关心。

为了说明对通配符掩码的操作，假设企业拥有一个 C 类网络 192.168.1.0。如果不使用子网，当配置网络中的工作站时，使用的子网掩码为 255.255.255.0。在这种情况下，TCP/IP 协议栈只匹配报文中的网络地址，而不匹配主机地址。而标准访问列表中，如果是 192.168.1.0 0.0.0.255，则表示匹配源网络地址中的所有报文。

● log（可选）

生成相应的日志信息。log 关键字只在 IOS 版本 11.3 中存在。

下面来看几个设置 IP 标准号码式 ACL 的例子。

```
Router(config)#access-list 1 permit 192.168.1.0 0.0.0.255
```

表示允许源地址是 192.168.1.0 这个网络的所有报文通过路由器。

```
Router(config)#access-list 1 permit 192.168.1.0 0.0.0.3
```

表示只允许源地址是 192.168.1.1、192.168.1.2 和 192.168.1.3 的报文通过路由器。

● host

```
Router(config)#access-list 1 permit 192.168.1.1 0.0.0.0
```

表示只允许源地址是 192.168.1.1 的报文通过路由器。0.0.0.0 也可以用 host 代替，表示一种精确匹配。因此，前面的语句也可以写成：

```
Router(config)#access-list 1 permit host 192.168.1.1
```

● Any

在访问列表中，如果源地址或目标地址是 0.0.0.0 255.255.255.255，则表示所有的地址，可以用 any 来代替。例如：

```
Router(config)#access-list 1 deny host 192.168.1.1
Router(config)#access-list 1 permit any
```

表示拒绝源地址 192.168.1.1 来的报文，而允许从其他源地址来的报文。但要注意这两条语句的顺序，访问表语句的处理顺序是由上到下的。如果颠倒上面两条语句的顺序，则不能过滤 192.168.1.1 来的报文，因为第一条语句就已经符合条件，不会再比较后面的语句。

（2）了解在路由器接口上应用标准号码式 ACL 的命令。

将一个访问控制列表应用于接口分为三步：首先要定义一个访问控制列表，然后指定应用的接口，最后用"ip access-group"命令定义数据流的方向。

要将访问列表 1 应用于快速以太网接口 0/1 的出口方向需要使用如下命令定义接口：

```
Router(config)#interface fastEthernet 0/1
Router(config-if)#ip access-group 1 out
```

要将访问列表 50 应用于串行接口 0/1 的入口方向需要使用如下命令定义接口：

```
Router(config)#interface serial 0/1
Router(config-if)#ip access-group 50 in
```

在接口上应用访问列表时需要指定方向，用"ip access-group"命令来定义。其格式如下：

ip access-group list-number{**in|out**}

"list-number"是访问列表的表号，"in"和"out"是指明访问表所使用的方向。方向是指报文在进入还是在离开路由器时对其进行检查。

如果是在 VTY 线路上使用访问控制列表，则使用 access-class list-number{in|out}格式的命令，而不是使用"ip access-group"命令。

例如，只允许指定的计算机 telnet 登录到路由器，可以采用以下方式：

```
Router(config)#access-list 10 permit host 192.168.1.1
Router(config)#line vty 0 4
Router(config-line)#access-class 10 in
```

（3）配置标准号码式 ACL 并应用于路由器端口。

企业的财务部、销售部和其他部门分属于三个不同的网段，部门之间的数据通过路由器。企业规定只有销售部可以访问财务部，其他部门的计算机不允许访问财务部。

网络管理员分配财务部地址 192.168.2.0/24，网络接入路由器的 F0/0 接口；销售部地址 192.168.1.0/24，销售部网络接入路由器的 F0/1 接口；其他部门地址为 192.168.3.0/24，网络接入路由器的 F1/0 接口，如图 11.2 所示。

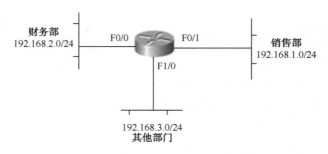

图 11.2　路由器连接三个部门的局域网

在路由器上做如下配置可满足要求：

```
Router(config)#access-list 20 deny 192.168.3.0 0.0.0.255
Router(config)# access-list 20 permit 192.168.1.0 0.0.0.255
Router(config)#interface f0/0
Router(config-if)#ip access-group 20 out
```

2. 配置扩展号码式 ACL 限制计算机访问

扩展号码式访问控制列表限制计算机的访问视频

标准号码式 ACL 只是利用报文字段中源地址进行过滤，而扩展号码式 ACL 则可以根据源和目的地址、协议、源和目的端口号以及一些选项来进行过滤，提供了更广阔的控制范围，应用也更为广泛。

（1）了解扩展号码式 ACL 的设置命令。

扩展号码式 ACL 的命令语法如下：

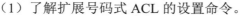

```
access-list list-number {permit|deny} protocol source source-wildcard
source-port destination destination-wildcard destination- port[options]
```

扩展号码式 ACL 中的参数有些和标准号码式 ACL 中的参数一样，不再重复介绍。

- list-number。扩展号码式 ACL 的表号，范围为 100～199 中的一个数字。
- protocol。定义了被过滤的协议，如 IP、TCP、UDP 等。过滤具体的协议报文时要注意列表中语句的顺序，更具体的表项应该放在靠前的位置。因为 TCP 和 UDP 被封装在 IP 数据报中，如果需要过滤 TCP 的报文，就不能将允许 IP 协议的语句放在拒绝 TCP 协议的语句之前。
- source-port。源端口号。
- destination-port。目的端口号。

端口号可以用 eq、gt、lt、neq、range 等操作符后跟一个数字，或者跟一个可识别的助记符，如 80 和 http 等。80 和 http 可以指定超文本传输协议。来看一个例子：

```
Router(config)#access-list 101 deny tcp 192.168.1.0 0.0.0.255 192.168.3.0 0.0.0.255 eq ftp
```

意思是拒绝从网络 192.168.1.0/24 来的依赖于 TCP 协议的 FTP 服务报文通过路由器去往192.168.3.0/24 网络。

eq、gt、lt、neq、range 等操作符的含义如表 11.2 所示。

表 11.2　端口号操作符含义

eq	Match only packets on a given port number
gt	Match only packets with a greater port number
lt	Match only packets with a lower port number
neq	Match only packets not on a given port number
range	Match only packets in the range of port numbers

● options。选项。除 log 外，还有一个常用选项 Established，该选项只用于 TCP 协议并且只在 TCP 通信流的一个方向上来响应由另一端发起的会话。为了实现该功能，使用 Established 选项的访问表语句检查每个 TCP 报文，以确定报文的 ACK 或 RST 位是否已设置。如以下的扩展访问表语句：

```
Router(config)#access-list 101 permit tcp any host 192.168.1.2 established
```

只要报文的 ACK 和 RST 位被设置，该访问表语句允许来自任何源地址的 TCP 报文流到指定的主机 192.168.1.2。这意味着主机 192.168.1.2 此前必须发起了 TCP 会话。

（2）配置扩展号码式 ACL 并应用于路由器端口。

某企业销售部网络地址　192.168.1.0/24，连接于路由器的 F0/0 口；研发部网络地址192.168.2.0/24，连接于路由器的 F0/1 口；服务器群地址为 192.168.3.0/24，连接于路由器的F1/0 口，如图 11.3 所示。销售部禁止访问 FTP 服务器，允许其他访问。

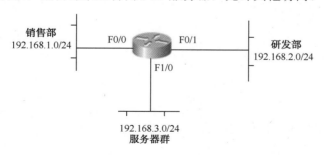

图 11.3　路由器连接三个局域网

在路由器上做如下配置可满足要求：

```
Router(config)#access-list 101 deny tcp 192.168.1.0 0.0.0.255 192.168.3.0 0.0.0.255 eq ftp
Router(config)#access-list 101 permit ip any any
Router(config)#interface f0/0
Router(config-if)#ip access-group 101 in
```

注意：扩展号码式 ACL 尽量应用在离源地址近的接口上。

（3）按要求完成扩展号码式 ACL 的配置。

路由器 R1、R2、R3 按如图 11.4 所示的方式连接，R1 的局域网口 E1/0、E1/1、E1/2 和 E1/3 分别连接 A、B、C 和 D 四台计算机，地址分配如图 11.4 所示，所有路由器运行 RIP 协议。网络已经可以互联互通。以下的几个要求都是基于这个网络环境，根据不同要求来配置扩展号码式访问控制列表。

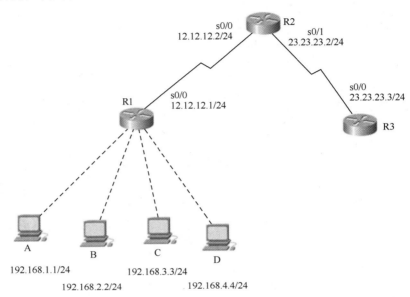

图 11.4　访问控制列表示例拓扑图

① 要求 1：在 R2 上进行配置，使 R1 不能 ping 通 R2，但是可以 ping 通 R3。

```
r2(config)#access-list 100 deny ICMP any host 12.12.12.2 echo
r2(config)#access-list 100 deny ICMP any host 23.23.23.2 echo
r2(config)#access-list 100 permit ip any any
r2(config)#interface s0/0
r2(config-if)#ip access-group 100 in
r2(config-if)#exit
```

② 要求 2：在 R2 上进行配置，使得四台计算机中 IP 地址最后一位为奇数的计算机可以 ping 通 R2，其他的不允许 ping 通 R2。

```
r2(config)#access-list 100 permit ICMP 192.168.0.1 0.0.7.6 host 12.12.12.2 echo
r2(config)#access-list 100 permit ICMP 192.168.0.1 0.0.7.6 host 23.23.23.2 echo
r2(config)#access-list 100 permit udp any any
!--让协议路由更新数据包通过
r2(config)#interface s0/0
r2(config-if)#ip access-group 100 in
r2(config-if)#exit
```

③ 要求 3：在 R2 上进行配置，使 R1 连接网络号为奇数的局域网只能 ping 通 R2，为偶数的只能 ping 通 R3。

```
r2(config)#access-list 100 permit icmp 192.168.1.0 0.0.6.7 host 12.12.12.2 echo
r2(config)#access-list 100 permit icmp 192.168.1.0 0.0.6.7 host 23.23.23.2 echo
```

```
r2(config)#access-list 100 permit icmp 192.168.0.0 0.0.6.7 host 23.23.23.3 echo
r2(config)#access-list 100 permit udp any any
r2(config)#interface s0/0
r2(config-if)#ip access-group 100 in
r2(config-if)#exit
```

④ 要求 4：在 R3 上进行配置，使得 192.168.1.1 计算机可以 Telnet 路由器 R3，其他计算机不允许 Telnet 路由器 R3。

```
r3(config)#access-list 100 permit tcp host 192.168.1.1 any eq telnet
!-- telnet 也可以使用端口号 23
r3(config)#access-list 100 permit udp any any
r3(config)#interface s0/0
r3(config-if)#ip access-group 100 in
r3(config-if)#exit
```

⑤ 要求 5：在 R2 上进行配置，仅 192.168.1.1 允许 telnet 路由器 R2，其他的地址均不允许 telnet 路由器 R2。

```
r2(config)#access-list 100 permit tcp host 192.168.1.1 any eq 23
r2(config)#access-list 100 permit udp any any
r2(config)#lin vty 0 15   !--共 16 条虚拟线路
r2(config-line)#access-class 100 in
r2(config-line)#exit
```

⑥ 要求 6：R1、R2、R3 之间采用 RIPv2 路由协议发送路由信息，在 R2 上配置，仅接受 R3 的 RIPv2 路由更新（不使用"passive-interface"命令）。

RIP 协议的路由信息更新包是端口号为 520 的 UDP 协议数据包。

在设置 ACL 之前，先看一下各个路由器的路由表，可以看到 R2 中有通过路由协议从 R1 得到的路由和从 R3 得到的路由。

进行下面的访问控制列表设置：

```
r2(config)#access-list 100 deny udp any any eq 520
r2(config)#access-list 100 permit ip any any
r2(config)#interface s0/0
r2(config-if)#ip access-group 100 in
r2(config-if)#exit
```

设置 ACL 之后，再看 R2 中的路由表时，就只有从 R3 得到的路由了。

11.3　配置命名式访问控制列表限制计算机访问

号码式 ACL 不能从列表中删除某一条控制条目，删除一条相当于去除整个访问控制列表。而命名式访问控制列表可以删除某一特定的条目，有助于网络管理员修改 ACL。

命名式访问控制列表是在标准 ACL 和扩展 ACL 中使用一个名称来代替列表号，这个名称是字母和数字的组合字符串。这个字符串可以用一个有意义的名字来帮助网络管理员记忆所设置的访问控制列表的用途。

命名式访问控制列表分为标准命名式访问控制列表和扩展命名式访问控制列表。

标准命名式访问控制列表限制计算机的访问视频

1. 配置标准命名式 ACL 限制计算机访问

标准命名式访问控制列表分两步来定义：

```
    ip access-list standard list-name
    {permit|deny }source[source-wildcard]
```

可以看出，命名式访问控制列表在定义时和号码式有区别。List-name 是标准命名式访问控制列表的表名，可以是 1~99 中的数字或是字母和数字的任意组合。

还是拿前面标准号码式的例子来做对比，标准号码式配置如下：

```
Router(config)#access-list 20 deny 192.168.3.0 0.0.0.255
Router(config)# access-list 20 permit 192.168.1.0 0.0.0.255
Router(config)#interface f0/0
Router(config-if)#ip access-group 20 out
```

而如果采用标准命名式达到以上效果，则配置如下：

```
Router(config)#ip access-list standard denyqtbm
Router(config-std-nacl)#deny 192.168.3.0 0.0.0.255
Router(config-std-nacl)# permit 192.168.1.0 0.0.0.255
Router(config)#interface f0/0
Router(config-if)#ip access-group denyqtbm out
```

列表号 20 被名称"denyqtbm"代替了。

2. 配置扩展命名式 ACL 限制计算机访问

扩展命名式访问控制列表也分两步来定义：

扩展命名式访问控制列表限制计算机的访问视频

```
    ip access-list extended list-name
    {permit|deny} protocol source source-wildcard source-port destination
destination-wildcard destination- port[options]
```

这里的"list-name"是扩展命名式访问控制列表的表名，可以是 100~199 中的数字，也可以是字母和数字的任意组合。

下面将扩展命名式访问控制列表的配置与扩展号码式做一个比较。还是利用前面的例子，扩展号码式配置如下：

```
Router(config)#access-list 101 deny tcp 192.168.1.0 0.0.0.255 192.168.3.0
0.0.0.255 eq ftp
Router(config)#access-list 101 permit ip any any
Router(config)#interface f0/0
Router(config-if)#ip access-group 101 in
```

而采用扩展命名式访问控制列表，利用名称"denyftp"来代替列表号 101，配置如下：

```
Router(config)#ip access-list extended denyftp
Router(config-ext-nacl)#deny   tcp   192.168.1.0   0.0.0.255   192.168.3.0
0.0.0.255 eq ftp
Router(config-ext-nacl)#permit ip any any
Router(config)#interface f0/0
Router(config-if)#ip access-group denyftp in
```

11.4 访问控制列表配置实训

一、实训名称

用访问控制列表实现企业网中部分计算机访问互联网。

二、实训目的

（1）了解号码式访问控制列表和命名式访问控制列表。

（2）掌握标准号码式访问列表的配置方法。

（3）掌握访问控制列表的查看方法。

三、实训内容

企业内部各部门间的访问经常需要加以限制，如销售部经理可以访问财务部，而销售部其他成员不允许访问财务部；有些企业只允许部分计算机访问互联网；学校里教师办公室的计算机允许访问 FTP 服务器，而学生宿舍计算机不允许访问 FTP 服务器。学生可以根据自己的实训条件模拟各种情况。本实训就是模拟一个企业的部分计算机可以访问互联网的情境。

四、实训环境

（1）用 2 台 Cisco 2621 路由器、1 台二层交换机和 2 台计算机按如图 11.5 所示的方式连接，组成实训环境。其中，一台路由器模拟互联网环境，打开一个环回接口 loopback 0，供计算机访问；另一台路由器作为企业网络的接入路由器。

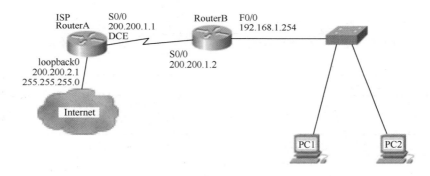

图 11.5　模拟局域网接入互联网

（2）检查交换机上有没有划分 VLAN，如果有划分，则删除划分的 VLAN。

（3）配置路由器主机名、接口和路由表，配置计算机的 IP 地址、网关等，在两台计算机上可以 ping 通 ISP 路由器的 loopback 0 口。

（4）RouterB 上配置访问列表，禁止 PC1 访问 RouterA 上的 loopback 0 口（模拟互联网），而允许 192.168.1.0/24 网络上的其他计算机访问 RouterA 上的 loopback 0 口。

五、实训要求分析和设备准备

（1）分析实训要求。

（2）要完成这个实训任务，就需要首先找到满足实训要求的路由器 2 台，每个路由器至少要有一个广域网接口，需要准备一根公头的连接广域网口的电缆和一根母头的连接广域网口的电缆，把两个路由器连接起来。

（3）需要一台没有划分 VLAN 的交换机。由于学校实训室的交换机经常被使用的学生划分 VLAN，可能导致实训无法完成，所以，学生要注意查看有没有划分 VLAN。

（4）至少需要两台计算机，因为要实现部分计算机能访问互联网，其他计算机不能访问互联网。

（5）要根据实训环境考虑使用直通双绞线还是交叉双绞线，需要几根。

（6）需要预先规划好每个网络的 IP 地址。以表格的形式填写路由器每个接口需要配置的信息，并对照要求检查配置是否完整。

分析工作要有一个组织者，要统一大家的意见。这个组织者最终也是这个实训任务的决策、计划、实施、检查的组织者和调度者。

六、决策和计划

（1）准备网络拓扑图。

（2）规划 IP 地址。必须在规划好 IP 地址后能够完成后续的工作。

（3）准备各种表格。这一点是很重要的，因为没有预先准备好各种表格，大家就无法协同完成任务，如表 11.3 和表 11.4 所示。

表 11.3　所需设备表格

序　号	设 备 名 称	设 备 要 求	设 备 数 量	备　注
1	路由器	一个广域网口	1	RouterA 模拟互联网
2	路由器	一个广域网口 一个快速以太网口	1	RouterB 企业网接入路由器
3	交换机	24 个自适应以太网口	1	模拟组建企业局域网
4	计算机	带网卡	n	—
5	双绞线	直通	$n+1$	—

表 11.4　路由器配置表格

序　号	名　称	所需配置内容	具 体 配 置	备　注
1	全局配置	路由器名称	RouterA	—
2	S0/0	IP 地址	200.200.1.1/24	DCE 电缆
		时钟速率	64000	—
3	Loopback 0	IP 地址	200.200.2.1/24	—
4	全局配置	路由表	默认静态路由	下一跳 200.200.1.2

（4）进行任务分配：谁来完成线缆的准备，谁来完成设备的连接，谁来完成设备的配置。

七、实施与检查步骤

（1）路由器 A 的参考配置（模拟互联网）。

```
ISP(config)#interface loopback 0
ISP(config-if)#ip address 200.200.2.1 255.255.255.0
ISP(config)#interface s0/0
ISP(config-if)#ip address 200.200.1.1 255.255.255.0
ISP(config-if)#clock rate 64000
ISP(config-if)#no shutdown
ISP(config-if)#exit
ISP(config)#ip route 0.0.0.0 0.0.0.0 200.200.1.2
```

（2）路由器 B 的参考配置。

① 配置路由器 B 的 S0/0 接口：

```
RouterB(config)#interface S0/0
RouterB(config-if)#ip address 200.200.1.2 255.255.255.0
RouterB(config-if)#no shutdown
```

② 配置路由器 B 的 F0/0 接口：

```
RouterB(config)#interface f0/0
RouterB(config-if)#ip address 192.168.1.254 255.255.255.0
RouterB(config-if)#no shutdown
```

③ 配置路由表：

```
RouterB(config)#ip route 0.0.0.0 0.0.0.0 200.200.1.1
```

计算机在配置好自己的 IP 地址参数后，应该能够 ping 通 ISP 路由器的 loopback 0 口。如果不能 ping 通，检查配置和线路。

（3）配置访问列表。

```
RouterB(config)#access-list 50 deny host 192.168.1.1
RouterB(config)#access-list 50 permit 192.168.1.0 0.0.0.255
RouterB(config)#interface f0/0
RouterB(config-if)#ip access-group 50 in
```

这里定义了一个标准号码式访问控制列表，表号 50。这个访问列表被应用于快速以太网口 F0/0，并指定了数据流进入的访问为 in。该访问控制列表禁止主机 192.168.1.1 的 IP 数据包进入路由器的 F0/0 端口，而允许网络 192.168.1.0/24 内的其他主机的 IP 数据包流入。

可以用如下命令查看某个指定的访问控制列表：

```
Show access-list [list-number|list-name]
RouterB#show access-list 50
Standard IP access list 50
    deny host 192.168.1.1
    permit 192.168.1.0 0.0.0.255
```

也可以用"show access-list"命令查看所有的访问控制列表。

如果只想显示 IP 的访问控制列表，也可以用"show ip access-list"命令。

（4）验证访问控制列表。

此时，从 PC1（IP 地址为 192.168.1.1）上已经不能 ping 通 ISP 路由器的 loopback 0 口，而 PC2（IP 地址为 192.168.1.2）可以 ping 通 ISP 路由器的 loopback 0 口，说明访问控制列表已经生效。

```
PC1>ping 200.200.1.1

Pinging 200.200.2.1 with 32 bytes of data:

Request timed out.
Request timed out.
Request timed out.
Request timed out.

Ping statistics for 200.200.1.1:
Packets: Sent = 4, Received = 0, Lost = 4 (100% loss),
```

```
PC2>ping 200.200.2.1

Pinging 200.200.2.1 with 32 bytes of data:

Reply from 200.200.2.1: bytes=32 time=79ms TTL=254
Reply from 200.200.2.1: bytes=32 time=94ms TTL=254
Reply from 200.200.2.1: bytes=32 time=78ms TTL=254
Reply from 200.200.2.1: bytes=32 time=94ms TTL=254

Ping statistics for 200.200.2.1:
    Packets: Sent = 4, Received = 4, Lost = 0 (0% loss),
Approximate round trip times in milli-seconds:
    Minimum = 78ms, Maximum = 94ms, Average = 86ms
```

到这里，任务就已经完成了。下面开始进行一些探究性的研究，有助于更好地掌握访问控制列表知识。

（5）删除访问列表。

看看从 PC1 上能不能 ping 通 ISP 路由器的 loopback 0 口，应该是可以 ping 通的。

```
RouterB(config)#no access-list 50
```

执行上述命令后，50 号访问控制列表就被去除了。

（6）如果在路由器 B 上再做如下配置，又重新加上了 50 号访问控制列表，只是这次 50 号访问控制列表中只有一条语句。

这样配置后，PC1 和 PC2 都不能 ping 通 200.200.2.1，因为在访问列表中没有 permit 语句，而在访问控制列表的最后隐含了 deny 语句。也就是说，访问控制列表拒绝了所有的 IP 数据包，不仅仅是拒绝了 PC1 的访问。

```
RouterB(config)#access-list 50 deny host 192.168.1.1
```

（7）再加上以下配置，PC1 不能 ping 通 200.200.2.1，而 PC2 能 ping 通 200.200.2.1。想想为什么。

```
RouterB(config)#access-list 50 permit 192.168.1.0 0.0.0.255
```

（8）此时如果执行以下配置，PC1 和 PC2 又都能 ping 通 200.200.2.1。想想为什么。

```
RouterB(config)#no access-list 50 permit 192.168.1.0 0.0.0.255
```

（9）此时如果执行以下配置，PC1 和 PC2 也还是都能 ping 通 200.200.2.1。想想为什么。

```
RouterB(config)#access-list 50 permit 192.168.1.0 0.0.0.255
RouterB(config)#access-list 50 deny host 192.168.1.1
RouterB(config)#interface f0/0
RouterB(config-if)#ip access-group 50 in
```

在具体的操作过程中，可能会遇到各种各样的问题，可以根据所出现的具体问题用相应的命令来检查。常用的命令有：

● show running-config，可以查看所有的配置信息，包括 ACL 信息。

● show ip interface，通过这条命令可以查看到应用了 ACL 的接口。

● show ip interface [interface-number]，可以查看具体接口的 ACL 信息。

还可以使用命名式访问控制列表来重新完成上面的任务，会发现命名式访问控制列表可以删除一个列表中的某一条语句。而不像号码式控制列表那样，删除一条就删除了整个访问控制列表。

八、总结 ACL 的规则

- 访问控制列表的先后顺序不能颠倒。
- 按顺序比较，先比较第一条，再比较第二条，直到最后一条。
- 从第一条比较，找到符合的条件就不再向后比较。
- 默认在每个 ACL 的最后一条是拒绝（Deny）语句，如果之前没有找到一条许可（Permit）语句，意味着数据包将被丢弃。所以每个 ACL 至少要有一条许可（Permit）语句，除非是想把所有的数据包丢弃。
- 号码式访问控制列表不能删除某一条，删除一条就是删除整个 ACL。

练　习　题

一、填空题

1．标准访问控制列表检查可以被路由 IP 数据包的_____地址，来决定是允许还是拒绝。

2．标准号码式访问控制列表的表号范围为_____，扩展号码式访问控制列表的标号范围为_____。

3．每个路由器的接口可以用_____个访问控制列表。

4．每个访问控制列表最后隐含了一条_____语句，所以，除非要拒绝所有的数据包，否则，ACL 中至少要有一条 Permit 语句。

5．查看路由器中所有的访问控制列表，可以使用_____命令。

二、选择题

1．下面哪个 ACL 是正确的？（　　　　）
　　A．access-list 38 permit 192.168.8.10 255.255.255.0
　　B．access-list 120 deny host 192.168.10.9
　　C．ip access-list 1 permit 192.168.10.9 0.0.0.255
　　D．access-list 2 deny 192.168.10.9 0.0.0.255

2．扩展 IP 访问控制列表是根据什么参数过滤流量的？（　　　　）
　　A．源 IP 地址　　　　　　B．目标 IP 地址　　　　C．网络层协议字段
　　D．传输层报头中的端口字段　　　　　　　　　E．以上所有选项

3．ACL 中拒绝 B 类网络 129.10.0.0 的数据流，应该使用的通配符掩码为哪个？（　　　　）
　　A．0.0.0.255　　　　　　　　　　　　　B．0.0.255.255
　　C．0.255.255.255　　　　　　　　　　　D．255.255.255.0

4．以下哪个 ACL 只允许 FTP 流量进入 192.168.1.0 网络？（　　　　）
　　A．access-list 38 permit 192.168.1.0 0.0.0.255
　　B．access-list 120 deny tcp any 192.168.1.0 0.0.0.255 eq ftp
　　C．access-list 120 permit tcp any 192.168.1.0 0.0.0.255 eq 21
　　D．access-list 2 deny 192.168.1.0 0.0.0.255

5. 要禁止远程登录到网络 192.168.1.0，可以使用以下哪个 ACL？（　　　）

    A. access-list 120 deny tcp any 192.168.1.0 255.255.255.0 eq telnet

    B. access-list 120 deny tcp any 192.168.1.0 0.0.0.255 eq 23

    C. access-list 120 permit tcp any 192.168.1.0 0.0.0.255 eq 23

    D. access-list 98 deny tcp any 192.168.1.0 0.0.0.255 eq telnet

6. 在路由器接口上使用 43 号访问控制列表正确的是哪个？（　　　）

    A. access-group 43 in   B. ip access-list 43 out

    C. ip access-group 43 in   D. access-list 43 in

三、综合题

某公司有总经理办公室、销售部和财务部，分别使用一个 C 类网络 192.168.1.0、192.168.2.0 和 192.168.3.0，网络之间通过路由器通信，三个网络分别连接于接口 F0/0、F0/1 和 F1/0。要求只允许总经理办公室和销售部能够访问财务部的 FTP 服务器。请你作为网络管理员给出路由器的访问控制列表。

任务 12　网络地址转换解决地址重载问题

IPv4 中规定 IP 地址用 32 位二进制数来表示，而 Internet 中的计算机必须拥有唯一的 IP 地址。随着 Internet 的飞速发展，IPv4 地址资源已经基本耗尽。因此，还在不断接入 Internet 的那些计算机必须采用其他技术，才能解决接入 Internet 的问题。网络地址转换（Network Address Translation，NAT）技术就是一个很好的解决办法，内部网络使用私有地址，通过使用少数几个甚至一个公有 IP 地址访问 Internet 资源，从而节省 IP 地址。

12.1　了解网络地址转换原理

1. 为什么要进行网络地址转换

NAT 被广泛应用于 Internet 接入和网络互联中，一方面解决了网络地址资源不足的问题，另一方面隐藏了内部网络地址，有效地避免了来自外部的攻击。NAT 可以在很多设备上实现，像路由器、计算机和防火墙等设备都可以完成 NAT 功能，但这些设备应该位于内部网络和 Internet 的边界。这里只讨论在 Cisco 路由器上实现 NAT 的方法。

NAT 可以动态地改变通过路由器 IP 报文的内容，修改报文的源 IP 地址或目的 IP 地址，使得离开路由器的源地址或目的地址转换成与原来不同的地址。

（1）IP 地址管理机构。

Internet IP 地址由 Inter NIC（Internet Network Information Center）统一负责全球地址的规划、管理；同时由 Inter NIC、APNIC、RIPE 等网络信息中心具体负责美国及全球其他地区的 IP 地址分配。APNIC 负责亚太地区，我国申请 IP 地址要通过 APNIC，APNIC 的总部设在日本东京大学。申请时要考虑申请哪一类的 IP 地址，然后向国内的代理机构提出。

如表 12.1 所示列出了部分互联网络信息管理中心。

表 12.1　部分互联网络信息管理中心

机 构 代 码	机 构 全 称	服务器地址	负 责 区 域
INTERNIC	互联网络信息中心	whois.internic.net	美国及其他地区
APNIC	亚洲与太平洋地区网络信息中心	whois.apnic.net	东亚、南亚、大洋洲
RIPE	欧州 IP 地址注册中心	whois.ripe.net	欧洲、北非、西亚地区
CNNIC	中国互联网络信息中心	whois.cnnic.net.cn	中国（除教育网内）
CERNIC	中国教育与科研计算机网网络信息中心	whois.edu.cn	中国教育网内
TWNIC	中国台湾互联网络信息中心	whois.twnic.net	中国台湾
JPNIC	日本互联网络信息中心	whois.nic.ad.jp	日本
KRNIC	韩国互联网络信息中心	whois.krnic.net	韩国
LACNIC	拉丁美洲及加勒比互联网络信息中心	whois.lacnic.net	拉丁美洲及加勒比海诸岛
ARIN	美国 Internet 号码注册中心	whois.arin.net	北美、撒哈拉沙漠以南非洲

（2）私有地址。

IP 地址分为公有 IP 地址和私有 IP 地址。

公有地址（Public address，也可称为公网地址）由 Internet NIC（Internet Network Information Center，互联网信息中心）负责。这些 IP 地址分配给向 Internet NIC 提出申请的组织机构。通过公网地址可以访问 Internet，这些地址是可以被 Internet 路由器路由的地址。

私有地址（Private address，也可称为专网地址）属于非注册地址，专门为组织机构内部使用，属于局域网的范畴，除了所在局域网是无法被 Internet 路由器路由的。RFC1918 定义的私有地址空间如表 12.2 所示。

表 12.2　RFC1918 定义的私有地址空间

IP 地址范围	网 络 类 别	网 络 个 数
10.0.0.0～10.255.255.255	A	1
172.16.0.0～172.31.255.255	B	16
192.168.0.0～192.168.255.255	C	256

一个局域网使用私有地址能够保证不和已注册的公有地址发生冲突。任何组织都可以使用私有地址。但如果一个局域网不需要连接到互联网时，既可以使用公有地址也可以使用私有地址，只要不发生地址冲突就可以了。

当使用私有地址的网络接入 Internet 时，就需要进行网络地址转换；当多个局域网重用了私有地址时也需要进行地址转换，才能够进行局域网互联；使用公有地址的局域网在进行 Internet 接入时，也需要进行网络地址转换，否则局域网内的地址会和 Internet 的地址发生冲突。

2．理解网络地址转换的几个术语

学习 NAT，首先要理解以下几个术语：

● 内部本地地址（Inside Local Address），分配给内部网络上主机的 IP 地址。

● 内部全局地址（Inside Global Address），分配给内部主机的用于做 NAT 处理的地址，是用来替代内部本地地址出现在外部网络上的地址。如果外部网络是 Internet，这个地址一般是从 ISP 申请的合法公网地址。
- 外部全局地址（Outside Global Address），分配给外部网络上主机的 IP 地址。
- 外部本地地址（Outside Local Address），分配给外部主机的用于做 NAT 处理的地址，是用来代替外部全局地址出现在内网的地址。

术语"本地（Local）"指的是其地址可以被内部主机看到。而术语"全局（Global）"指的是其地址可以被外部主机看到。

这些术语可以按如图 12.1 所示来理解。

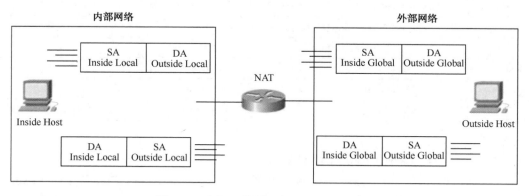

图 12.1　内部、外部和本地、全局等术语

Cisco 对这些术语的定义都是基于如图 12.2 所示的网络拓扑环境。

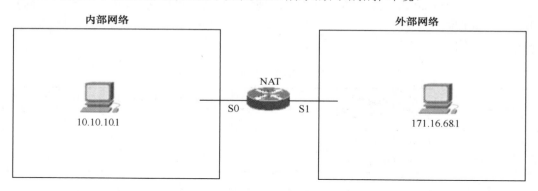

图 12.2　NAT 网络拓扑环境

（1）定义内部本地地址和内部全局地址。

在以下配置下，当 NAT 路由器从其内部接口收到了一个源地址为 10.10.10.1 的数据包时，源地址 10.10.10.1 会被转换为 171.16.68.5；这也意味着从外部接口收到一个目标地址为 171.16.68.5 的数据包时，目标地址会被转换为 10.10.10.1。

```
ip nat inside source static 10.10.10.1 171.16.68.5
!--静态地址转换，内部主机 10.10.10.1 被外部主机当做是 171.16.68.5
interface s0
ip nat inside
!--定义网络地址转换内部接口 s0
interface s1
ip nat outside
!--定义网络地址转换外部接口 s1
```

可以通过执行"show ip nat translations"命令在路由器上验证 NAT 转换。理想情况下，执行这条命令之后的输出结果如下：

```
Router#show ip nat translations

Pro     Inside global        Inside local      Outside local      Outside global
---      171.16.68.5          10.10.10.1           ---                ---
```

在内网主机 ping 外网主机 171.16.68.1，当数据包从内网进入外网后，再查看地址转换的输出结果如下：

```
Router#show ip nat translations

Pro       Inside global       Inside local      Outside local      Outside global
icmp     171.16.68.5:15      10.10.10.1:15    171.16.68.1:15     171.16.68.1:15
---        171.16.68.5          10.10.10.1          ---                ---
```

注意： 在 NAT 的输出结果中，因为采用了这样的 NAT 配置，只有内部地址被翻译。因此，内部本地地址与内部全局地址不同，而外部主机有相同的外部全局地址和外部本地地址 171.16.68.1。因为使用 ping 命令来验证，所以协议显示了 ICMP。

本地地址出现在内部网络，全局地址出现在外部网络。

如图 12.3 所示是数据包出现在内网和外网看上去的情形。

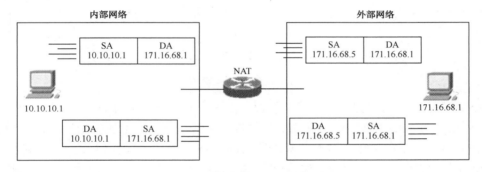

图 12.3　数据包出现在内网和外网看上去的情形 1

（2）定义外部本地地址和外部全局地址。

如果按以下配置的话，当 NAT 路由器从外部接口收到一个源地址为 171.16.68.1 的数据包时，源地址被转换为 10.10.10.5；这也意味着 NAT 路由器从内部接口收到一个目标地址为 10.10.10.5 的数据包时，其目标地址会被转换为 171.16.68.1。

```
ip nat outside source static 171.16.68.1 10.10.10.5
!-- 外部主机 171.16.68.1 会被内部主机认为是 10.10.10.5
interface s0
ip nat inside

interface s1
ip nat outside
```

理想情况下，执行"show ip nat translations"命令后的显示结果如下：

```
Router#show ip nat translations

Pro    Inside global       Inside local      Outside local      Outside global ---
---      ---                 10.10.10.5        10.10.10.5         171.16.68.1
```

当数据包从外网进入内网后，执行"show ip nat translations"命令后的显示结果如下：

```
Router#show ip nat translations

Pro      Inside global      Inside local      Outside local      Outside global
---          ---                ---             10.10.10.5          171.16.68.1
icmp   10.10.10.1:37   10.10.10.1:37   10.10.10.5:37     171.16.68.1:37
```

注意：在这个例子中，由于使用了这样的 NAT 配置，只有外部地址被转换。因此，外部本地地址和外部全局地址不一样，但内部主机有相同的内部全局地址和内部本地地址10.10.10.1。

内部地址出现在内部网络，全局地址出现在外部网络。

如图 12.4 所示是数据包出现在内网和外网时看上去的情形。

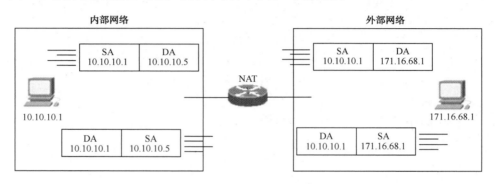

图 12.4　数据包出现在内网和外网时看上去的情形 2

（3）同时定义外部地址和内部地址。

按以下配置，当 NAT 路由器从内部接口收到一个源地址为 10.10.10.1 的数据包时，源地址被转换为 171.16.68.5；当 NAT 路由器从外部接口收到一个源地址为 171.16.68.1 的数据包时，源地址被转换为 10.10.10.5。这也意味着当 NAT 路由器从外部接口收到一个目标地址为171.16.68.5 的数据包时，目标地址被转换为 10.10.10.1；当 NAT 路由器从内部接口收到一个目标地址为 10.10.10.5 的数据包时，目标地址被转换为 171.16.68.1。

```
ip nat inside source static 10.10.10.1 171.16.68.5
!-- 内部主机 10.10.10.1 被外部主机认为是 171.16.68.5
ip nat outside source static 171.16.68.1 10.10.10.5
!-- 外部主机 171.16.68.1 被内部主机认为是 10.10.10.5
interface s0
ip nat inside

interface s1
ip nat outside
```

在理想情况下，执行"show ip nat translations"命令后的显示结果如下：

```
Router#show ip nat translations

Pro   Inside global     Inside local     Outside local     Outside global
---      ---      ---      10.10.10.5      171.16.68.1
---   171.16.68.5    10.10.10.1       ---               ---
```

正是因为这样的 NAT 配置，内部地址和外部地址都被转换。因此，内部本地地址和内部全局地址不一样，外部本地地址和外部全局地址不一样。

内部本地地址出现在内部网络，内部全局地址出现在外部网络。

当数据包从内、外网两侧互相传输时，执行"show ip nat translations"命令后的输出结果如下：

```
Router#show ip nat translations

Pro   Inside global     Inside local    Outside local    Outside global
---   ---     ---       10.10.10.5      171.16.68.1
icmp  10.10.10.1:4      10.10.10.1:4    10.10.10.5:4     171.16.68.1:4
icmp  171.16.68.5:39    10.10.10.1:39   171.16.68.1:39   171.16.68.1:39
---   171.16.68.5       10.10.10.1      ---              ---
```

如图 12.5 所示是数据包出现在内网和外网时看上去的情形。

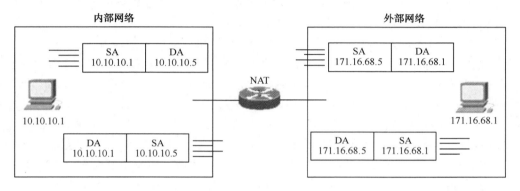

图 12.5　数据包出现在内网和外网时看上去的情形 3

根据前面的定义，看一个通过互联网连接的两个局域网之间计算机访问的例子，如图 12.6 所示。

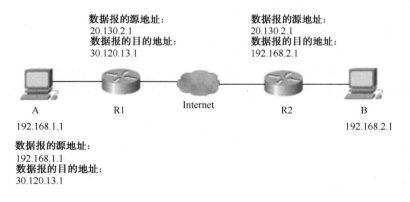

图 12.6　两个局域网之间计算机的访问

计算机 A 使用私有地址 192.168.1.1，访问互联网时采用向 ISP 申请的公有地址 20.130.2.1，通过路由器 R1 接入互联网；计算机 B 使用私有地址 192.168.2.1，访问互联网时采用向 ISP 申请的公有地址 30.120.13.1，通过路由器 R2 接入互联网。在这里公网是互联网，内网是 192.168.1.0 和 192.168.2.0。在路由器 R1 和 R2 上只进行内部地址转换。

下面是计算机 A 向 B 发送数据的情况：

数据报由内向外时，需要转换数据报的源地址。当数据报离开计算机 A 经过 R1 进入互联网时，源和目的地址由 192.168.1.1 和 30.120.13.1 变成了 20.130.2.1 和 30.120.13.1。内网数据报的源和目的地址 192.168.1.1 和 30.120.13.1 被称为内部本地地址和外部本地地址；外网数据报的源和目的地址 20.130.2.1 和 30.120.13.1 被称为内部全局地址和外部全局地址。此时内部本地地址和内部全局地址已经不一样了，而外部本地地址和外部全局地址却是一样的。

数据报由外向内时，只需要转换外部数据报的目标地址。数据报在互联网内继续前行，外网数据报的源和目的地址 20.130.2.1 和 30.120.13.1 经过 R2 去往主机 B 时，数据报的源和目标地址变成了 20.130.2.1 和 192.168.2.1。此时，外网的数据报的源和目的地址 20.130.2.1 和 30.120.13.1 被称为外部全局地址和内部全局地址，内网的数据报的源和目标地址 20.130.2.1 和 192.168.2.1 被称为外部本地地址和内部本地地址。此时，外部本地地址和外部全局地址是一样的，而内部本地地址和内部全局地址是不一样的。

当计算机 B 向 A 回送数据时，会将 20.130.2.1 当做目标地址来代替 192.168.1.1。

当数据报由内向外时，需要转换数据报的源地址。当数据报离开计算机 B 经过 R2 进入互联网时，源和目的地址由 192.168.2.1 和 20.130.2.1 变成了 30.120.13.1 和 20.130.2.1。内网数据报的源和目的地址 192.168.2.1 和 20.130.2.1 被称为内部本地地址和外部本地地址，外网数据报的源和目的地址 30.120.13.1 和 20.130.2.1 被称为内部全局地址和外部全局地址。此时内部本地地址和内部全局地址已经不一样了，而外部本地地址和外部全局地址却是一样的。

数据报由外向内时，只需要转换外部数据报的目标地址。数据报在互联网内继续前行，外网数据报的源和目的地址 30.120.13.1 和 20.130.2.1 经过 R1 去往主机 A 时，数据报的源和目标地址变成了 30.120.13.1 和 192.168.1.1。此时，外网的数据报的源和目的地址 30.120.13.1 和 20.130.2.1 被称为外部全局地址和内部全局地址，内网的数据报的源和目的地址 30.120.13.1 和 192.168.1.1 被称为外部本地地址和内部本地地址。此时，外部本地地址和外部全局地址是一样的，而内部本地地址和内部全局地址是不一样的。

理解内部本地地址、内部全局地址、外部本地地址和外部全局地址是比较伤脑筋的事情。数据的流向不同，这些地址的名称会发生改变。

来自内网的数据报采用内部本地地址作为源地址，采用外部本地地址作为目标地址；当这个数据报进入到外网时，数据报的源地址被称为内部全局地址，目标地址被称为外部全局地址。

换一种说法，来自外网的数据报，在外网时，源地址被称为外部全局地址，目标地址被称为内部全局地址；这个数据报来到内网时，源地址被称为外部本地地址，目标地址被称为内部本地地址。

3. 了解网络地址转换分类

借助 NAT，使用私有（保留）地址的"内部"网络通过路由器发送数据包时，私有地址被转换成合法的 IP 地址。一个局域网只需使用少量公有 IP 地址（甚至是 1 个）即可实现私有地址网络内所有计算机与 Internet 的通信需求。

NAT 将自动修改 IP 报文头中的源 IP 地址和目的 IP 地址，IP 地址校验则在 NAT 处理过程中自动完成。有些应用程序将源 IP 地址嵌入 IP 报文的数据部分，所以还需要同时对报文进行修改，以匹配 IP 头中已经修改过的 IP 地址。否则，报头和数据都分别嵌入 IP 地址的应用程序就不能正常工作。

网络地址转换按照工作方式可以分为静态地址转换、动态地址转换和端口地址转换。

（1）静态地址转换（Static NAT）。

静态地址转换就是将一个私有地址和一个公有地址做一对一映射，主要用于内网的机器需要被外网访问的情况，这个公有地址是固定不变的。如使用私有 IP 地址企业的 Web 服务器需要被外网访问，就需要向 ISP 申请一个合法的公有 IP 地址。

（2）动态地址转换（Dynamic NAT）。

动态地址转换就是将一个私有地址与一个公有地址池集中的某一个 IP 地址做映射，在映射关系建立后，也是一对一的映射，但所使用的公有 IP 地址是不固定的，是公有地址池中的某一个没有被其他私有地址映射的公有地址。当向 ISP 申请的公有 IP 地址略少于内网私有 IP 地址时，可以使用动态地址转换，因为一个企业网中毕竟不会每台计算机都同时上网。由于公有 IP 地址有限，所以这种转换方法在实际场景中用得相对较少。

（3）端口地址转换（Port Address Translation，PAT）。

端口地址转换是一种特殊的动态地址转换技术，采用端口多路复用方式，将多个私有地址映射到一个公有地址的不同端口号下，称为重载（Overloading）。这种地址转换方式能够最大限度地节约公有的 IP 地址资源，是使用最为广泛的。目前绝大多数企业、网吧都采用这种方式。

12.2 NAT 实现使用私有地址的网络接入互联网

使用私有地址的网络接入互联网可以使用静态地址转换、动态地址转换、端口地址转换或它们的组合来实现。

在配置网络地址转换之前，首先必须搞清楚路由器的内部接口和外部接口，以及在哪个外部接口上启用 NAT。通常情况下，连接到内部网络的接口是 NAT 内部接口，而连接到外部网络（如 Internet）的接口是 NAT 外部接口。这些约定很重要，后面的配置都是基于这些约定。

指定内部接口和外部接口的语法如下：

```
ip nat {inside|outside}
```

其中，"inside"指明的是内部接口，"outside"指明的是外部接口。

例如，路由器的 F0/0 接口连接内网，S0/0 连接外网，则 F0/0 为内部接口，S0/0 为外部接口。路由器上指定内部接口和外部接口的命令如下：

```
Router(config)#interface f0/0
Router(config-if)#ip nat inside
Router(config-if)#interface s0/0
Router(config-if)#ip nat outside
```

1. 实现静态地址转换

静态地址转换配置是比较简单的，在内部本地地址与内部全局地址之间进行一对一的转换，配置分 4 个步骤来完成。

① 指定连接内部网络的路由器内部接口（例如 F0/0 接口），在这个接口执行如下命令：

```
ip nat inside
```

② 指定连接外部网络的路由器外部接口（例如 S0/0 接口），在这个接口执行如下命令：

```
ip nat outside
```

③ 配置一条去往互联网的默认路由。

④ 在全局配置模式下进行静态地址映射。

● 进行内部源地址转换。

```
ip nat inside source static local-ip global-ip
```

● 进行内部目标地址转换。

```
ip nat inside destination static global-ip local-ip
```

● 进行外部源地址转换。

```
ip nat ouside source static global-ip local-ip
```

其中，"local-ip"为本地 IP 地址，"global-ip"为全局 IP 地址。

一个内网地址静态转换为一个公网地址，用于内网访问外网的应用现在已经很少使用，但静态地址转换用于外网访问内网 Web 服务的应用则非常广泛。

譬如，企业只有一个合法的公网 IP 地址，而这个 IP 地址已经应用在路由器的外网接口，而多个内网服务器需要接受外网访问，那么我们可以利用带端口的静态地址转换方法来解决此问题。

带端口的静态内部源地址转换的语法如下：

```
ip nat inside source static {tcp | udp } localaddr localport globaladdr
globalport
```

其中，"localaddr"为本地地址，"localport"为本地端口号，"globaladdr"为全局地址，"globalport"为全局端口号。

带端口的静态地址转换方法不是将 IP 地址做一对一映射，而是将传输层的端口号进行一对一映射。

例如，我们在 ISP 申请了一个地址 200.200.200.1/24，把它应用在接入路由器的出口上，并且做 NAT 重载来为内网主机提供 Internet 服务，而内网有一台主机（地址为 192.168.1.1）需要为外网提供 WWW 服务。我们在路由器上进行静态地址转换配置，可以用以下三步来完成。

第一步，指定内部接口。

```
Router(config)#interface f0/0
Router(config-if)#ip address 192.168.1.254 255.255.255.0
Router(config-if)#ip nat inside
Router(config-if)#no shutdown
```

第二步，指定外部接口。

```
Router(config-if)#interface F0/1
Router(config-if)#ip address 200.200.200.1 255.255.255.0
Router(config-if)#ip nat outside
Router(config-if)#no shutdown
```

第三步，设置端口映射。

```
Router(config)#ip nat inside source static tcp 192.168.1.1 80 200.200.200.1 80
```

上面的配置实现了将外部地址 200.200.200.1 的 80 端口映射到内部地址 192.168.1.1 的 80 端口。外网访问内网 Web 服务器时只需访问接入路由器出接口地址 200.200.200.1，而不是访问内网 Web 服务器地址 192.168.1.1。外网访问内网 Web 服务器效果如图 12.7 所示。

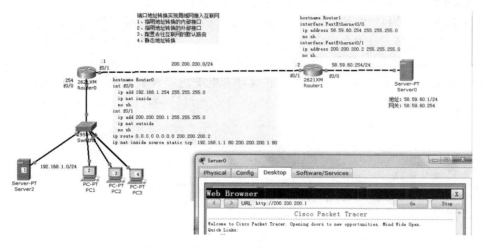

图 12.7　外网访问内网 Web 服务器

在外网计算机的浏览器上输入"http://200.200.200.1"，就能浏览到内网 Web 服务器上的网页。

2. 实现动态地址转换

动态地址转换在内部本地地址与内部全局地址池集中的某个地址进行一对一的转换，配置分 6 个步骤来完成。

① 指定连接内部网络的路由器内部接口。

```
ip nat inside
```

② 指定连接外部网络的路由器外部接口。

```
ip nat outside
```

③ 配置去往互联网的默认路由。

④ 全局配置模式下指定一个地址池。

```
ip nat pool pool-name start-address end-address {netmask netmask| prefix-length length}[type rotary]
```

其中，"pool-name"为地址池名称，"netmask"为子网掩码，"length"为子网掩码前缀长度。"type rotary"表示定义为轮转型地址池，每个地址分配的概率相等。

⑤ 定义一个访问控制列表。

定义一个访问控制列表，指明允许进行地址转换的地址范围。

⑥ 在全局配置模式下进行地址转换。

● 进行内部源地址转换。

```
ip nat inside source list list-number pool pool-name [overload]
```

● 进行内部目标地址转换。

```
ip nat inside destination list list-number pool pool-name
```

● 进行外部源地址转换。

```
ip nat ouside source list list-number pool pool-name
```

其中，"list-number"是第⑤步中定义的访问控制列表的表号。

如图 12.8 所示的是一个动态地址转换实现内网接入互联网的具体配置，经过动态地址转换后内网中部分计算机可以访问互联网，能够同时访问外网的计算机数量等于地址池中地址的个数。地址池中定义了 3 个公网地址 200.200.200.3～200.200.200.5，因此，内网中 3 台计算机可以同时访问外网，第 4 台要等待其他计算机下线后释放公网地址才能访问外网。如果要使得所有内网计算机都能同时访问外网，需要在地址转换命令中使用 overload 参数。

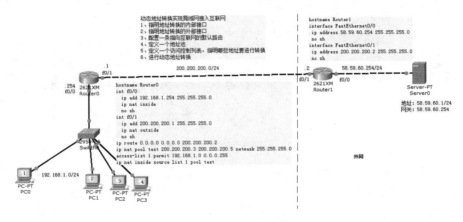

图 12.8　动态地址转换实现内网接入互联网

内网 3 台计算机访问外网后，在接入路由器上查看地址转换情况：

```
Router0#sh ip nat translations
Pro  Inside global      Inside local      Outside local      Outside global
tcp 200.200.200.5:1027 192.168.1.1:1027   58.59.60.1:80      58.59.60.1:80
tcp 200.200.200.3:1027 192.168.1.2:1027   58.59.60.1:80      58.59.60.1:80
tcp 200.200.200.4:1027 192.168.1.3:1027   58.59.60.1:80      58.59.60.1:80
```

如果想将多个 IP 地址段转换为合法 IP 地址，可以将它们一一添加到访问列表中。例如，当欲将 172.16.98.0～172.16.98.255/24 和 172.16.99.0～172.16.99.255/24 转换为合法 IP 地址时，应当添加下述命令：

```
access-list 1 permit 172.16.98.0 0.0.0.255
access-list 1 permit 172.16.99.0 0.0.0.255
```

如果有多个内部访问列表，可以一一添加，以实现网络地址转换，例如：

```
Router(config)#ip nat insde source list 1 pool test
Router(config)#ip nat insde source list 2 pool test
```

如果有多个地址池，也可以一一添加，以增加合法地址池范围，例如：

```
Router(config)#ip nat insde source list 1 pool testa
Router(config)#ip nat insde source list 1 pool testb
Router(config)#ip nat insde source list 1 pool testc
```

至此，动态地址转换设置完毕。

3. 实现端口地址转换（PAT）

端口地址转换也是一种动态地址转换，是多个内网地址的端口被转换为一个公网地址的多个端口。配置也分 6 个步骤来完成。

① 指定连接内部网络的路由器内部接口。

```
ip nat inside
```

② 指定连接外部网络的路由器外部接口。

```
ip nat outside
```

③ 配置去往互联网的默认路由。

④ 指定一个公有地址：可以是连接公网的接口，也可以是只有一个地址的地址池。

```
ip nat pool pool-name start-address end-address {netmask netmask| prefix-
length length}[type rotary]
```

对于只有一个 IP 地址的地址池，"start-address"和"end-address"是同一个内部全局地址。"netmask"为子网掩码，"length"为子网掩码前缀长度。

⑤ 定义一个访问控制列表。

定义一个访问控制列表，指明允许进行地址转换的地址范围。

⑥ 内部本地地址转换为外网接口地址。

```
ip nat inside source list list-number {pool pool-name|interface interface-
number} overload
```

overload 说明是过载。

如图 12.9 所示的是一个端口地址转换实现内网接入互联网的具体配置，经过动态地址转换后内网中所有计算机可以访问互联网，所有的访问外网的内网地址都被转换为接入路由器的出接口的公网地址，是多对一的转换，用不同的端口号来区分。

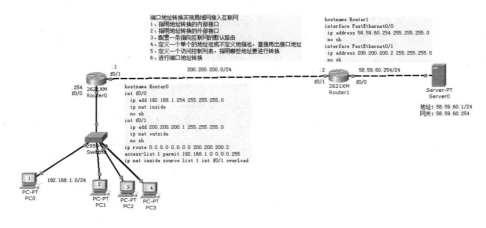

图 12.9　端口址转换实现内网接入互联网

端口地址转换每台内网计算机都可以访问外网，通过端口号区分。每台内网计算机访问外网后，可以在接入路由器上查看端口地址转换的情况：

```
Router0#sh ip nat translations
Pro  Inside global     Inside local      Outside local      Outside global
tcp  200.200.200.1:1028 192.168.1.1:1028  58.59.60.1:80      58.59.60.1:80
tcp  200.200.200.1:1024 192.168.1.2:1028  58.59.60.1:80      58.59.60.1:80
tcp  200.200.200.1:1025 192.168.1.3:1028  58.59.60.1:80      58.59.60.1:80
tcp  200.200.200.1:1026 192.168.1.4:1025  58.59.60.1:80      58.59.60.1:80
```

虽然每个内网地址都转换成相同的公网地址（接入路由器出接口地址）200.200.200.1，但端口号不一样，这样就将它们区分开来了。

至此，端口复用动态地址转换配置完成。

12.3　网络地址转换配置实训

一、实训名称

网络地址转换配置。

二、实训目的

（1）了解私有地址和公有地址的概念。

（2）了解内部本地地址、内部全局地址、外部全局地址和外部本地地址的概念。

（3）掌握静态地址转换、动态地址转换和端口地址转换的配置方法。

三、实训内容

由于企业在组网时通常使用私有 IP 地址，或者使用了与互联网上重复的 IP 地址，在接入互联网时需要进行网络地址转换。多个使用相同网段 IP 地址的局域网之间进行互联时，也需要进行网络地址转换。学生可以根据自己的条件构建实训环境。本实训是模拟一个互联网和一个企业局域网，模拟申请一些公有地址，实现静态地址转换、动态地址转换和端口地址转换。

四、实训环境

（1）用 2 台 Cisco 2621 路由器、1 台二层交换机和 2 台计算机按如图 12.10 所示的方式连接，组成实训环境。右侧为企业局域网，通过接入路由器 Router1 接入左侧互联网。

（2）检查交换机上有没有划分 VLAN，如果有划分，则删除划分的 VLAN。

（3）配置路由器主机名、接口和路由表，配置计算机的 IP 地址、网关等，在两台计算机上可以 ping 通 ISP 路由器的 loopback0 口（模拟互联网）。

（4）假设 ISP 分配 6 个公网地址 200.200.1.5～200.200.1.10 给用户，要求在 RouterB 上配置地址转换，实现内网访问外网。

（5）查看网络地址转换情况。

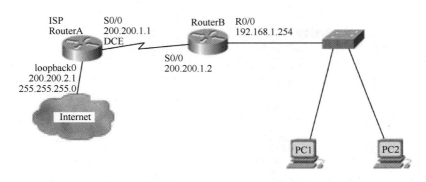

图 12.10 NAT 实现企业局域网接入互联网

五、实训要求分析和设备准备

（1）分析实训要求。企业网上有几个服务器需要被外网访问，就有几个地址需要进行静态转换；其他计算机上网通过动态地址转换，需要的公网地址要适当比私有地址少些。由于是模拟的，所以需要准备几个公网地址没有具体规定，只要能看出动态地址转换的效果就可以了。可以先完成静态地址转换和动态地址转换，做完这部分练习后，还需要去除动态转换配置，继续练习端口地址转换的配置，让企业网内的所有计算机通过一个公有地址访问互联网。

（2）要完成这个实训任务，就需要首先找到满足实训要求的路由器 2 台，每个路由器至少要有一个广域网接口，需要准备一根公头的连接广域网口的电缆，和一根母头的连接广域网口的电缆，把两个路由器连接起来。

（3）需要一台没有划分 VLAN 的交换机。由于学校实训室的交换机经常被划分 VLAN，可能导致实训无法完成，所以，学生要注意查看有没有划分 VLAN。

（4）需要两台计算机。一台计算机用于做静态地址转换，另一台计算机做动态地址转换。

（5）要根据实训环境考虑使用直通双绞线还是交叉双绞线，需要几根。

（6）需要预先规划好每个网络的 IP 地址。以表格的形式填写路由器每个接口需要配置的信息，并对照要求检查配置是否完整。

（7）分析工作要有一个组织者，要统一大家的意见。这个组织者最终也是这个实训任务的决策、计划、实施、检查的组织者和调度者。

六、决策和计划

（1）准备网络拓扑图。

（2）规划 IP 地址。必须在规划好 IP 地址后才能够完成后续的工作。

（3）准备各种表格，如表 12.3 和表 12.4 所示。这一点是很重要的，因为不预先准备好各种表格就无法协同完成任务。

表 12.3 所需设备表格

序　号	设备名称	设备要求	设备数量	备　注
1	路由器	一个广域网口	1	RouterA 模拟互联网
2	路由器	一个广域网口 一个快速以太网口	1	RouterB 企业网接入路由器

续表

序　号	设 备 名 称	设 备 要 求	设 备 数 量	备　注
3	交换机	24 个自适应以太网口	1	模拟组建企业局域网
4	计算机	带网卡	n	
5	双绞线	直通	$n+1$	
…	…	…	…	…

表 12.4　路由器配置表格

序　号	名　称	所需配置内容	具 体 配 置	备　注
1	全局配置	路由器名称	RouterB	
2	S0/0	IP 地址	200.200.1.2/24	外部接口
3	F0/0	IP 地址	192.168.1.254	内部接口
4	全局配置	路由表	默认静态路由	下一跳 200.200.1.1
5	全局配置	访问表	允许来自网络 192.168.1.0/24 的数据包通过	表号 20
6	全局配置	地址池	200.200.1.6～200.200.1.10	池名 poolisp
7	全局配置	静态转换	192.168.1.1→200.200.1.5	
8	全局配置	动态转换	表号 20→poolisp	
…	…	…	…	…

（4）进行任务分配。分配谁来完成线缆的准备，谁来完成设备的连接，谁来完成设备的配置。

七、实施与检查步骤

1. 路由器 A 的参考配置（模拟互联网）

```
ISP(config)#interface loopback 0
ISP(config-if)#ip address 200.200.2.1 255.255.255.0

ISP(config)#interface s0/0
ISP(config-if)#ip address 200.200.1.1 255.255.255.0
ISP(config-if)#clock rate 64000
ISP(config-if)#no shutdown
```

2. 路由器 B 的参考配置

● 配置路由器 B 的 S0/0 接口：

```
routerB(config)#interface S0/0
routerB(config-if)#ip address 200.200.1.2 255.255.255.0
routerB(config-if)#no shutdown
```

● 配置路由器 B 的 F0/0 接口：

```
routerB(config)#interface f0/0
routerB(config-if)#ip address 192.168.1.254 255.255.255.0
routerB(config-if)#no shutdown
```

● 配置路由表：

```
routerB(config)#ip route 0.0.0.0 0.0.0.0 200.200.1.1
```

计算机在配置好自己的 IP 地址参数后，应该能够 ping 通 ISP 路由器的 loopback0 口，如果不能 ping 通，检查配置和线路。

3．指定网络地址转换的内部接口

```
routerB(config)#interface f0/0
routerB(config-if)#ip nat inside
```

4．指定网络地址转换的外部接口

```
routerB(config)#interface s0/0
routerB(config-if)#ip nat outside
```

5．进行静态地址转换

```
routerB(config)#ip nat inside source static 192.168.1.1 200.200.1.5
```

此时，PC1 能够访问 loopback0 接口地址，而 PC2 不能访问这个地址，说明 PC1 能够访问外网，而 PC2 不能。

表明内部本地地址 192.168.1.1 已经转换成内部全局地址 200.200.1.5，这是因为设置了静态地址转换的缘故。而 192.168.1.2 没有被转换。

PC1 能够在访问 loopback0 接口地址后，在路由器 B 上使用 "show ip nat tranglations" 命令查看地址转换情况。

```
routerB#show ip nat translations
Pro  Inside global      Inside local      Outside local      Outside global
---  200.200.1.5        192.168.1.1       ---                ---
```

6．进行动态地址转换配置

● 创建 ACL（指定内部本地 IP 地址范围）：

```
routerB(config)#access-list 20 permit 192.168.1.0 0.0.0.255
```

● 创建内部全局地址池：

```
routerB(config)#ip nat pool poolisp 200.200.1.6 200.200.1.10 netmask
255.255.255.0
```

● 映射 ACL 到地址池：

```
routerB(config)#ip nat inside source list 20 pool poolisp
```

在计算机上 ping 通 ISP 路由器的 loopback0 口。

● 查看地址转换情况：

```
routerB#show ip nat translation
Pro  Inside global      Inside local      Outside local      Outside global
---  200.200.1.5        192.168.1.1       ---                ---
---  200.200.1.6        192.168.1.2       ---                ---
```

这里，192.168.1.1 进行的是静态地址转换，而 192.168.1.2 进行的是动态地址转换，转换为地址池中的地址。

● 清除动态表项：可以用 "clear ip nat translation *" 命令清除所有的动态地址转换表项。

```
routerB#clear ip nat translation *
```

清除动态地址转换表项后再用 "show ip nat translations" 命令查看地址转换情况。

```
RouterB#sh ip nat translations
Pro  Inside global    Inside local      Outside local      Outside global
---  200.200.1.5      192.168.1.1       ---                ---
```

可以看到，所有的动态表项没有了，但静态表项还在。

7. 进行端口地址转换（PAT）

如果局域网在接入互联网时只有一个公网地址，这个地址被用在接入路由器的外网接口，这时可以采用端口地址转换，将内网的所有地址都映射到路由器外网接口的同一个外网地址，要注意的是，要使用不同的端口号。

进行端口地址转换配置之前，要删除前面的静态地址转换和动态地址转换，只需在地址转换命令前加"no"：

```
routerB(config)#no ip nat inside source static 192.168.1.1 200.200.1.5
routerB(config)#no ip nat inside source list 20 pool poolisp
```

注意：如果想删除 poolisp 这个地址池，也必须先删除使用这个地址池的语句；同样，如果想删除访问列表 20，也必须先删除掉使用列表 20 的语句。否则，系统会发出正在被其他语句使用而不能被删除的错误提示。现在可以删除 poolisp 这个地址池了。

删除地址池只需在定义地址池的命令前加"no"：

```
routerB(config)#no ip nat pool poolisp 200.200.1.6 200.200.1.10 netmask
255.255.255.0
```

以上这几条语句主要是为了去除静态地址转换和动态地址转换的一些配置，为练习后面的端口地址转换做准备。

下面的命令可以实现端口地址转换：

```
routerB(config)#ip nat inside source list 20 interface s0/0 overload
```

为了看清楚端口地址转换的情况，可以先使用"clear ip nat translation *"命令清除原先所有的动态转换条目。

```
routerB#clear ip nat translation *
routerB#show ip nat translations
```

此时已经没有地址转换条目。在计算机 PC1 和 PC2 上 ping 200.200.2.1，再在路由器 B 上观察。

```
Router# show ip nat translations
Pro  Inside global     Inside local      Outside local      Outside global
icmp 200.200.1.2:61    192.168.1.1:61    200.200.2.1:61     200.200.2.1:61
icmp 200.200.1.2:62    192.168.1.1:62    200.200.2.1:62     200.200.2.1:62
icmp 200.200.1.2:63    192.168.1.1:63    200.200.2.1:63     200.200.2.1:63
icmp 200.200.1.2:64    192.168.1.1:64    200.200.2.1:64     200.200.2.1:64
icmp 200.200.1.2:40    192.168.1.2:40    200.200.2.1:40     200.200.2.1:40
icmp 200.200.1.2:41    192.168.1.2:41    200.200.2.1:41     200.200.2.1:41
icmp 200.200.1.2:42    192.168.1.2:42    200.200.2.1:42     200.200.2.1:42
icmp 200.200.1.2:43    192.168.1.2:43    200.200.2.1:43     200.200.2.1:43
```

可以看到内部本地地址 192.168.1.1 和 192.168.1.2 都被转换成内部全局地址 200.200.1.2，但使用了不同的端口号。

练 习 题

一、填空题

1. IP 地址分为私有地址和公有地址，192.168.1.1 是_____，172.161.1 是_____，168.56.1.1 是_____。

2. 网络地址转换分为静态地址转换、动态地址转换和端口地址转换，如果外部网络访问内部网络的 FTP 服务器，应该对 FTP 服务器地址进行_____转换。

3. 静态地址转换是内网地址和外网地址做一对一静态转换，而端口地址转换是_____个内网地址对_____个外网地址，用端口号区分。

4. 地址池在路由器的_____模式下定义的，而访问控制列表是在_____模式下定义的。

5. "ip nat inside source" 命令是转换由内网去往外网的数据包的_____ IP 地址，以及转换由外网进入内网的数据包的_____IP 地址。

二、选择题

1. 以下（　　）不是 NAT 的功能。
   A. 重复使用在互联网上使用的地址
   B. 允许使用私用地址的局域网用户访问互联网
   C. 允许互联网路由私有地址
   D. 为两个企业网络合并提供地址转换

2. 用（　　）命令可以查看网络地址转换条目。
   A. show ip nat translations　　　　B. ip nat inside source
   C. ip nat outside　　　　　　　　　D. show ip nat statistics

3. NAT 支持（　　）协议的地址转换。
   A. IP　　　　　　B. IPX　　　　　C. AppleTalk　　　D. IP and IPX

4. 以下（　　）NAT 的配置类型可以通过将端口信息作为区分标志，将多个内部私有 IP 地址动态映射到单个公有 IP 地址。
   A. 动态　　　　　B. 静态　　　　　C. 端口　　　　　D. 都不对

5. 如果某单位申请到 4 个公网地址的网段，应该采用（　　）地址转换技术来实现所有计算机均可上网。
   A. 动态 NAT　　　B. 静态 NAT　　　C. 端口 NAT　　　D. 都不对

三、综合题

路由器通过 F0/0 口连接企业局域网，通过 S0/0 口连接互联网。请在路由器上完成内网 Web 服务器地址 192.168.1.100 与公网地址 202.23.30.2 的静态映射。

任务 13　通过广域网实现局域网互联

本任务首先介绍了数据帧在不同协议网络中的封装、拆封过程，而后实现了通过帧中继、DDN、PSTN 和 ISDN 网络实现局域网互联，重点介绍了帧中继和 PPP 的 PAP、CHAP 认证。

当局域网内的计算机之间通信时，计算机上的以太网卡会采用以太网协议将数据封装成以太网帧，帧头中包含目标 MAC 地址和源 MAC 地址信息，接收计算机的网卡在收到以太网帧后会交给以太网协议去处理，给以太网帧拆封。

帧中继网内的计算机在通信时，数据会被封装成帧中继的帧格式，接收计算机在收到帧中继的数据帧后，会进行拆封，取出数据。

当异构网络进行互联时，需要进行网络协议的转换。网络互联时，完成协议转换任务的设备就是路由器。路由器是一个多接口、多协议的设备，每个接口连接一个网络。当接口连接以太网时，就需要为这个接口封装以太网协议，当然，Cisco 路由器的以太网接口默认封装 APPA 协议（Ethernet Ⅱ）；当接口连接帧中继网时，需要封装帧中继协议。但是这些协议在封装数据帧时采用的是物理地址，不同协议定义的物理地址格式不一样，这样，不同的网络物理地址格式就不统一。为了实现异构网络互联，需要有一个统一的编址方式，那就是网络层上使用了统一格式的 IP 地址。所以路由器的接口既需要封装具体连接网络的网络协议，又要分配 IP 地址。

图 13.1 所示的广域网协议可以是 X.25，也可以是帧中继等。路由器 RouterA 从以太网口接收到以太网的数据帧时，需要交给路由器的以太网协议处理程序去处理，拆除封装，将数据交给 IP 协议处理程序去处理。IP 协议处理程序计算路由，再将数据交给广域网处理程序去封装，封装好后从广域网接口转发出去，完成协议的转换过程。

前面讲解局域网互联时，路由器和路由器之间都是背对背连接的。在背对背连接的情况下，因为路由器串口没有连接具体的广域网，只要采用默认的 HDLC 封装就可以了。所以前面都没有看到在接口上配置封装协议，并不是说接口不要指明封装协议，而是采用了默认的接口封装协议：以太网接口默认封装为 APPA 协议，串口默认封装为 HDLC 协议。

实际上，远程局域网互联一般租用通信公司的广域网。企业经常租用的广域网有公用电话网、ISDN 网、帧中继网和 DDN 网等。可以由联网企业自己提供路由器将企业的局域网连接至广域网，也可以使用通信公司的路由器连接企业的局域网。在图 13.1 中的 RouterA 既可以由企业配置，也可以由通信公司来提供。

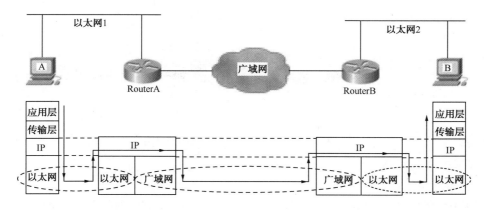

图 13.1　通过广域网实现局域网互联

路由器一般使用串口（Serial）连接广域网，在路由器串口到广域网交换机接口之间的这段线路可以通过同步 Modem（基带 Modem）连接电话线，用以连接通信公司端的同步 Modem，如图 13.2 所示。

图 13.2　路由器通过同步 MODEM 连接到广域网

13.1　通过帧中继网络实现局域网互联

帧中继是在数字光纤传输线路逐步替代原有的模拟线路，在用户终端日益智能化的情况下，由 X.25 分组交换技术发展起来的一种传输技术。帧中继网中用户信息以帧为单位进行传输，通过对帧中地址字段 DLCI 的识别，对用户信息流进行统计复用，比较适合突发性数据业务传输。

X.25 协议是针对当时链路状况比较差的模拟电话网设计的，比较多地考虑在数据传输过程中的差错控制问题。X.25 网在每个节点收到数据后都要保留副本，对数据进行差错控制等处理工作，延时比较大，不适合传输语音、视频等多媒体数据。而帧中继协议则认为现在的光纤传输和设备的误码率已经比较低了，可以简化差错控制。帧中继可以提供永久虚电路和交换虚电路服务，目前企业一般租用帧中继网络的永久虚电路（PVC）服务，数据帧在每个节点上可以快速转发，延时比较小，适合于多媒体信息的传输。

永久虚电路在帧中继网络的两个 DTE 设备之间建立一条逻辑链路，是由帧中继网络管理中心的网管员根据用户提出的申请而人工建立的，这两个 DTE 之间的数据传输都使用这条虚电路，可被认为是虚拟专用线路。但由于是虚拟的，所以价格比实际的专用线路便宜。管理员会给每个帧中继交换机上的每条虚电路一个编号，称为数据链路连接标识符（DLCI），这个 DLCI 号具有本地特性，即同一条虚电路在帧中继网络中不同交换机上可能有不同的 DLCI 编号，DLCI 号只需要在每台帧中继交换机上是唯一的就可以了，如图 13.3 所示。

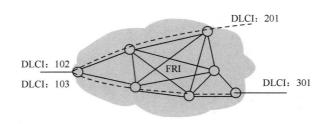

图 13.3　同一条虚电路有不同的 DLCI

1. 了解帧中继配置命令

（1）封装帧中继协议。

通过路由器的串口连接帧中继网时，需要对从串口出去的数据进行帧中继封装。某一端口上配置帧中继封装是在接口模式下执行如下命令：

```
encapsulation frame-relay [ietf|cisco]
```

"ietf"和"cisco"为 frame-relay 协议的封装格式，默认为 cisco 封装格式。当 Cisco 路由器与其他厂家路由器连接时，应用 ietf 封装。

（2）指定下一站协议地址与本地 DLCI 的对应关系。

在帧中继网中，路由器向下一跳路由器转发数据时，需要知道从哪个 DLCI 号的 PVC 可以到达下一跳路由器。因此，需要知道 IP 地址和 DLCI 的对应关系。对于点对点的连接，只要知道接口的 DLCI 号就知道了下一跳路由器的 IP 地址；但对于点到多点的连接，就需要指定 DLCI 号和下一跳路由器 IP 地址的对应关系。可以通过定义静态地址映射或动态地址映射来获得 IP 地址和 DLCI 的对应关系。

① 静态地址映射。

静态地址映射就是人工指定下一跳路由器的协议地址与本地 DLCI 号的对应关系。可以在接口配置模式下使用下面的命令：

```
frame-relay map protocol protocol-address dlci [broadcast] [ietf|cisco]
```

- "protocol"代表协议地址的协议类型，如 IP、IPX 等；
- "protocol-address"指具体的协议地址，是通过 DLCI 可以到达的协议地址，不是本路由器的地址；
- "dlci"为本地 DLCI 号；
- "broadcast"为可选项，允许在帧中继网络上传递路由广播信息。

② 动态地址映射。

动态地址映射就是用帧中继的 inverse-ARP 协议来完成下一跳路由协议地址与 DLCI 的映射。动态地址映射只需要开启 inverse-ARP 协议，不需要其他的配置。该协议默认是开启的，当设置静态映射时，动态映射自动关闭。可以在接口配置模式下使用以下命令开启或关闭 inverse-ARP 协议：

```
[no]frame-relay inverse-arp
```

③ 指定 DLCI 号。

DLCI 号是由 DCE 设备决定的，DTE 设备一般不需要设置 DLCI 号。路由器一般作为帧中继的 DTE 设备，也就不需要设置 DLCI 号了。在点对点连接时，也可以通过指定接口或子接口的 DLCI 号，来明确下一站协议地址与本地 DLCI 的对应关系。如果需要指定一个接口或子接口的 DLCI 号，可使用如下命令：

```
frame-relay interface-dlci dlci
```

这里的"dlci"为本地 DLCI 号。

（3）指定本地管理接口类型。

本地管理接口（Local Management Interface，LMI）是帧中继网络设备和用户端设备进行连通性确认的一种协议，负责链路状态维护、PVC 状态维护及 PVC 的添加和删除通知等。目前主要有三个标准：国际标准 ITU-TQ.933 ANNEX A、欧洲电信委员会标准 ANSI T1.617 ANNEX D 和 Cisco 标准。

Cisco 路由器在接口模式下指定 LMI 类型的命令如下：

```
frame-relay lmi-type {q933a|ansi|cisco}
```

在 Cisco IOS Release 11.2 版本以上，支持 LMI 自动识别，即由帧中继交换机端口决定 LMI 的类型，也就是说可以人工指定也可以不指定 LMI 的类型。

（4）物理接口上建立子接口。

子接口提供了在一个物理接口上支持多个逻辑接口或网络互联的功能，即将多个逻辑接口与一个物理接口建立关联，这些逻辑接口在工作时，共用物理接口的物理配置参数，但有各自的链路层和网络层配置参数。

为什么要使用子接口？一般一个物理接口只能配置一个 IP 地址。在两接口间为点到点连接的情况下，只用一个 IP 地址就可以满足应用的要求。如果接口的链路层支持多个连接的复用，如帧中继上同时支持多个虚连接，在这种情况下，若这些虚连接的对端网络都和本端接口 IP 地址处于同一网段，那么一个 IP 地址也可以满足要求；但是，如果接口虚连接的对端网络处于不同网段，接口上只有一个 IP 地址就不能满足要求了，此时必须使用子接口。

在主接口上创建一个子接口并进入子接口视图的命令如下：

```
interface  serial  interface-number.subinterface-number  {multipoint  |
point-to-point}
```

子接口视图是指子接口进行点对点连接还是点对多点连接？

（5）查看帧中继相关信息。

可以使用如下命令查看帧中继相关信息：

```
show frame-relay pvc
show frame-relay map
show frame-relay route
show frame-relay lmi
```

2．多分支机构网络通过帧中继互联

对于总部与多分支机构的网络互联，经常会租用帧中继网络。总部的路由器只需要一个广域网接口就可以和多个分支机构的路由器连接，所有连接帧中继网的路由器接口处于同一网段，如图 13.4 所示。

实现网络互联的各个路由器在连接帧中继网络的接口上需要配置帧中继封装协议、协议地址与 DLCI 的映射关系等参数。

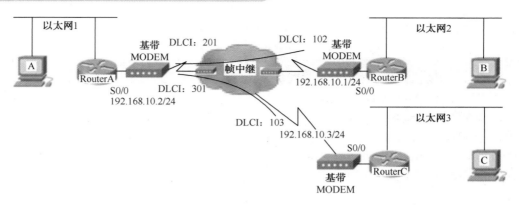

图 13.4　总部局域网通过帧中继与多分支机构局域网连接

根据协议地址与 DLCI 映射方式是动态还是静态，可以把帧中继网络分为两种配置方式。参考配置如下：

（1）帧中继动态映射。

```
RouterA#configure terminal
RouterA(config)#interface s0/0
RouterA(config-if)#ip address 192.168.10.2 255.255.255.0
RouterA(config-if)#no shutdown
RouterA(config-if)#encapsulation frame-relay     !--封装帧中继协议
RouterA(config-if)#end

RouterB#configure terminal
RouterB(config)#interface s0/0
RouterB(config-if)#ip address 192.168.10.1 255.255.255.0
RouterB(config-if)#no shutdown
RouterB(config-if)#encapsulation frame-relay
RouterB(config-if)#end

RouterC#configure terminal
RouterC(config)#interface s0/0
RouterC(config-if)#ip address 192.168.10.3 255.255.255.0
RouterC(config-if)#no shutdown
RouterC(config-if)#encapsulation frame-relay
RouterC(config-if)#end
```

可以发现，由于 inverse-ARP 协议默认是开启的，所以协议地址与 DLCI 的映射关系是动态完成的，不需要静态配置。

（2）帧中继静态映射。

```
RouterA#configure terminal
RouterA(config)#interface s0/0
RouterA(config-if)#ip address 192.168.10.2 255.255.255.0
RouterA(config-if)#no shutdown
RouterA(config-if)#encapsulation frame-relay
RouterA(config-if)#no frame-relay inverse-arp
!--关闭帧中继反向 ARP 解析
RouterA(config-if)#frame-relay map ip 192.168.10.1 201 broadcast
!--静态映射，通过 DLCI201 可以到达下一跳 IP 地址 192.168.10.1
RouterA(config-if)#frame-relay map ip 192.168.10.3 301 broadcast
RouterA(config-if)#end

RouterB#configure terminal
```

```
RouterB(config)#interface s0/0
RouterB(config-if)#ip address 192.168.10.1 255.255.255.0
RouterB(config-if)#no shutdown
RouterB(config-if)#encapsulation frame-relay
RouterB(config-if)#no frame-relay inverse-arp
RouterB(config-if)#frame-relay map ip 192.168.10.2 102 broadcast
RouterB(config-if)#end

RouterC#configure terminal
RouterC(config)#interface s0/0
RouterC(config-if)#ip address 192.168.10.3 255.255.255.0
RouterC(config-if)#no shutdown
RouterC(config-if)#encapsulation frame-relay
RouterC(config-if)#no frame-relay inverse-arp
RouterC(config-if)#frame-relay map ip 192.168.10.2 103 broadcast
RouterC(config-if)#end
```

3. 使用子接口的帧中继网络互联

（1）使用子接口的点对点静态映射。

当一个物理接口复用多条虚电路，每条虚电路连接不同的网段时，需要在物理接口上建立子接口。如图 13.5 所示，RouterA 的 S0/0 复用了两条虚电路，且每条虚电路分别连接不同的网段 192.168.10.0/24 和 172.16.10.0/24，所以需要建立两个子接口。子接口号可以是任意的数字，但为了方便配置，最好和虚电路号一致。

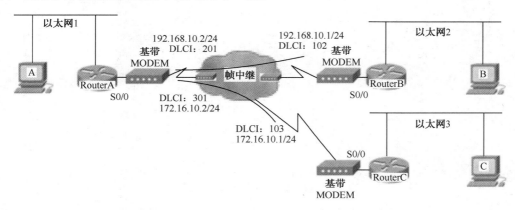

图 13.5　使用子接口点对点的帧中继网络互联

实现网络互联的各个路由器上帧中继参考配置如下：

```
RouterA(config)#interface s0/0
RouterA(config-if)#encapsulation frame-relay
RouterA(config-if)#interface s0/0.201 point-to-point    !--创建点到点子接口
!--模式
RouterA(config-subif)#ip address 192.168.10.2 255.255.255.0
RouterA(config-subif)#frame-relay interface-dlci 201
!--为子接口指定本地 DLCI 为 201，同时也就映射了下一跳的协议地址 192.168.10.1，因为是
!--点对点
RouterA(config-fr-dlci)#no shutdown
RouterA(config-subif)#interface s0/0.301 point-to-point
RouterA(config-subif)#ip address 172.16.10.2 255.255.255.0
RouterA(config-subif)#frame-relay interface-dlci 301
```

```
!--为子接口指定本地 DLCI 为 301，同时也就映射了下一跳的协议地址 172.16.10.1，因为是点
!--对点
RouterA(config-fr-dlci)#no shutdown
RouterA(config-subif)#end

RouterB(config)#interface s0/0
RouterB(config-if)#encapsulation frame-relay
RouterB(config-if)#interface s0/0.102 point-to-point
RouterB(config-subif)#ip address 192.168.10.1 255.255.255.0
RouterB(config-subif)#frame-relay interface-dlci 102
RouterB(config-fr-dlci)#no shutdown

RouterC(config)#interface s0/0
RouterC(config-if)#encapsulation frame-relay
RouterC(config-if)#interface s0/0.103 point-to-point
RouterC(config-subif)#ip address 172.16.10.1 255.255.255.0
RouterC(config-subif)#frame-relay interface-dlci 103
RouterC(config-fr-dlci)#no shutdown
```

（2）使用子接口的点对多点静态映射。

子接口除了支持点对点外，还支持点对多点。子接口点对多点的配置方法和接口不建立子接口的配置方法几乎一样，如图 13.6 所示。

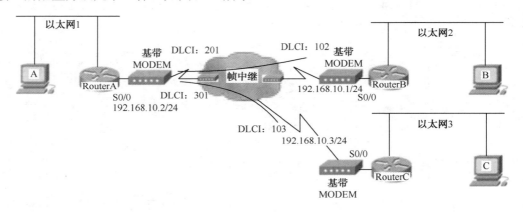

图 13.6　子接口点对多点的帧中继网络互联

实现网络互联的各个路由器上帧中继参考配置如下：

```
RouterA(config)#interface s0/0
RouterA(config-if)# encapsulation frame-relay
RouterA(config-if)#interface s0/0.1 multipoint    !--创建点到多点子接口模式
RouterA(config-subif)#ip address 192.168.10.2 255.255.255.0
RouterA(config-subif)#frame-relay map ip 192.168.10.1 201
RouterA(config-subif)#frame-relay map ip 192.168.10.3 301
RouterA(config-subif)#no shutdown

RouterB(config)#interface s0/0
RouterB(config-if)#encapsulation frame-relay
RouterB(config-if)#interface s0/0.1 multipoint
RouterB(config-subif)#ip address 192.168.10.1 255.255.255.0
RouterB(config-subif)#frame-relay map ip 192.168.10.2 102
RouterB(config-subif)#no shutdown
```

```
RouterC(config)#interface s0/0
RouterC(config-if)#encapsulation frame-relay
RouterC(config-if)#interface s0/0.1 multipoint
RouterC(config-subif)#ip address 192.168.10.3 255.255.255.0
RouterC(config-subif)#frame-relay map ip 192.168.10.2 103
RouterC(config-subif)#no shutdown
```

13.2　通过 DDN 网络实现局域网互联

DDN 是利用数字信道传输数据信号的数据传输网，是一种利用光纤、数字微波或卫星等数字传输通道和数字交叉复用设备组成的数字数据传输网，它可以为用户提供各种速率的高质量数字专用电路和其他新业务，以满足用户多媒体通信和组建中高速计算机通信网的需要。它的主要作用是向用户提供永久性和半永久性连接的数字数据传输信道，既可用于计算机之间的通信，也可用于传送数字化传真、数字语音、数字图像信号或其他数字化信号。永久性连接的数字数据传输信道是指用户间建立固定连接，传输速率不变的独占带宽电路。半永久性连接的数字数据传输信道是由用户提出申请，由 DDN 网络管理人员对线路的传输速率、传输数据的目的地和传输路由进行配置而形成的通信信道。

DDN 网对通信协议没有要求，将数字通信的协议交给智能化用户终端去完成，所以称为透明传输网。它支持 PPP、HDLC、SLIP 和 SDLC 等数据链路层通信协议及 IP、IPX 等网络层协议。下面将重点讲解 PPP 协议。

企业在租用广域网来进行局域网互联时，经常会考虑租用帧中继网和 DDN 网。帧中继具有统计复用、支持突发性数据传输、价格相对便宜等优点；而 DDN 可提供 2Mbps 或 $N\times 64$Kbps 的固定速率的专用数字通信信道，就是通常所说的 DDN 专线。

当多分支企业局域网互联时，如果总部希望与各分支机构均以 2Mbps 的带宽来连接，用以传输视频会议等多媒体数据，那么，有几个分支机构，总部的路由器就需要有几个 2Mbps 的串口。如图 13.7 所示，RouterA 提供两个串口 S0/1 和 S0/0，分别用以连接以太网 2 和以太网 3。

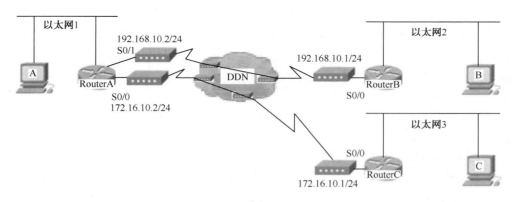

图 13.7　局域网通过 DDN 互联

如果分别以 64Mbps 的带宽和多个分支机构连接的话，总部可以采用一个通道化的 E1（2.048Mbps）口提供 $N\times 64$Kbps（$N=32$）通道。

由于 DDN 是透明传输，所以 DTE 设备可以根据具体情况选择高效安全的数据链路层协议来封装。默认情况下，Cisco 路由器的串口采用 Cisco HDLC 封装，Cisco HDLC 只对上层数据进行物理帧封装，没有应答、重传机制，所有的纠错处理由上层协议处理。因此，Cisco HDLC 协议是一种高效的点对点协议。但其他厂家的路由器不支持 Cisco HDLC，因此，在和其他厂家的路由器连接时，需要采用双方都支持的协议，如 PPP 协议。

PPP 协议为点对点协议，是为同等单元之间传送数据包而设计的数据链路层协议。PPP 可对入网用户进行认证，对传输数据进行压缩。

1．了解 PPP 认证方法和认证过程

PPP 协议栈定义在 OSI 参考模型的物理层和数据链路层，要求全双工线路，可以使用在异步串行连接和同步串行连接中。它使用链路控制协议（LCP）来建立和保持连接。

PPP 协议可对入网用户进行认证，但认证是可选的，不是必需的。通常采用的认证协议有密码验证协议（Password Authentication Protocol，PAP）和挑战握手验证协议（Challenge Handshake Authentication Protocol，CHAP）。

① 密码验证协议（PAP）。

PAP 是一种两次握手验证协议，它在网络上采用明文方式传输用户名和口令。被验证方主动发起验证请求，将本端的用户名和密码发送到验证方；验证方接到被验证方的验证请求后，检查此用户名和密码是否存在。如果存在，验证方返回 Acknowledge 响应，表示验证通过；如果此用户名不存在或口令错误，验证方返回 Not Acknowledge 响应，表示验证不通过。

PAP 认证是被叫提出连接请求，主叫响应。

PAP 在网络上以明文的方式传递用户名及口令，如果在传输过程中被截获，便有可能对网络安全造成极大的威胁，因此它不是一个安全的认证协议。

② 挑战握手验证协议（CHAP）。

CHAP 是一种三次握手验证协议，它只在网络上传输用户名，而用户密码不在网络上传输。验证方主动发起验证请求，向被验证方发送一些随机产生的报文，并同时将本端配置的用户账户名附带上一起发送给被验证方；被验证方接到验证方的验证请求后，根据此报文中的用户账户名在本端的用户表中查找用户密码。如果找到用户表中与验证方用户名相同的用户，便利用随机报文和此用户的密码以 MD5 算法生成应答，随后将应答和自己的用户名送回；验证方接收到此应答后，利用自己保存的被验证方密码以及随机报文用 MD5 算法得出结果，与被验证方应答比较，如果两者相同则返回 Acknowledge 响应，表示验证通过；如果两者不相同则返回 Not Acknowledge 相应，表示验证不通过。

CHAP 认证是由主叫发出请求。

CHAP 认证只在网络上传输用户名，而并不传输用户密码，因此它的安全性要比 PAP 认证高。

2．配置 PPP 协议

当路由器通过电话线或 DDN 专线连接时经常会使用 PPP 协议。下面以如图 13.8 所示的三个局域网通过 DDN 互联讲解 PPP 协议的配置。

在路由器接口上封装 PPP 协议的命令如下：

```
encapsulation ppp
```

可以为 PPP 连接指定认证方式，这需要在路由器的接口模式下指定认证方式，命令如下：

```
ppp authentication {pap|chap| pap chap | chap pap }
```

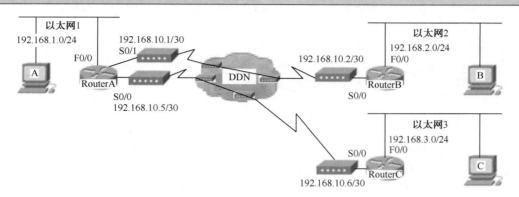

图 13.8 三个局域网通过 DDN 互联

连接双方使用相同的认证协议，可以单独使用 PAP 或 CHAP 认证，也可以使用组合认证；PAP CHAP 认证是指先使用 PAP 认证，不成功时再使用 CHAP 认证，CHAP PAP 认证的含义相反。

在验证路由器上需要为被验证路由器创建账户和密码。路由器在全局配置模式下使用如下命令创建账户和密码：

```
username remote-router-name password remote-router-password
```

其中，"remote-router-name"为被验证路由器的账户名称，"remote-router-password"为其认证密码。

（1）使用 PAP 实现双向认证。

PAP 认证支持单向认证和双向认证。单向认证是指两台路由器进行 PPP 连接时，只在其中一台路由器上建立允许另一台路由器访问的账户和密码，开启认证要求，接收另一台路由器送来的访问账户和密码认证请求。双向认证是指连接的两台路由器互相给对方建立账户和密码，开启认证需求，接收对方送来的账户和密码认证请求。

在图 13.8 中给出了 RouterA 和 RouterB、RouterC 实现 PAP 双向认证的参考配置。

RouterA 的参考配置：

```
Router(config)#hostname RouterA
RouterA(config)#username RB password yym1     !--授权远程用户 RB 使用密码 yym1
!--连接
RouterA(config)#username RC password yym2      !--授权远程用户 RC 使用密码 yym2
!--连接
RouterA(config)#ip route 192.168.2.0 255.255.255.0 192.168.10.2
RouterA(config)#ip route 192.168.3.0 255.255.255.0 192.168.10.6
RouterA(config)#interface f0/0
RouterA(config-if)#ip address 192.168.1.1 255.255.255.0
RouterA(config-if)#no shutdown
RouterA(config-if)#interface s0/0
RouterA(config-if)#encapsulation ppp
RouterA(config-if)#ip address 192.168.10.5 255.255.255.252
RouterA(config-if)#ppp authentication pap     !--使用 PAP 认证，要求远程用户连接
!--时进行 PAP 认证
RouterA(config-if)#ppp pap sent-username RA1 password cisco1
!--发送自己访问 RouterC 的用户名和密码给 RouterC，接受 RouterC 的验证
RouterA(config-if)#no shutdown
```

```
RouterA(config-if)#interface s0/1
RouterA(config-if)#encapsulation ppp
RouterA(config-if)#ip address 192.168.10.1 255.255.255.252
RouterA(config-if)#ppp authentication pap   !--使用 PAP 认证，要求远程用户连接
!--时进行 PAP 认证
RouterA(config-if)#ppp pap sent-username RA2 password cisco2
!--发送自己访问 RouterB 的用户名和密码给 RouterB，接受 RouterB 的验证
RouterA(config-if)#no shutdown
```

RouterB 的参考配置：

```
Router(config)#hostname RouterB
RouterB(config)#username RA2 password cisco2    !--授权远程用户 RA2 使用密码
!--cisco2 进行连接
RouterB(config)#ip route 192.168.1.0 255.255.255.0 192.168.10.1
RouterB(config)#interface f0/0
RouterB(config-if)#ip add 192.168.2.1 255.255.255.0
RouterB(config-if)#no shutdown
RouterB(config-if)#interface s0/0
RouterB(config-if)#encapsulation ppp
RouterB(config-if)#ip address 192.168.10.2 255.255.255.252
RouterB(config-if)#ppp authentication pap   !--使用 PAP 认证，要求远程用户连接时
!--进行 PAP 认证
RouterB(config-if)#ppp pap sent-username RB password yym1
!--发送自己访问 RouterA 的用户名和密码给 RouterA，接受 RouterA 的验证
RouterB(config-if)#no shutdown
```

RouterC 的参考配置：

```
Router(config)#hostname RouterC
RouterC(config)#username RA1 password cisco1    !--授权远程用户 RA1 使用密码
!--cisco1 进行连接
RouterC(config)#ip route 192.168.1.0 255.255.255.0 192.168.10.5
RouterC(config)#interface f0/0
RouterC(config-if)#ip address 192.168.3.1 255.255.255.0
RouterC(config-if)#no shutdown
RouterC(config-if)#interface s0/0
RouterC(config-if)#encapsulation ppp
RouterC(config-if)#ip address 192.168.10.6 255.255.255.252
RouterC(config-if)#ppp authentication pap   !--使用 PAP 认证，要求远程用户连接
!--时进行 PAP 认证
RouterC(config-if)#ppp pap sent-username RC password yym2
!--发送自己访问 RouterA 的用户名和密码给 RouterA，接受 RouterA 的验证
RouterC(config-if)#no shutdown
```

（2）使用 CHAP 实现单向认证。

CHAP 认证也分单向认证和双向认证。由于使用三次握手，不发送密码，因此即使使用单向认证，也要求连接双方互相为对方建立用户账户和密码，而且密码要一样。

图 13.8 中给出了 RouterA 与 RouterB、RouterC 建立 PPP 连接单向 CHAP 认证的参考配置。

RouterA 的参考配置：

```
Router(config)#hostname RouterA
RouterA(config)#username RouterB password yym1     !--授权远程用户 RouterB，注
!--意是对方设备名
```

```
RouterA(config)#username RouterC password yym2     !--授权远程用户 RouterC，注
!--意是对方设备名
RouterA(config)#ip route 192.168.2.0 255.255.255.0 192.168.10.2
RouterA(config)#ip route 192.168.3.0 255.255.255.0 192.168.10.6
RouterA(config)#interface f0/0
RouterA(config-if)#ip address 192.168.1.1 255.255.255.0
RouterA(config-if)#no shutdown
RouterA(config-if)#interface s0/0
RouterA(config-if)#encapsulation ppp
RouterA(config-if)#ip address 192.168.10.5 255.255.255.252
RouterA(config-if)#ppp authentication chap  !--使用 CHAP 认证，由于单向认证，所
!--以对方无此命令
RouterA(config-if)#no shutdown
RouterA(config-if)#interface s0/1
RouterA(config-if)#encapsulation ppp
RouterA(config-if)#ip address 192.168.10.1 255.255.255.252
RouterA(config-if)#ppp authentication chap  !--使用 CHAP 认证，由于单向认证，所
!--以对方无此命令
RouterA(config-if)#no shutdown
```

RouterB 的参考配置：

```
Router(config)#hostname RouterB
RouterB(config)#username RouterA password yym1     !--授权远程用户 RouterA，注
!--意是对方设备名
RouterB(config)#ip route 192.168.1.0 255.255.255.0 192.168.10.1
RouterB(config)#interface f0/0
RouterB(config-if)#ip add 192.168.2.1 255.255.255.0
RouterB(config-if)#no shutdown
RouterB(config-if)#interface s0/0
RouterB(config-if)#encapsulation ppp
RouterB(config-if)#ip address 192.168.10.2 255.255.255.252
RouterB(config-if)#no shutdown
```

RouterC 的参考配置：

```
Router(config)#hostname RouterC
RouterC(config)#username RouterA password yym2     !--授权远程用户 RouterA
RouterC(config)#ip route 192.168.1.0 255.255.255.0 192.168.10.5
RouterC(config)#interface f0/0
RouterC(config-if)#ip add 192.168.3.1 255.255.255.0
RouterC(config-if)#no shutdown
RouterC(config-if)#interface s0/0
RouterC(config-if)#encapsulation ppp
RouterC(config-if)#ip address 192.168.10.6 255.255.255.252
RouterC(config-if)#no shutdown
```

13.3　通过公用电话网实现局域网互联

局域网通过广域网互联时，对于持续不断的数据传输，一般租用专线；如果只是偶尔有数据传输的情况，租用专线就很不经济，所以需要使用按需拨号线路，如上级单位向下级单位进行信息发布、下级单位向上级单位汇报报表等。

1．配置按需拨号路由

Dial-On-Demand Routing（DDR）是用公共电话网提供网络连接，如图 13.9 所示，比较

适用于用户对数据通信速率要求不高，偶尔有数据传输或只是在特定时候传输数据的应用情况。

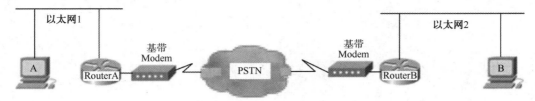

图 13.9　按需拨号网络

当一个允许拨号路由通过的数据包（感兴趣的数据包）到达路由器时，产生一个 DDR 拨号请求，路由器发送呼叫建立信息给指定串口的 DCE 设备，通过 DCE 设备之间的拨号连接把本地和远程的设备连接起来。一旦没有数据传输，空闲计时器开始计时，超过设置的空闲时间，就自动断开连接。

DDR 使用静态路由来传输数据包，避免路由交换引起的 DDR 拨号。

在配置 DDR 的过程中，可以把一个或几个物理接口配置成一个逻辑拨号接口，可以是同步 V.25 方式、同步 DTR 或异步 chat script 方式启动拨号。

路由器使用以下命令实现按需拨号功能。

① 在一个接口上激活按需拨号。

```
dialer in-band
```

② 指定一个接口属于某个拨号访问组。

```
dialer-group dialer-group-number
```

dialer-group-number 为拨号表的编号。

③ 为拨号接口设置所拨电话号码。

可以直接指定电话号码：

```
dialer string dial-string
```

也可以映射对方路由器的协议地址（IP 地址）到电话号码：

```
dialer map protocol-type net-hop-address dialer-string
```

其中，"dial-string" 为所拨电话号码；"protocol-type" 为协议类型，一般为 IP；"net-hop-address" 为下一跳路由器地址。

④ 设置接口的断线前空闲等待时间。

```
dialer idle-time seconds
```

"seconds" 为线路空闲计时器的设定时间，以秒为单位。若超过空闲计时时间仍没有感兴趣的数据传输，就断开拨号连接。

⑤ 定义感兴趣的数据。

可以在全局配置模式下使用访问控制列表定义感兴趣的数据：

```
dialer-list dialer-group-number list access-list-number
```

也可以指定只允许某个协议或只拒绝某个协议或限定访问控制列表中的某个协议，来定义感兴趣的数据：

> **dialer-list** dialer-group-number **protocol** protocol-type {**permit|deny|list** access-list-number}

其中，"access-list-number"为访问控制列表的表号。

下面给出两个局域网通过按需拨号连接的配置的示例。两个路由器通过电话网拨号连接，采用 PPP 协议，CHAP 认证，拨号线路空闲 5 分钟后断开，拓扑图如图 13.10 所示。

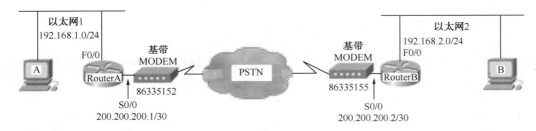

图 13.10　两个局域网按需拨号连接

RouterA 的配置：

```
Router (config)#hostname RouterA
Router (config)#username RouterB password cisco
RouterA(config)#ip route 192.168.2.0 255.255.255.0 200.200.200.2
RouterA(config)#dialer-list 1 protocol ip permit   !--指定拨号组 1 允许通过的
!--IP 数据
RouterA(config)#interface serial 0/0
RouterA(config-if)#ip address 200.200.200.1 255.255.255.252
RouterA(config-if)#encapsulation ppp
RouterA(config-if)#ppp authentication chap
RouterA(config-if)#dialer in-band      !--在接口上激活按需拨号路由
RouterA(config-if)#dialer-group 1       !--指定接口为拨号访问组 1
RouterA(config-if)#dialer map ip 200.200.200.2 86335155   !--映射 IP 地址到
!--电话号码
RouterA(config-if)#dialer idle-timeout 300    !--空闲 5 分钟（300 秒）自动断开
!--连接
RouterA(config-if)#no shutdown
```

RouterB 的配置：

```
Router (config)#hostname RouterB
RouterB (config)#username RouterA password cisco
RouterB(config)#ip route 192.168.1.0 255.255.255.0 200.200.200.1
RouterB(config)#dialer-list 1 protocol ip permit    !--指定拨号组 1 允许通过的
!--IP 数据
RouterB(config)#interface serial 0/0
RouterB(config-if)#ip address 200.200.200.2 255.255.255.252
RouterB(config-if)#encapsulation ppp
RouterB(config-if)#ppp authentication chap
RouterB(config-if)#dialer in-band       !--在接口上激活按需拨号路由
RouterB(config-if)#dialer-group 1        !--指定接口为拨号访问组 1
RouterB(config-if)#dialer map ip 200.200.200.1 86335152    !--映射 IP 地址到
!--电话号码
RouterB(config-if)#dialer idle-timeout 300    !--空闲 5 分钟自动断开连接
RouterB(config-if)#no shutdown
```

2. 配置拨号备份

拨号备份提供了一种保护，使得当广域网上主干线出现故障时，启动一条备份线路，使通信正常运转。

启动备份有两种情况：一种情况是主干线路断掉，另一种情况是传输流量超过了设定的阈值。

路由器通过如下命令来为主链路开启拨号备份：

① 为接口指定备份接口。

在接口模式下使用如下命令：

```
backup interface interface-name
```

"interface-name"为主接口的备份接口。

② 指定拨号备份的开启和断开的主线路负荷阈值。

在接口模式下使用如下命令：

```
backup load {enable-threshold | never} {disable- threshold |never}
```

其中，"enable-threshold"表示主干线负荷超过这个设定值时启动拨号备份；"disable-threshold"表示主干线负荷低于这个设定值时断开拨号备份。

③ 定义主干线断线后多长时间开始启动拨号、主干线接通后多长时间断开拨号。

在接口模式下使用如下命令：

```
backup delay {enable-delay | never} {disable-delay | never}
```

其中，"enable-delay"表示主干线断开多长时间后启动备份拨号；"disable-delay"表示主干线重新恢复多长时间后断开备份线路。

如图 13.11 所示是一个通过同步口备份的例子。两个局域网通过 DDN 专线互联，通过电话网备份。

当 DDN 专线连接正常时，主接口 S0/0 状态为"up"，line protocol 为"up"，则备份线路状态为"standby"，line protocol 为"down"，此时所有通信均通过主接口进行。当主接口连接发生故障时，接口状态为"down"，则激活备份接口，完成数据通信。

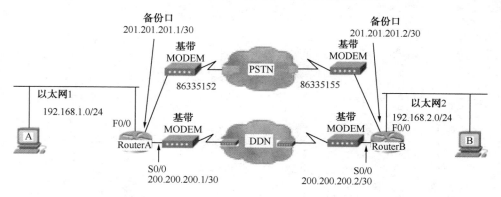

图 13.11　拨号作为 DDN 的备份

RouterA 的参考配置：

```
Router(config)#hostname RouterA
RouterA(config)#username RouterB password cisco
```

```
RouterA(config)#dialer-list 1 protocol ip permit
RouterA(config)#ip route 192.168.2.0 255.255.255.0 200.200.200.2
RouterA(config)#ip route 192.168.2.0 255.255.255.0 201.201.201.2 254
RouterA(config)#interface Serial0/0      !--主线路接口
RouterA(config-if)#backup delay 0 5      !--主干 Down 后立即启动拨号，主干恢复 5 秒
!--钟后断开拨号
RouterA(config-if)#backup interface Serial0/1      !--指定 s0/0 接口的备份接口
!--为 s0/1
RouterA(config-if)#ip address 200.200.200.1 255.255.255.252
RouterA(config-if)#encapsulation ppp
RouterA(config-if)#ppp authentication chap
RouterA(config-if)#no shutdown
RouterA(config-if)#interface Serial0/1      !--备份线路接口
RouterA(config-if)#ip address 201.201.201.1 255.255.255.252
RouterA(config-if)#encapsulation ppp
RouterA(config-if)#ppp authentication chap
RouterA(config-if)#dialer in-band
RouterA(config-if)#dialer string 86335155
RouterA(config-if)#dialer-group 1
RouterA(config-if)#pulse-time 1
RouterA(config-if)#no shutdown
```

RouterB 的参考配置：

```
Router(config)#hostname RouterB
RouterB(config)#username RouterA password cisco
RouterB(config)#dialer-list 1 protocol ip permit
RouterB(config)#ip route 192.168.1.0 255.255.255.0 200.200.200.1
RouterB(config)#ip route 192.168.1.0 255.255.255.0 201.201.201.1 254
RouterB(config)#interface Serial0/0      !--主线路接口
RouterB(config-if)#backup delay 0 5      !--主干 Down 后立即启动拨号，主干恢复 5 秒
!--钟后断开拨号
RouterB(config-if)#backup interface Serial0/1      !--指定 s0/0 接口的备份接口
!--为 s0/1
RouterB(config-if)#ip address 200.200.200.2 255.255.255.252
RouterB(config-if)#encapsulation ppp
RouterB(config-if)#ppp authentication chap
RouterB(config-if)#no shutdown
RouterB(config-if)#interface Serial0/1      !--备份线路接口
RouterB(config-if)#ip address 201.201.201.2 255.255.255.252
RouterB(config-if)#encapsulation ppp
RouterB(config-if)#ppp authentication chap
RouterB(config-if)#dialer in-band
RouterB(config-if)#dialer string 86335152
RouterB(config-if)#dialer-group 1
RouterB(config-if)#pulse-time 1
RouterB(config-if)#no shutdown
```

13.4 通过 ISDN 实现互联

ISDN 是以综合数字电话网（IDN）为基础发展演变而成的通信网，是一种典型的电路交换网络系统，它通过普通的铜缆以更高的速率和质量传输语音和数据。

ISDN 提供两种接口：一种为基本速率接口（BRI），另一种为基群速率接口（PRI）。BRI 接口由两个 B 信道和一个 D 信道组成，所以又叫"2B+D"接口。B 信道用于数据传输，速率为

64Kbps，两个 64Kbps 的信道可以组合成一个 128Kbps 的信道来使用；D 信道用于传输信令，速率为 16Kbps。PRI 接口有欧洲标准和北美标准，我国采用欧洲标准。在我国，PRI 接口由 30 个 B 信道和 1 个 D 信道组成，所以也称为 "30B+D" 接口，其中 B 和 D 信道速率均为 64Kbps。

1. 通过 ISDN 按需拨号实现局域网互联

实现 ISDN 按需拨号可在路由器上执行如下命令：

① 在全局模式下指定 ISDN 交换类型。

```
isdn switch-type basic-net3
```

② 设置感兴趣的数据。

在全局配置模式下，使用如下命令：

```
dialer-list dialer-group-number protocol protocol-type [permit|deny]
```

其中，"dialer-group-number" 为拨号列表编号；"protocol-type" 为协议类型，一般为 IP。

③ 设置 BRI 接口。

在全局配置模式下，使用如下命令：

```
interface bri 0
```

④ 指定拨号组。

在接口配置模式下，使用如下命令：

```
dialer-group dialer-group-number
```

⑤ 在 ISDN 接口上启动多链路 PPP。

启动多链路 PPP 可以组合使用 ISDN 的多个 B 信道，将数据包分段后负载均衡地在多个信道上传送，到达目的地再将分段组合起来形成数据包。Cisco IOS11.0(3)版本开始支持该功能，并且通信双方都支持该功能才能实现信道的组合。

```
ppp multilink
```

⑥ 设置启用第二个 B 信道的阈值。

在接口配置模式下，使用如下命令：

```
Dialer load-threshold number
```

number 是 1～255 的一个值，当该值设置为 255 时，表示网络负载为 100%时启动第二个 B 信道。

```
dialer map protocol-type net-hop-address dialer-string
```

其中，"dialer-string" 为所拨电话号码；"protocol-type" 为协议类型，一般为 IP；"net-hop-address" 为下一跳路由器地址。

⑦ 为拨号接口设置所拨电话号码。

在接口模式下指定所拨号码：

```
dialer string dial-string
```

在接口配置模式下，也可以映射对方路由器的协议地址（IP 地址）到电话号码：

```
dialer map protocol-type next-hop-address [name hostname][dial-string]
```

其中，"protocol-type"为协议类型，一般为 IP；"next-hop-address"为下一跳路由器地址；"hostname"为下一跳路由器的名称，"dial-string"为所需拨号的 ISDN 号码。

⑧ 设置空闲时间。

在接口配置模式下，使用如下命令：

```
dialer idle-timeout seconds
```

其中，"seconds"为线路空闲多长时间后断开拨号线路，以秒为单位。

下面通过 ISDN 网络实现两个局域网的按需拨号互联，网络拓扑如图 13.12 所示。

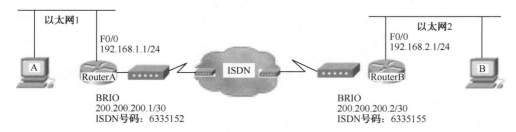

图 13.12　局域网通过 ISDN 互联

Router A 的配置：

```
Router(config)#hostname RouterA
RouterA(config)#username RouterB password cisco
RouterA(config)#isdn switch-type basic-net3
RouterA(config)#dialer-list 1 protocol ip permit
RouterA(config)#ip route 192.168.2.0 255.255.255.0 200.200.200.2
RouterA(config)#interface f0/0
RouterA(config-if)#ip address 192.168.1.1 255.255.255.0
RouterA(config-if)#no shutdown
RouterA(config-if)#interface bri 0
RouterA(config-if)#ip add 200.200.200.1 255.255.255.252
RouterA(config-if)#encapsulation ppp
RouterA(config-if)#ppp authentication chap
RouterA(config-if)#ppp multilink
RouterA(config-if)#dialer map ip 200.200.200.2 name RouterB 6335155
RouterA(config-if)#dialer-group 1
RouterA(config-if)#dialer idle-timeout 180
RouterA(config-if)#no shutdown
```

Router B 的配置：

```
Router(config)#hostname RouterB
RouterB(config)#username RouterA password cisco
RouterB(config)#isdn switch-type basic-net3
RouterB(config)#dialer-list 1 protocol ip permit
RouterB(config)#ip route 192.168.1.0 255.255.255.0 200.200.200.1
RouterB(config)#interface f0/0
RouterB(config-if)#ip address 192.168.2.1 255.255.255.0
RouterB(config-if)#no shutdown
RouterB(config-if)#interface bri 0
RouterB(config-if)#ip address 200.200.200.2 255.255.255.252
RouterB(config-if)#encapsulation ppp
RouterB(config-if)#ppp authentication chap
RouterB(config-if)#ppp multilink
RouterB(config-if)#dialer map ip 200.200.200.1 name RouterA 6335152
```

```
RouterB(config-if)#dialer-group 1
RouterB(config-if)#dialer idle-timeout 180
RouterB(config-if)#no shutdown
```

2. 局域网通过 ISDN 按需拨号接入互联网

公司的局域网可以通过 ISP 提供的 ISDN 连接到互联网，如 163 的 ISDN 号码为 163，用户名为 163，密码为 163。局域网通过 ISDN 拨号接入互联网的网络拓扑如图 13.13 所示。

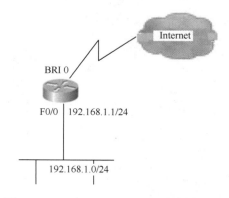

图 13.13　局域网通过 ISDN 拨号接入互联网

```
Router(config)#isdn switch-type basic-net3
Router(config)#dialer-list 1 protocol ip permit
Router(config)#ip route 0.0.0.0 0.0.0.0 bri 0
Router(config)#access-list 10 permit any
Router(config)#ip nat inside source list 10 interface bri 0 overload
Router(config)#interface f0/0
Router(config-if)#ip address 192.168.1.1 255.255.255.0
Router(config-if)#ip nat inside
Router(config-if)#no shutdown
Router(config-if)#interface bri 0
Router(config-if)#ip address negotiated
Router(config-if)#ip nat outside
Router(config-if)#encapsulation ppp
Router(config-if)#ppp authentication pap
Router(config-if)#ppp multilink
Router(config-if)#dialer string 263
Router(config-if)#dialer-group 1
Router(config-if)#dialer idle-timeout 180
Router(config-if)#no shutdown
```

13.5　点对点协议配置实训

一、实训名称

用点对点协议实现局域网互联。

二、实训目的

（1）了解 PPP 协议的两种常用认证方法。
（2）掌握 PPP 协议的基本配置方法。

三、实训内容

模拟两个局域网通过 DDN 专线连接，使用 PPP 封装，分别在没有认证、采用 CHAP 认证和采用 PAP 认证三种情况下，实现网络互联互通。

四、实训环境

实训环境如图 13.14 所示，两个局域网 198.8.15.0/24 和 202.7.20.0/24 通过两台路由器背对背连接。

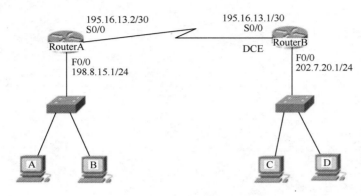

图 13.14　两个局域网通过路由器背对背连接

五、实训要求分析和设备准备

点对点协议 PPP 通常采用两种认证方式：CHAP 认证和 PAP 认证。但 PAP 认证由于需要在线路上传输用户名和密码，所以要在 PPP 接口上配置用户名和密码的发送。另外，配置 CHAP 认证时，两台路由器的密码要一样。

需要准备 2 台路由器、2 台交换机、4 台计算机、6 根直通线，以及 1 对串口线和至少 1 根 Console 线。

六、实训步骤

（1）根据实训环境进行设备物理连接。

（2）分别进行路由器 A 和 B 的主机名、特权密码、VTY 密码及以太网口和串口 IP 地址配置，注意作为 DCE 端的路由器，其串口必须进行时钟频率和带宽配置，配置完后激活这些端口。

（3）配置静态路由，如表 13.1 所示。

表 13.1　静态路由规划

路由器 A 静态路由的规划	
目的网络	下一跳地址
202.7.20.0/24	195.16.13.1
路由器 B 静态路由的规划	
目的网络	下一跳地址
198.8.15.0/24	195.16.13.2

（4）配置其他参数。

① 不进行身份验证。

● 路由器 A 参考配置：

```
Router(config)#hostname RouterA
RouterA(config)#interface f0/0
RouterA(config-if)#ip address 198.8.15.1 255.255.255.0
RouterA(config-if)#no shutdown
RouterA(config-if)#exit
RouterA(config)#interface s0/0
RouterA(config-if)#encapsulation ppp       !--封装协议 PPP
RouterA(config-if)#ip address 195.16.13.2 255.255.255.0
RouterA(config-if)#no shutdown
RouterA(config-if)#exit
RouterA(config)#ip route 202.7.20.0 255.255.255.0 195.16.13.1
```

● 在路由器 B 参考配置：

```
Router(config)#hostname RouterB
RouterB(config)#interface f0/0
RouterB(config-if)#ip address 202.7.20.1 255.255.255.0
RouterB(config-if)#no shutdown
RouterB(config-if)#exit
RouterB(config)#interface s0/0
RouterB(config-if)#encapsulation ppp
RouterB(config-if)#ip address 195.16.13.1 255.255.255.0
RouterB(config-if)#clock rate 64000
RouterB(config-if)#no shutdown
RouterB(config-if)#exit
RouterB(config)#ip route 198.8.15.0 255.255.255.0 195.16.13.2
```

● 测试主机连通性：

在网络 198.8.15.0 和网络 202.7.20.0 上都对 PC 主机进行环境中的 IP 参数配置，用 ping 命令检查彼此之间的连通性。若能相互通信则表明所有配置设置正确。

② CHAP 身份验证，需在①的基础上添加以下配置。

● 路由器 A 上添加的配置：

```
RouterA(config)#username RouterB password yym      !--授权远端用户
RouterA(config)#interface s0/0
RouterA(config-if)#ppp authentication chap          !--采用 CHAP 认证
```

● 路由器 B 上添加的配置：

```
RouterB(config)#username RouterA password yym      !--授权远端用户
RouterB(config)#interface s0/0
RouterB(config-if)#ppp authentication chap
```

● 检查计算机之间的连通性。

③ PAP 身份验证，需在①的基础上添加以下配置。

● 路由器 A 上添加的配置：

```
RouterA(config)#username RouterB password yym
RouterA(config)#interface s0/0
RouterA(config-if)#ppp authentication pap        !--采用 PAP 认证
RouterA(config-if)#ppp pap sent-username RouterA password cisco
```

● 路由器 B 上添加的配置：

```
RouterB(config)#username RouterA password cisco
RouterB(config)#interface s0/0
RouterB(config-if)#ppp authentication pap
RouterB(config-if)#ppp pap sent-username RouterB password yym
```

● 检查计算机之间的连通性。

七、总结

（1）PPP 的认证是可选的，不是必需的。

（2）PAP 被验证方发送用户名和密码到验证方；验证方根据用户配置查看是否有此用户以及密码是否正确，然后返回不同的响应。

（3）PAP 在网络上以明文的方式传递用户名及密码，如果在传输过程中被截获，便有可能对网络安全造成极大的威胁，因此它适用于对网络安全要求相对较低的环境。

（4）CHAP 验证方向被验证方发送一些随机产生的报文，并同时将本端的主机名附带上一起发送给被验证方；被验证方接到对端对本端的验证请求（Challenge）时，便根据此报文中验证方的主机名和本端的用户表查找用户密码，如找到用户表中与验证方主机名相同的用户，便利用接收到的随机报文和此用户的密钥以 MD5 算法生成应答（Response），随后将应答和自己的主机名送回；验证方接到此应答后，利用对端的用户名在本端的用户表中查找本方保留的密码，用本方保留的密码和随机报文以 MD5 算法得出结果，与被验证方应答比较，根据比较结果返回相应的结果（ACK 或 NAK）。

（5）CHAP 只在网络上传输用户名，而并不传输用户密码，因此它的安全性要比 PAP 高。

13.6　帧中继配置实训一

因为帧中继交换机比较昂贵，所以先要解决的问题是用路由器模拟帧中继交换机。准备 1 台多个串口的 Cisco 路由器，按如下步骤将它仿真成帧中继的交换机。

在全局配置模式下执行如下命令：

```
frame-relay switching
```

在接口配置模式下封装帧中继协议：

```
encapsulation frame-relay
```

在接口配置模式下指定 DTE 或 DCE，注意在 DCE 接口上要配置时钟速率。

```
frame-relay intf-type [dce|dte]
```

在接口模式下指定从本接口的一个 DLCI 进入的数据包从另一接口的一个 DLCI 出去，也就是定义帧中继的路由：

```
frame-relay route input-dlci interace interface-number output-dlci
```

使用下面的命令来查看帧中继路由：

```
show frame-relay route
```

以如图 13.15 为例，将路由器 R4 模拟成帧中继交换机。

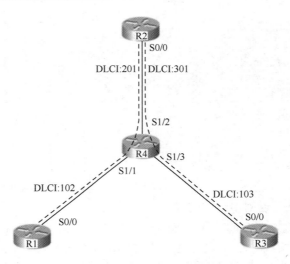

图 13.15 路由器仿真帧中继交换机

```
R4(config)#frame-relay switching
R4(config)#interface s1/1
R4(config-if)#no shutdown
R4(config-if)#encapsulation frame-relay
R4(config-if)#frame-relay intf-type dce
R4(config-if)#clock rate 64000
R4(config-if)#frame-relay route 102 interace serial1/2 201
R4(config-if)#interface s1/2
R4(config-if)#no shutdown
R4(config-if)#encapsulation frame-relay
R4(config-if)#frame-relay intf-type dce
R4(config-if)#clock rate 64000
R4(config-if)#frame-relay route 201 interface s1/1 102
R4(config-if)#frame-relay route 301 interface s1/3 103
R4(config-if)#interface s1/3
R4(config-if)#no shutdown
R4(config-if)#encapsulation frame-relay
R4(config-if)#frame-relay intf-type dce
R4(config-if)#clock rate 64000
R4(config-if)#frame-relay route 103 int s1/2 301
```

　　经过上面的配置之后，就可以将 R4 路由器模拟成帧中继交换机，使用"show frame-relay route"命令来查看 R4 上的帧中继路由，如图 13.16 所示。

```
R4(config-if)#show frame-relay route
```

Input Intf	Input Dlci	Output Intf	Output Dlci	Status
Serial1/1	102	Serial1/2	201	active
Serial1/2	201	Serial1/1	102	active
Serial1/2	301	Serial1/3	103	active
Serial1/3	103	Serial1/2	301	active

图 13.16 帧中继交换机（路由器 R4）上的帧中继路由

13.7　帧中继配置实训二

一、实训名称

帧中继实现多分支机构局域网互联。

二、实训目的

（1）掌握帧中继动态映射配置方法。

（2）掌握帧中继静态映射配置方法。

三、实训内容

按图 13.17 所示完成各个网络之间的互联互通。

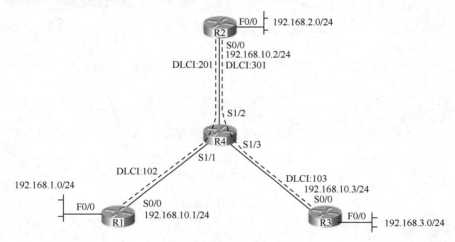

图 13.17　帧中继网络互联

（1）模拟帧中继交换机。

（2）配置帧中继动态映射。

（3）配置帧中继静态映射。

（4）配置静态路由。

（5）测试网络的连通性。

四、实训步骤

（1）按图连接设备。

（2）模拟帧中继交换机。

（3）查看帧中继交换机上的路由表是否正确，填写表 13.2。

表 13.2　帧中继交换机上的路由表

Input Interface	Input DLCI	Output Interface	Out DLCI	Status

（4）动态帧中继映射配置：

```
R1(config)#interface s0/0
R1(config-if)#encapsulation frame-relay
R1(config-if)#ip address 192.168.10.1 255.255.255.0
R1(config-if)#no shutdown
R1(config-if)#frame-relay inverse-arp        !--开启反向 ARP 解析（默认为开启）
R2(config)#interface s0/0
R2(config-if)#encapsulation frame-relay
R2(config-if)#frame-relay interface-dlci 201
R2(config-if)#frame-relay interface-dlci 301
R2(config-if)#ip address 192.168.10.2 255.255.255.0
R2(config-if)#no shutdown
R2(config-if)#frame-relay inverse-arp
R3(config)#interface s0/0
R3(config-if)#encapsulation frame-relay
R3(config-if)#ip address 192.168.10.3 255.255.255.0
R3(config-if)#no shutdown
R3(config-if)#frame-relay inverse-arp
```

（5）查看帧中继动态映射。

完成动态帧中继的配置后，在各路由器上使用"show frame-relay map"命令查看地址映射。

```
R2#show frame-relay map
```

结果显示了 dynamic（动态）的 DLCI 映射，活动状态为 active，如图 13.18 所示。

```
Serial 0/0 (up): ip 192.168.10.1 dlci 201, dynamic, broadcast, CISCO, status defined, active
Serial 0/0 (up): ip 192.168.10.3 dlci 301, dynamic, broadcast, CISCO, status defined, active
```

图 13.18 R2 的地址映射

```
R1# show frame-relay map
```

这个映射说明当去往某个 IP 地址的数据包从路由器接口上出去时，应该使用哪个 DLCI 来完成数据链路层的封装，如图 13.19 所示。

```
Serial 0/0 (up): ip 192.168.10.2 dlci 102, dynamic, broadcast, CISCO, status defined, active
```

图 13.19 R1 的地址映射

（6）验证配置。

```
R2#ping 192.168.10.1     !--可以 ping 通
R2#ping 192.168.10.3     !--可以 ping 通
R1#ping 192.168.10.3     !--不能够 ping 通
```

在 R1 上 ping 路由器 R3 的接口 IP 地址，显示结果如图 13.20 所示。

这说明 ping 192.168.10.3 失败了。需要再来跟踪一下数据包，在 R1 上执行 trace 命令 192.168.10.3，显示结果如图 13.21 所示。

说明数据包到达了路由器 R2。因为帧中继交换机没有提供一条从 R1 到 R3 的 PVC（永久虚电路），所以数据包才不能到达路由器 R3。我们可以通过手动映射让 R2 转发从 R1 到 R3 的数据包。

R1#ping 192.168.10.3

Type escape sequence to abort.
Sending 5, 100-byte ICMP Echos to 192.168.10.3, timeout is 2 seconds:
.....
Success rate is 0 percent (0/5)

图 13.20　R1 上 ping 路由器 R3 的接口 IP 地址

R1#trace 192.168.10.3
Type escape sequence to abort.
Tracing the route to 192.168.10.3

```
1    192.168.10.2    62 msec    62 msec    63 msec
2    *        *        *
3    *        *        *
```

图 13.21　跟踪去往 192.168.10.3 的路由

（7）配置一条 R1 到 R3 的帧中继静态映射。

```
R1#configure terminal
R1(config)#interface s0/0
R1(config-if)#frame-relay map ip 192.168.10.3 102 broadcast
!--手动配置一条 R1 到 R3 的帧中继静态映射，使用目的 IP 及本地 DLCI
R1(config-if)#end
```

添加了帧中继静态映射后，下面在 R1 上查看这个映射：

```
R1#show frame-relay map
```

这时会发现多了一条到 192.168.10.3 的静态映射。这条映射是静态的，如图 13.22 所示。再在路由器 R3 上用类似方法添加一条 R3 到 R1 的帧中继静态映射。

Serial0/0 (up): ip 192.168.10.2 dlci 102, dynamic, broadcast, CISCO, status defined, active
Serial0/0 (up): ip 192.168.10.3 dlci 102, static, CISCO, status defined, active

图 13.22　R1 上的帧中继映射

（8）验证配置。

添加了上面的静态映射后，再在 R1 上执行 ping 192.168.10.3 命令，如图 13.23 所示。

R1#ping 192.168.10.3

Type escape sequence to abort.
Sending 5, 100-byte ICMP Echos to 192.168.10.3, timeout is 2 seconds:
!!!!!
Success rate is 100 percent (5/5), round-trip min/avg/max = 110/125/141 ms

图 13.23　在 R1 上执行 ping 192.168.10.3 命令

上面的显示结果说明在 R1 上可以 ping 通 R3 了。那么，在 R3 上执行如下命令，结果会如何？

```
R3#ping 192.168.10.1
```

（9）配置局域网口参数和路由表。

通过配置局域网口参数和路由表，可实现各个局域网之间的互联。

```
R1(config)#ip route 192.168.3.0 255.255.255.0 192.168.10.2
R1(config)#interface f0/0
R1(config-if)#ip address 192.168.1.1 255.255.255.0
R1(config-if)#no shutdown
R1(config-if)#no keepalive
```

```
R1(config-if)#end

R2(config)#ip route 192.168.1.0 255.255.255.0 192.168.10.1
R2(config)#ip route 192.168.3.0 255.255.255.0 192.168.10.3
R2(config)#interface f0/0
R2(config-if)#ip address 192.168.2.1 255.255.255.0
R2(config-if)#no shutdown
R2(config-if)#no keepalive
R2(config-if)#end

R3(config)#ip route 192.168.1.0 255.255.255.0 192.168.10.2
R3(config)#interface f0/0
R3(config-if)#ip address 192.168.3.1 255.255.255.0
R3(config-if)#no shutdown
R3(config-if)#no keepalive
R3(config-if)#end
```

（10）验证配置。

```
R1#ping 192.168.2.1
R1#ping 192.168.3.1
R2#ping 192.168.1.1
R2#ping 192.168.3.1
R3#ping 192.168.1.1
R3#ping 192.168.2.1
```

13.8　帧中继配置实训三

一、实训名称

帧中继子接口点对点实现多分支机构局域网互联。

二、实训目的

（1）了解帧中继子接口的应用场合。

（2）掌握帧中继子接口的配置方法。

三、实训内容

根据如图 13.24 所示的网络拓扑中的地址分配，采用帧中继子接口和 OSPF 动态路由协议完成各个网络之间的互联互通。

四、实训步骤

（1）按图连接设备。

（2）模拟帧中继交换机。

（3）查看帧中继交换机上的路由表是否正确，填写表 13.3。

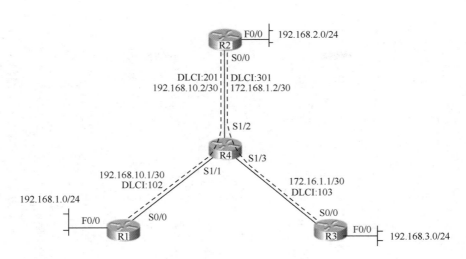

图 13.24　帧中继子接口网络互联

表 13.3　帧中继交换机上的路由表

Input Interface	Input DLCI	Output Interface	Out DLCI	Status

（4）路由器 R1 的配置。

```
R1(config)#interface f0/0
R1(config-if)#ip address 192.168.1.1 255.255.255.0
R1(config-if)#no keepalive
R1(config-if)#no shutdown
R1(config-if)#interface s0/0
R1(config-if)#encapsulation frame-relay
R1(config-if)#frame-relay inverse-arp
R1(config-if)#no shutdown
R1(config-if)#interface s0/0.1 point-to-point    !--点到点子接口模式
R1(config-subif)#ip address 192.168.10.1 255.255.255.0
R1(config-subif)#ip ospf network point-to-point       !--公告 OSPF 为点到点类型
网络
    R1(config-subif)#frame-relay interface-dlci 102    !--点对点需要为子接口指定本
地 DLCI
R1(config-fr-dlci)#no shutdown
R1(config-fr-dlci)#exit
R1(config)#router ospf 10
R1(config-router)#network 192.168.10.0 0.0.0.255 area 0
R1(config-router)#network 192.168.1.0 0.0.0.255 area 0
```

（5）路由器 R2 的配置。

```
R2(config)#interface f0/0
R2(config-if)#ip address 192.168.2.1 255.255.255.0
R2(config-if)#no keepalive
R2(config-if)#no shutdown
R2(config-if)#interface s0/0
R2(config-if)#encapsulation frame-relay
```

```
R2(config-if)#frame-relay inverse-arp
R2(config-if)#no shutdown
R2(config-if)#interface s0/0.1 point-to-point
R2(config-subif)#ip address 192.168.10.2 255.255.255.0
R2(config-subif)#frame-relay interface-dlci 201
R2(config-subif)#ip ospf network point-to-point
R2(config-fr-dlci)#no shutdown
R2(config-fr-dlci)#exit
R2(config)#interface s0/0.2 point-to-point
R2(config-subif)#ip address 172.16.1.2 255.255.255.0
R2(config-subif)#frame-relay interface-dlci 301
R2(config-subif)#ip ospf network point-to-point
R2(config-fr-dlci)#no shutdown
R2(config-fr-dlci)#exit
R2(config)#router ospf 10
R2(config-router)#network 192.168.10.0 0.0.0.255 area 0
R2(config-router)#network 192.168.2.0 0.0.0.255 area 0
R2(config-router)# network 172.16.1.0 0.0.0.255 area 0
```

（6）路由器 R3 的配置。

```
R3(config)#interface f0/0
R3(config-if)#ip address 192.168.3.1 255.255.255.0
R3(config-if)#no keepalive
R3(config-if)#no shutdown
R3(config-if)#interface s0/0
R3(config-if)#encapsulation frame-relay
R3(config-if)#frame-relay inverse-arp
R3(config-if)#no shutdown
R3(config-if)#interface s0/0.1 point-to-point
R3(config-subif)#ip address 172.16.1.1 255.255.255.0
R3(config-subif)#ip ospf network point-to-point
R3(config-subif)#frame-relay interface-dlci 103
R3(config-fr-dlci)#no shutdown
R3(config-fr-dlci)#exit
R3(config)#router ospf 10
R3(config-router)#network 172.16.1.0 0.0.0.255 area 0
R3(config-router)#network 192.168.3.0 0.0.0.255 area 0
```

（7）查看帧中继映射。

可以查看各个路由器上的帧中继映射。如图 13.25 所示是在路由器 R2 上查看到的帧中继映射。

```
R2#show frame-relay map
```

Serial0/0.1 (up): point-to-point dlci, dlci 201, broadcast, status defined, active
Serial0/0.2 (up): point-to-point dlci, dlci 301, broadcast, status defined, active

图 13.25　R2 上查看到的帧中继映射

（8）查看帧中继永久虚电路。

可以在各个路由器上查看帧中继永久虚电路。如图 13.26 所示是在路由器 R2 上看到的 PVC 情况，两条 PVC 的状态是活动的，只有 PVC 处于活动状态才能进行帧中继映射。

```
R2#show frame-relay pvc
```

PVC Statistics for interface Serial 0/0 (Frame Relay DTE)
DLCI = 201, DLCI USAGE = LOCAL, PVC STATUS = ACTIVE, INTERFACE = Serial 0/0.1

input pkts 14055	output pkts 32795	in bytes 1096228
out bytes 6216155	dropped pkts 0	in FECN pkts 0
in BECN pkts 0	out FECN pkts 0	out BECN pkts 0
in DE pkts 0	out DE pkts 0	
out bcast pkts 32795	out bcast bytes 6216155	

DLCI = 301, DLCI USAGE = LOCAL, PVC STATUS = ACTIVE, INTERFACE = Serial 0/0.2

input pkts 14055	output pkts 32795	in bytes 1096228
out bytes 6216155	dropped pkts 0	in FECN pkts 0
in BECN pkts 0	out FECN pkts 0	out BECN pkts 0
in DE pkts 0	out DE pkts 0	
out bcast pkts 32795	out bcast bytes 6216155	

图 13.26　路由器 R2 上的 PVC

（9）验证各路由器通过帧中继网的连通情况。

如图 13.27 和图 13.28 所示是在 R2 上 ping 通 192.168.10.1 和 172.16.1.1 的情况。

```
R2#ping 192.168.10.1
```

Type escape sequence to abort.
Sending 5, 100-byte ICMP Echos to 192.168.10.1, timeout is 2 seconds:
!!!!!
Success rate is 100 percent (5/5), round-trip min/avg/max = 62/69/79 ms

图 13.27　在 R2 上 ping 192.168.10.1 的情况

```
R2#ping 172.16.1.1
```

Type escape sequence to abort.
Sending 5, 100-byte ICMP Echos to 172.16.1.1, timeout is 2 seconds:
!!!!!
Success rate is 100 percent (5/5), round-trip min/avg/max = 62/65/78 ms

图 13.28　在 R2 上 ping 172.16.1.1 的情况

（10）验证局域网之间的连通情况。

完成以下测试，分析测试结果：

```
R1#ping 192.168.2.1
R1#ping 192.168.3.1
R2#ping 192.168.1.1
R2#ping 192.168.3.1
R3#ping 192.168.1.1
R3#ping 192.168.2.1
```

五、总结

注意帧中继的不同配置情况，每个接口必须正确封装帧中继并启用接口，当存在不同子网的连接时必须配置子接口，子接口需要指定连接类型及子接口的 DLCI 号。PVC 的状态必须全部为活动时才能进行帧中继映射。

<h1 style="text-align:center">练 习 题</h1>

一、填空题

1．PAP 认证是_____提出连接请求，_____响应；CHAP 认证是由_____发出连接请求。

2．ISDN 是以_____为基础发展演变而成的通信网，是一种典型的_____交换系统，它通过普通的铜缆以更高的速率和质量传输语音和数据。

3．BRI 接口由两个 B 信道和一个 D 信道组成，B 信道用于数据传输，速率为____Kbps；D 信道用于传输信令，速率为____Kbps。

4．广域网有 PSTN、X.25、_____、_____等。

5．Cisco 路由器的以太网接口默认封装_____协议，广域网口封装_____协议。

二、选择题

1．在帧中继网络中，（   ）命令可以查看路由器上配置的 DLCI 号。

  A．show frame-relay   B．show frame-relay dlci

  C．show frame-relay map   D．show frame-relay pvc

2．在帧中继中，使用（   ）来标识永久虚电路。

  A．LMI   B．DLCI   C．IP 地址   D．Interface

3．关于 PPP 的描述，错误的是（   ）。

  A．PAP 认证比 CHAP 认证可靠

  B．CHAP 认证比 PAP 认证可靠

  C．PPP 有 CHAP 和 PAP 两种认证方式

  D．PPP 可以同时使用 CHAP 认证和 PAP 认证

4．一个企业与 10 个子公司进行网络连接，要求支持突发性数据传输，采用（   ）技术比较合适。

  A．PSTN   B．ISDN   C．帧中继   D．DDN

5．关于 DDN，（   ）描述是错误的。

  A．DDN 是透明传输

  B．Cisco 路由器通过 DDN 连接其他厂家路由器时应采用 Cisco HDLC 协议

  C．适合固定速率数据传输

  D．Cisco 路由器通过 DDN 连接其他厂家路由器时可采用 PPP 协议

三、综合题

1．某公司局域网通过帧中继网络的 PVC 连接远程分支机构的局域网。公司的路由器 A 通过局域网口 F0/0 连接公司局域网 192.168.1.0/24，一个串口 S0/0 用于连接帧中继网络；分支机构的路由器 B 通过局域网口 F0/0 连接分支机构的局域网 192.168.2.0/24，一个串口 S0/0 连接帧中继网络。路由器串口采用子网 200.200.200.0/30 内的地址进行地址分配，RIP 路由实现网络互联互通。请给出各个路由器的参考配置。

2．路由器 A 通过局域网口 F0/0 连接局域网 192.168.1.0/24，路由器 B 通过局域网口 F0/0 连接局域网 192.168.2.0/24，每个路由器通过各自的串口 S0/0 背对背连接，采用 PPP 封装，PAP 单向认证，静态路由实现两个局域网之间的互联互通。请给出各个路由器的参考配置。

任务 14　组建多分支机构企业网络

本任务结合企业网络典型案例，综合应用了前面介绍的交换机和路由器知识。首先描述企业的网络架构、分析网络拓扑图，然后规划 VLAN、分配 IP 地址，最后进行网络设备的具体配置。

14.1　企业网络架构描述

某研究所有东区、西区、试验工厂和子公司。总部在东区，两区相距 2 千米，各有计算机 500 台左右，东区、西区各设一个中心机房，各种应用服务器主要放置在东区的中心机房中，这些服务器可供东、西区的各个部门以及试验工厂和子公司访问。有试验工厂一个，与总部相距 30 千米，有计算机 100 台左右；在外地有直接投资子公司两个，各有计算机 50 台左右。

东区、西区之间及试验生产厂和总部之间采用电信裸纤专线连接；总部与子公司之间通过帧中继网络互联。子公司、试验工厂和东区、西区都通过总部接入互联网。申请的公网地址段为 70.12.15.16/29，共有 8 个地址。

1．企业网络拓扑图

东区、西区网络采用核心层、分布层和接入层三层结构，核心层交换机采用 Cisco Catalyst 4506 插槽式交换机，采用了 Catalyst 4500 Supervisor Ⅱ Plus 作为交换机引擎，安装了两块 Catalyst 4000 Gigabit Ethernet Module, 6-Ports（GBIC）模块，用来连接分布层交换机。还安装了一块 32 口 10/100Mbps 自适应模块，用来连接管理服务器等。分布层交换机全部采用 Cisco Catalyst 3550，24 口 10/100Mbps 自适应三层交换机，通过千兆口 G0/1 上联核心交换机。网络拓扑图如图 14.1 所示。

整个网络是逐步发展而来的，采用的网络设备也是多个生产厂商的，但这里为了描述方便，假设网络是一次性建设的，而且都是采用的 Cisco 网络公司的产品。

2．虚拟局域网及 IP 地址规划

整个网络根据科室划分 VLAN，具体的 VLAN 划分和 IP 地址分配如表 14.1 所示。

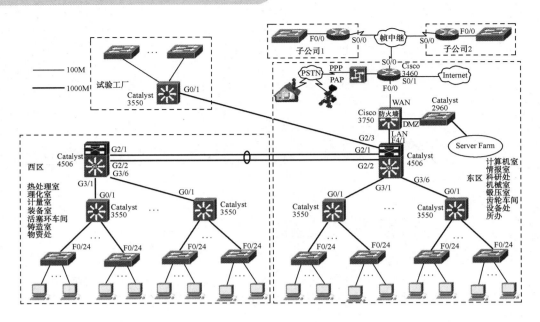

图 14.1　企业网络拓扑图

表 14.1　VLAN 划分和 IP 地址分配表

VLAN	VLAN 名	IP 网 段	默 认 网 关	使 用 说 明	汇聚交换机
1		192.168.0.0/24	192.168.0.254	管理 VLAN	
10	JSJ	192.168.1.0/24	192.168.1.254	计算机室	Distributer1
20	qbs	192.168.2.0/24	192.168.2.254	情报室	
30	kyc	192.168.3.0/24	192.168.3.254	科研处	Distributer2
40	Jxs	192.168.4.0/24	192.168.4.254	机械室	
50	dys	192.168.5.0/24	192.168.5.254	锻压室	Distributer3
60	clcj	192.168.6.0/24	192.168.6.254	齿轮车间	Distributer4
70	sbc	192.168.7.0/24	192.168.7.254	设备处	Distributer5
80	sb	192.168.8.0/24	192.168.8.254	所办	Distributer6
90	Rcls	192.168.16.0/24	192.168.16.254	热处理室	Distributer7
100	lhs	192.168.17.0/24	192.168.17.254	理化室	
110	jls	192.168.18.0/24	192.168.18.254	计量室	Distributer8
120	zbs	192.168.19.0/24	192.168.19.254	装备室	
130	hshcj	192.168.20.0/24	192.168.20.254	活塞环车间	Distributer9
140	zzs	192.168.21.0/24	192.168.21.254	铸造室	Distributer10
150	wzc	192.168.22.0/24	192.168.22.254	物资处	Distributer11
180	sygc	192.168.32.0/24	192.168.32.254	试验工厂	Distributer12
200	Server	192.168.64.0/24	192.168.64.254	东区服务器	Distributer13
		192.168.128.0/24	192.168.128.254	子公司 1	
		192.168.192.0/24	192.168.192.254	子公司 2	

3．网络设备接口地址规划

总部和两个子公司由于不在同一个城市，相距比较远，而子公司和总部之间有大量的访问需求，所以采用帧中继网络互联。总部和各子公司在各自所在地申请租用 2Mbps 帧中继线路。

路由器连接各个子网的接口需要一个 IP 地址，三层交换机参与路由的接口也需要分配一个 IP 地址。当然，三层交换机的二层交换端口不需要 IP 地址。

接口 IP 地址分配示意图如图 14.2 所示。

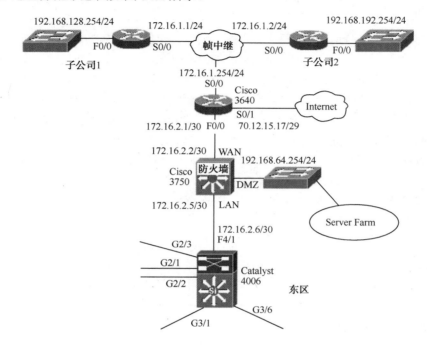

图 14.2　接口 IP 地址分配示意图

（1）子公司 1 路由器接口地址分配。

子公司 1 的路由器为 Cisco 2811，F0/0 快速以太网口连接子公司 1 的局域网，S0/0 串口连接帧中继网，接口地址分配如表 14.2 所示。

表 14.2　子公司 1 路由器接口地址分配表

设 备 名 称	F0/0 口地址	S0/0 口地址
Cisco 2811	192.168.128.254/24	172.16.1.1/24

（2）子公司 2 路由器接口地址分配。

子公司 2 的路由器为 Cisco 2811，F0/0 快速以太网口连接子公司 2 的局域网，S0/0 串口连接帧中继网，接口地址分配如表 14.3 所示。

表 14.3　子公司 2 路由器接口地址分配表

设 备 名 称	F0/0 口地址	S0/0 口地址
Cisco 2811	192.168.192.254/24	172.16.1.2/24

（3）总部路由器接口地址分配。

总部的路由器为 Cisco 3640，除了需要连接两个子公司外，还作为整个企业网络与互联网的接入路由器。F0/0 快速以太网接口连接防火墙的广域网口，S0/0 串口连接帧中继网，S0/1 串口连接 2Mbps 的 DDN 专线接入互联网。接口地址分配如表 14.4 所示。

表 14.4　总部路由器接口地址分配表

设 备 名 称	F0/0 口地址	S0/0 口地址	S0/1
Cisco 3640	172.16.2.1/30	172.16.1.254/24	70.12.15.17/29

（4）总部防火墙接口地址分配。

防火墙一般有三个接口：WAN、LAN 和 DMZ 接口。一个连接外网、一个连接本地局域网，还有一个中性区域，用于连接供内、外网访问的服务器等。防火墙除具有访问控制的基本功能外，还具有地址转换和路由功能。企业在选择防火墙时，一般会选择专业防火墙。但为了描述方便，在这里使用三层交换机 Catalyst 3750 来代替防火墙，完成防火墙的功能。三层交换机和路由器都可以通过设置访问控制列表来限制访问，以实现防火墙的功能，但没有专业防火墙方便。防火墙的三个接口中，WAN 接口连接路由器 Cisco 3640 的 F0/0 接口，LAN 接口连接东区核心交换机的 F4/1 接口，DMZ 接口连接一台 Catalyst 2960 交换机，用来连接企业的各种对外服务器，包括 DNS 服务器、Web 服务器、邮件服务器、FTP 文件服务器。三个接口的地址分配如表 14.5 所示。

表 14.5　总部防火墙接口地址分配表

设 备 名 称	F1/0/1 口地址（WAN）	F1/0/2 口地址（LAN）	F1/0/3 口地址（DMZ）
Catalyst 3750	172.16.2.2/30	172.16.2.5/30	192.168.64.254/24

（5）三层交换机接口地址分配。

东区核心交换机使用三层路由端口 F4/1 和防火墙的 LAN 口连接，F4/1 口的 IP 地址为 172.16.2.6/30。

给东、西区及试验工厂的每台交换机分配一个 192.168.0.0/24 网段的某个地址，用于对交换机进行远程配置和管理。东区核心交换机 Catalyst 4506 的管理地址为 192.168.0.254，西区核心交换机 Catalyst 4506 的管理地址为 192.168.0.253。

各个汇聚层交换机的管理地址分配如表 14.6 所示。由于接入层的交换机比较多，这里不再列出它们的管理地址。

表 14.6　各个汇聚层交换机的管理地址分配表

部　　门	汇聚交换机名	管理 IP 地址	部　　门	汇聚交换机名	管理 IP 地址
计算机室	Distributer1	192.168.0.10	热处理室	Distributer7	192.168.0.70
情报室			理化室		
科研处	Distributer2	192.168.0.20	计量室	Distributer8	192.168.0.80
机械室			装备室		
锻压室	Distributer3	192.168.0.30	活塞环车间	Distributer9	192.168.0.90
齿轮车间	Distributer4	192.168.0.40	铸造室	Distributer10	192.168.0.100
设备处	Distributer5	192.168.0.50	物资处	Distributer11	192.168.0.110
所办	Distributer6	192.168.0.60	试验工厂	Distributer12	192.168.0.120

14.2 总部网络设备配置

为了简化交换网络设计、提高交换网络的可扩展性，一般企业网是按接入层、分布层、核心层三个层次来规划和设计的。接入层负责接入网络用户，是网络的底层，由于接入层的交换机一般连接部门计算机，主要完成部门内部数据交换，所以只需要低端的二层交换机；分布层也称汇聚层，分布层交换机用来分发和汇聚几个部门的数据流量，进行几个部门之间的数据交换，由于各部门一般属于不同的 VLAN，所以分布层交换机一般采用三层交换机；而核心层交换机主要用来高速交换不同分布层交换机来的流量，因此除了具有三层交换功能，还要具有高性能和高可靠性。

配置思路：各交换机之间通过 Trunk 链路连接，在一台分布层交换机上创建 VLAN，其他交换机通过 VTP 协议获取 VLAN 信息。给所有交换机配置交换机名称、虚拟终端登录密码、特权密码等基本参数，给各个交换机分配一个管理地址和默认网关，这样方便进行远程 Telnet 登录配置和管理。所有的分布层交换机为三层交换机，打开路由功能，实现所汇聚的 VLAN 之间的通信，去往其他子网的数据交给核心交换机去处理，也就是设置一条默认路由到核心交换机。在核心路由器上设置到各个汇聚层交换机的回头路由。

1. 接入层交换机配置

接入层为所有的终端用户提供一个接入点，一般一个接入层交换机用于接入同一部门的计算机，当然，也可以用来连接多个部门的计算机。接入层交换机数量众多，但配置方法基本一样。以为计算机室的计算机提供接入服务的某一台接入层交换机为例，讲解接入层交换机的配置。这里的接入层交换机采用的是 Cisco Catalyst 2960 24 口交换机，拥有 24 个 10/100Mbps 自适应快速以太网端口，采用 F0/24 端口连接分布层交换机。每个接入层交换机都用 F0/24 端口上联分布层交换机 Catalyst 3550。接入层交换机如图 14.3 所示。

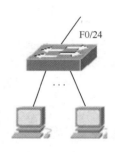

图 14.3 接入层交换机

（1）配置接入层交换机的基本参数。

```
Switch(config)#hostname jisuanjishi
Jisuanjishi(config)#enable secret onlyforthis
Jisuanjishi(config)#no ip domain-lookup        !--禁止 IP 地址解析
Jisuanjishi(config)#line vty 0 15
Jisuanjishi(config-line)#password onlyforthat
Jisuanjishi(config-line)#login
Jisuanjishi(config-line)#exec-timeout 6 30      !--虚拟终端线的超时时间为 6 分 30
!--秒钟
Jisuanjishi(config-line)#logging synchronous    !--启用消息同步特性
Jisuanjishi(config-line)#line console 0
Jisuanjishi(config-line)#exec-timeout 6 30
Jisuanjishi(config-line)#logging synchronous
```

（2）配置接入层交换机的管理 IP 地址和默认网关。

接入层交换机是 OSI 参考模型的第 2 层设备，即数据链路层的设备，因此给接入层交换机的每个端口设置 IP 地址是没意义的。但是，为了使网络管理人员可以远程登录到接入层交换机上进行管理，有必要给接入层交换机设置一个管理用 IP 地址。这种情况下，实际上是将交换机看成和 PC 一样的主机。给交换机设置管理用 IP 地址只能在 VLAN1 中进行。计算机室这台接入层交换机的管理地址为 192.168.0.5/24（由于接入层交换机数量较多，管理地址没有在地址表中列出）。为了能够从不同网段远程配置和管理交换机，需要为交换机指定默认网关。

```
Jisuanjishi(config)#ip default-gateway 192.168.0.254
Jisuanjishi(config)#interface vlan 1
Jisuanjishi(config-if)#ip address 192.168.0.5 255.255.255.0
Jisuanjishi(config-if)#no shutdown
```

试验工厂和东区其他接入交换机默认网关都为 192.168.0.254，西区的接入交换机默认网关都为 192.168.0.253。管理地址配置方法和这台交换机类似，不再重复叙述。

服务器群和各个子公司的计算机数量比较少，不另外划分 VLAN，所有计算机默认为各自交换机的 VLAN1 成员。为服务器群接入交换机的 VLAN1 指定所属网段 192.168.64.0/24 中的一个 IP 地址，默认网关为 192.168.64.254；为子公司 1 接入交换机的 VLAN1 指定所属网段 192.168.128.0/24 中的一个 IP 地址，默认网关为 192.168.128.254；为子公司 2 接入交换机的 VLAN1 指定所属网段 192.168.192.0/24 中的一个 IP 地址，默认网关为 192.168.192.254。

（3）配置接入层交换机的 VLAN 及 VTP。

从提高效率的角度出发，在企业网实现过程中使用了 VTP 技术。同时，将连接计算机室的分布层交换机 Distributer1 设置为 VTP 服务器，其他交换机设置为 VTP 客户机。除子公司交换机外的其他交换机，将通过 VTP 获得在分布层交换机 Distributer1 中定义的所有 VLAN 的信息。

```
Jisuanjishi(config)#vtp mode client
```

（4）配置接入层交换机接口参数。

```
Jisuanjishi(config-if)#interface range f0/1 - 24
Jisuanjishi(config-if-range)#duplex full
Jisuanjishi(config-if-range)#speed 100
Jisuanjishi(config-if-range)#interface f0/24
Jisuanjishi(config-if)#switchport mode trunk
Jisuanjishi(config-if)#interface range f0/1 - 23
Jisuanjishi(config-if-range)#switchport mode access
Jisuanjishi(config-if-range)#switchport access vlan 10  ! --计算机室为 VLAN 10
Jisuanjishi(config-if-range)#spanning-tree portfast
```

每台接入层交换机的配置都是类似的，只是按表 14.1 改变所属 VLAN。

2．分布层交换机配置

以分发和汇聚计算机室和情报室数据的分布层交换机 Catalyst 3550 为例，讲解分布层交换机的配置。

（1）配置分布层交换机的基本参数。

```
Switch(config)#hostname Distributer1
Distributer1(config)#enable secret onlyforthis
Distributer1(config)#no ip domain-lookup
Distributer1(config)#line vty 0 15
Distributer1(config-line)#password onlyforthat
Distributer1(config-line)#login
Distributer1(config-line)#exec-timeout 6 30
Distributer1(config-line)#logging synchronous
Distributer1(config-line)#line console 0
```

```
Distributer1(config-line)#exec-timeout 6 30
Distributer1(config-line)#logging synchronous
```

所有分布层交换机的基本参数都按这种方式配置。

（2）配置分布层交换机的管理 IP 地址。

```
Distributer1(config)#interface vlan 1
Distributer1(config-if)#ip address 192.168.0.10 255.255.255.0
Distributer1(config-if)#no shutdown
```

其他的分布层交换机管理地址按表 14.6 中的分配进行配置，配置方法和这台交换机类似，不再重复叙述。

（3）配置分布层交换机的 VLAN 及 VTP。

网络中交换机数量比较多而且各个交换机上的 VLAN 配置类似时，需要分别在每台交换机上创建很多重复的 VLAN。工作量会很大，而且容易出错。通常采用 VLAN 中继协议（VTP）来解决这个问题。VTP 允许在一台交换机上创建所有的 VLAN，然后，利用交换机之间的互相学习功能，将创建好的 VLAN 定义传播到整个网络中需要此 VLAN 定义的所有交换机上。同时，有关 VLAN 的删除、参数更改操作均可传播到其他交换机，从而大大减轻了网络管理人员配置交换机的负担。

在本企业网实现过程中使用了 VTP 技术，并且将主楼的分布层交换机 Distributer1 设置为 VTP 服务器，除子公司交换机外的其他交换机设置为 VTP 客户机。这样，除子公司交换机外的其他交换机，将通过 VTP 获得在分布层交换机 Distributer1 中定义的所有 VLAN 的信息。当然，并不是所有交换机都对所有 VLAN 信息感兴趣，可以设置 VLAN 修剪功能，修剪掉交换机不需要的 VLAN 信息。

```
Distributer1(config)#vtp mode server
Distributer1(config)#vtp domain yjs
Distributer1(config)#vtp pruning
```

（4）配置分布层交换机接口参数。

分布层交换机通过 24 个 10/100Mbps 自适应端口下联接入层交换机，通过千兆口 G0/1 上联核心层交换机。

```
Distributer1(config-if)#interface range f0/1 - 24
Distributer1(config-if-range)#duplex full
Distributer1(config-if-range)#speed 100
Distributer1(config-if-range)#switchport trunk encapsulation dot1q
Distributer1(config-if-range)#switchport mode trunk
Distributer1(config-if-range)#interface gigabitethernet0/1
Distributer1(config-if)#switchport trunk encapsulation isl
Distributer1(config-if)#switchport mode trunk
```

其他分布层交换机的接口参数配置和 Distributer1 一样。

（5）在分布层交换机 Distributer1 上创建 VLAN。

只需要在 Distributer1 上创建 VLAN，其他交换机通过 VTP 协议学习到所有 VLAN 信息，不需要的 VLAN 信息会被修剪掉。其他交换机不需要此项配置。

```
Distributer1(config)#vlan 10
Distributer1(config-vlan)#name jsj
Distributer1(config-vlan)#vlan 20
Distributer1(config-vlan)#name qbs
```

```
Distributer1(config-vlan)#vlan 30
Distributer1(config-vlan)#name kyc
Distributer1(config-vlan)#vlan 40
Distributer1(config-vlan)#name Jxs
Distributer1(config-vlan)#vlan 50
Distributer1(config-vlan)#name dys
Distributer1(config-vlan)#vlan 60
Distributer1(config-vlan)#name clcj
Distributer1(config-vlan)#vlan 70
Distributer1(config-vlan)#name sbc
Distributer1(config-vlan)#vlan 80
Distributer1(config-vlan)#name sb
Distributer1(config-vlan)#vlan 90
Distributer1(config-vlan)#name Rcls
Distributer1(config-vlan)#vlan 100
Distributer1(config-vlan)#name lhs
Distributer1(config-vlan)#vlan 110
Distributer1(config-vlan)#name jls
Distributer1(config-vlan)#vlan 120
Distributer1(config-vlan)#name zbs
Distributer1(config-vlan)#vlan 130
Distributer1(config-vlan)#name hshcj
Distributer1(config-vlan)#vlan 140
Distributer1(config-vlan)#name zzs
Distributer1(config-vlan)#vlan 150
Distributer1(config-vlan)#name wzc
Distributer1(config-vlan)#vlan 180
Distributer1(config-vlan)#name sygc
Distributer1(config-vlan)#vlan 200
Distributer1(config-vlan)#name Server
```

（6）启动分布层交换机的路由功能。

```
Distributer1(config)#ip routing
```

每台分布层交换机都需要启动路由功能。

（7）为所汇聚的 VLAN 指定默认网关。

Distributer1 分发和汇聚计算机室和情报室的数据流量，而计算机室（VLAN10）和情报室（VLAN20）之间的通信直接通过分布层交换机进行三层交换，不通过核心交换机。

```
Distributer1(config)#interface vlan 10
Distributer1(config-if)#ip address 192.168.1.254 255.255.255.0
Distributer1(config-if)#no shutdown
Distributer1(config-if)# interface vlan 20
Distributer1(config-if)#ip address 192.168.2.254 255.255.255.0
Distributer1(config-if)#no shutdown
```

其他分布层交换机汇聚哪几个部门的流量，就为哪几个部门的 VLAN 指定默认网关。根据表 14.1 进行配置。

（8）指定一条默认路由。

东区每台分布层交换机的默认路由下一跳都指向 192.168.0.254，这个地址为东区核心交换机的管理地址。

```
Distributer1(config)#ip route 0.0.0.0 0.0.0.0 192.168.0.254
```

试验工厂的 Catalyst 3550 分发和汇聚试验工厂的所有接入交换机的流量，作为分布层交换机接入东区核心层交换机，默认路由下一跳都指向 192.168.0.254。

西区每台分布层交换机的默认路由下一跳都指向 192.168.0.253，这个地址为西区核心交换机的管理地址。

注意：在设置接入层交换机的管理 IP 地址时，还指定了默认网关地址；但在设置分布层交换机的管理 IP 地址时，没有单独指定默认网关，就是因为有这条默认路由。

3. 核心交换机配置

以东区核心层交换机 Catalyst 4506 为例，讲解核心交换机的配置。

（1）配置东区核心层交换机的基本参数。

```
Switch(config)#hostname core1
core1(config)#enable secret onlyforthis
core1(config)#no ip domain-lookup
core1(config)#line vty 0 15
core1(config-line)#password onlyforthat
core1(config-line)#login
core1(config-line)#exec-timeout 6 30
core1(config-line)#logging synchronous
core1(config-line)#line console 0
core1(config-line)#exec-timeout 6 30
core1(config-line)#logging synchronous
```

西区核心层交换机除名称外，其他的基本参数都按这种方式配置。

（2）配置东区核心层交换机的管理 IP 地址。

```
core1(config)#interface vlan 1
core1(config-if)#ip address 192.168.0.254 255.255.255.0
core1(config-if)#no shutdown
```

西区核心交换机的管理地址为 192.168.0.253。配置方法和这台交换机类似，不再重复叙述。

（3）配置东区核心层交换机的 VLAN 及 VTP。

```
core1(config)#vtp mode client
```

西区核心层交换机也一样配置。

（4）配置东区核心层交换机接口参数。

东区核心层交换机通过 G2/1 和 G2/2 构成两千兆以太网通道与西区核心交换机的 G2/1 和 G2/2 端口连接，G2/3 千兆端口连接试验工厂的 Catalyst 3550 交换机，其他千兆端口下联各个分布层交换机的 G0/1 千兆端口。核心交换机上配置了一块 32 端口的 10/100Mbps 自适应模块，F4/1 口连接防火墙的 LAN 口，其他用于连接管理用计算机等。

```
core1(config)#interface port-channel1
core1(config-if)#switchport trunk encapsulation isl
core1(config-if)#switchport mode trunk
core1(config-if)#interface range gigabitethernet 2/1 - 2
core1(config-if-range)#channel-group 1 mode desirable non-silent
core1(config-if-range)#interface range gigabitethernet 2/3 - 6
core1(config-if-range)#switchport trunk encapsulation isl
core1(config-if-range)#switchport mode trunk
core1(config-if-range)#interface range gigabitethernet 3/1 - 6
core1(config-if-range)#switchport trunk encapsulation isl
core1(config-if-range)#switchport mode trunk
core1(config-if-range)#interface range fastethernet 4/1 - 32
core1(config-if-range)#duplex full
core1(config-if-range)#speed 100
```

```
core1(config-if-range)#switchport mode access
core1(config-if-range)#switchport access vlan 1
core1(config-if-range)#interface f4/1
core1(config-if)#no switchport
core1(config-if)#ip address 172.16.2.6 255.255.255.252
core1(config-if)#no shutdown
```

西区核心层交换机接口参数配置和东区核心交换机类似，不再重复叙述。

（5）启动东区核心层交换机的路由功能。

```
core1(config)#ip routing
```

西区核心层交换机也需要启动路由功能。

（6）配置东区核心交换机的路由。

配置一条去往服务器群、各子公司和互联网的默认路由，下一跳指向防火墙的 LAN 接口地址 172.16.2.5。

```
core1(config)#ip route 0.0.0.0 0.0.0.0 172.16.2.5
```

配置到东区各个分布层交换机的回头路由：

```
core1(config)#ip route 192.168.1.0 255.255.255.0 192.168.0.10
core1(config)#ip route 192.168.2.0 255.255.255.0 192.168.0.10
core1(config)#ip route 192.168.3.0 255.255.255.0 192.168.0.20
core1(config)#ip route 192.168.4.0 255.255.255.0 192.168.0.20
core1(config)#ip route 192.168.5.0 255.255.255.0 192.168.0.30
core1(config)#ip route 192.168.6.0 255.255.255.0 192.168.0.40
core1(config)#ip route 192.168.7.0 255.255.255.0 192.168.0.50
core1(config)#ip route 192.168.8.0 255.255.255.0 192.168.0.60
```

配置一条到西区的汇聚路由（西区网段 192.168.16.0/24~192.168.22.0/24 汇聚成网段 192.168.16.0/20）：

```
core1(config)#ip route 192.168.16.0 255.255.240.0 192.168.0.253
```

配置指向试验工厂的路由：

```
core1(config)#ip route 192.168.32.0 255.255.255.0 192.168.0.120
```

西区核心交换机需要配置到东区核心交换机的默认路由和到东区各个分布层交换机的回头路由。

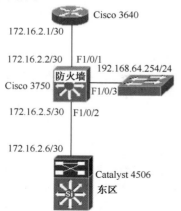

图 14.4 防火墙连接图

4．防火墙配置

研究所使用的是专业防火墙，关于专业防火墙的配置，需要参考防火墙的配置手册。这里使用 Cisco 三层交换机 Catalyst 3750 替代专业防火墙，来讲解防火墙的一般配置方法。三层交换机作为防火墙只能进行基本数据包过滤，在策略设置方面没有专业防火墙那么多，策略调整也没有专业防火墙方便。

防火墙的 WAN 口连接路由器 Cisco 3640，LAN 口连接东区 Catalyst 4506，DMZ 口连接服务器群接入交换机。防火墙连接图如图 14.4 所示。

Catalyst 3750 主要完成基本参数配置、接口参数配置、路由表配置和访问控制列表配置。

（1）配置基本参数。

```
Router(config)#hostname firewall
firewall(config)#enable secret onlyforthis
firewall(config)#no ip domain-lookup
firewall(config)#line vty 0 15
firewall(config-line)#password onlyforthat
firewall(config-line)#login
firewall(config-line)#exec-timeout 6 30
firewall(config-line)#logging synchronous
firewall(config-line)#line console 0
firewall(config-line)#exec-timeout 6 30
firewall(config-line)#logging synchronous
```

（2）配置接口参数。

交换机端口需要设置为三层路由端口，才能配置 IP 地址。需要将访问控制列表应用于各个接口，数据包的流向为流入接口的方向。访问控制列表在稍后定义。

```
firewall(config-line)#exit
firewall(config)#interface f1/0/1
firewall(config-if)#no switchport
firewall(config-if)#ip address 172.16.2.2 255.255.255.252
firewall(config-if)#ip access-group outsidenetwork in      !--访问控制列表应
!--用于接口
firewall(config-if)#no shutdown
firewall(config-if)#interface f1/0/2
firewall(config-if)#no switchport
firewall(config-if)#ip address 172.16.2.5 255.255.255.252
firewall(config-if)#ip access-group insidenetwork in       !--访问控制列表应
!--用于接口
firewall(config-if)#no shutdown
firewall(config-if)#interface f1/0/3
firewall(config-if)#no switchport
firewall(config-if)#ip address 192.168.64.254 255.255.255.0
firewall(config-if)#ip access-group serverfarm in          !--访问控制列表应
!--用于接口
firewall(config-if)#no shutdown
```

（3）配置去往核心路由器 Cisco 3640 和东区核心交换机的路由表。

```
firewall(config-if)#exit
firewall(config)#ip route 0.0.0.0 0.0.0.0 172.16.2.1
firewall(config)#ip route 192.168.0.0 255.255.192.0
```

（4）配置访问控制列表。

防火墙的主要功能是通过过滤数据包实现网络的安全访问。专业防火墙能够通过设置各种策略来防止各种网络攻击，在这里只是重点保护 DMZ 区的服务器安全，允许内、外网用户安全访问各个共享服务器。共享服务器有 Web 服务器、FTP 文件服务器、邮件服务器和域名服务器。

通过控制合法数据包可以进入防火墙的接口来达到安全目的。那么，哪些数据是可以进入 WAN、LAN 和 DMZ 端口的合法数据呢？这要从网络的数据流向来分析。

从子公司访问东、西区和试验工厂的数据需要经过防火墙，反过来，从东、西区和试验工厂访问各子公司的数据也需要经过防火墙；从子公司和互联网访问共享服务器的数据需要经过防火墙，反过来，从共享服务器访问互联网服务的数据也需要经过防火墙；从东、西区和试验工厂访问共享服务器的数据需要经过防火墙等。数据流向图如图 14.5 所示。

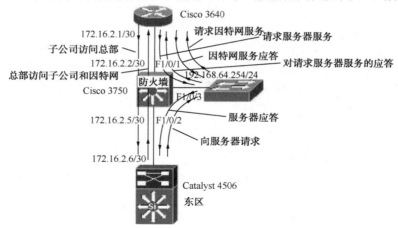

图 14.5　经过防火墙的数据流向图

只需考虑流入各个接口的合法数据。例如，对于 WAN 接口，只需关心子公司访问总部、互联网对共享服务器请求的应答以及互联网主动发起的对共享服务器的请求。

① 创建作用于 WAN 接口的扩展访问控制列表 outsidenetwork。

允许子公司网络访问东、西区和试验工厂局域网，允许请求 DMZ 区的 Web 服务、FTP 服务、邮件服务和域名解析服务的数据包通过，允许应答 DMZ 区服务器请求（请求外网的 Web 服务、FTP 服务、邮件服务和域名解析服务）的数据包通过，拒绝其他数据包通过。

```
firewall(config)#ip access-list extended outsidenetwork
firewall(config-ext-nacl)#permit ip 192.168.128.0 0.0.0.255 192.168.0.0
0.0.63.255
firewall(config-ext-nacl)#permit ip 192.168.192.0 0.0.0.255 192.168.0.0
0.0.63.255
firewall(config-ext-nacl)#permit tcp any host 192.168.64.1 eq www
firewall(config-ext-nacl)#permit tcp any eq www any
firewall(config-ext-nacl)#permit tcp any host 192.168.64.2 range 20 21
firewall(config-ext-nacl)#permit tcp any range 20 21 any
firewall(config-ext-nacl)#permit tcp any host 192.168.64.3 eq smtp
firewall(config-ext-nacl)#permit tcp any eq smtp any
firewall(config-ext-nacl)#permit tcp any host 192.168.64.3 eq pop3
firewall(config-ext-nacl)#permit tcp any eq pop3 any
firewall(config-ext-nacl)#permit tcp any host 192.168.64.4 eq domain
firewall(config-ext-nacl)#permit udp any host 192.168.64.4 eq domain
firewall(config-ext-nacl)#permit tcp any eq domain any
firewall(config-ext-nacl)#permit udp any eq domain any
firewall(config-ext-nacl)#deny ip any any
```

② 创建作用于 LAN 接口的扩展访问控制列表 insidenetwork。

允许东、西区和试验工厂访问子公司和互联网，允许访问 DMZ 区的 Web 服务器、FTP 服务器、邮件服务器和域名解析服务器，允许远程配置和管理 DMZ 区的接入交换机，拒绝其他数据包通过。

```
firewall(config)#ip access-list extended insidenetwork
firewall(config-ext-nacl)#permit tcp any host 192.168.64.1 eq www
firewall(config-ext-nacl)#permit tcp any host 192.168.64.2 range 20 21
firewall(config-ext-nacl)#permit tcp any host 192.168.64.3 eq smtp
firewall(config-ext-nacl)#permit tcp any host 192.168.64.3 eq pop3
firewall(config-ext-nacl)#permit tcp any host 192.168.64.4 eq domain
```

```
firewall(config-ext-nacl)#permit udp any host 192.168.64.4 eq domain
firewall(config-ext-nacl)#permit tcp any host 192.168.64.64 eq telnet
!--请求远程登录
firewall(config-ext-nacl)#peimit icmp any host 192.168.64.64
firewall(config-ext-nacl)#deny ip any 192.168.64.0 0.0.0.255
firewall(config-ext-nacl)#permit ip any any
```

③ 创建作用于 DMZ 接口的扩展访问控制列表 serverfarm。

允许 DMZ 区的各个服务器对外发起 Web 服务、FTP 服务、邮件服务和域名解析服务请求，同时允许应答外面的请求服务。允许内网远程配置和管理连接共享服务器的接入交换机。

```
firewall(config)#ip access-list extended serverfarm
firewall(config-ext-nacl)#permit tcp any any eq www
firewall(config-ext-nacl)#permit tcp host 192.168.64.1 eq www any
firewall(config-ext-nacl)#permit tcp any any range 20 21
firewall(config-ext-nacl)#permit tcp host 192.168.64.2 range 20 21 any
firewall(config-ext-nacl)#permit tcp any any eq smtp
firewall(config-ext-nacl)#permit tcp host 192.168.64.3 eq smtp any
firewall(config-ext-nacl)#permit tcp any any eq pop3
firewall(config-ext-nacl)#permit tcp host 192.168.64.3 eq pop3 any
firewall(config-ext-nacl)#permit tcp any any eq domain
firewall(config-ext-nacl)#permit tcp host 192.168.64.4 eq domain any
firewall(config-ext-nacl)#permit udp any any eq domain
firewall(config-ext-nacl)#permit udp host 192.168.64.4 eq domain any
firewall(config-ext-nacl)#permit tcp host 192.168.64.64 eq telnet any
!--应答远程登录
firewall(config-ext-nacl)#permit icmp any any
```

5．东区路由器配置

东区路由器使用快速以太网口 F0/0 连接防火墙，IP 地址为 172.16.2.1/30，连接的防火墙 WAN 口 IP 地址为 172.16.2.2/30；使用串口 S0/1 连接互联网，IP 地址为 70.12.15.17/30，互联网服务商端路由器地址为 70.12.15.18/30；使用串口 S0/0 连接帧中继网，IP 地址为 172.16.1.254/24；子公司 1 使用的路由器串口 IP 地址为 172.16.1.1/24；子公司 2 使用的路由器串口 IP 地址为 172.16.1.2/24。

东区路由器需要配置各个接口的 IP 地址，需要配置到东西区、试验工厂、DMZ 区服务器以及各个子公司的路由，还需要配置去往互联网的路由和地址转换。

（1）配置路由器的基本参数。

```
Router(config)#hostname mainrouter
mainrouter(config)#enable secret onlyforthis
mainrouter(config)#no ip domain-lookup
mainrouter(config)#line vty 0 15
mainrouter(config-line)#password onlyforthat
mainrouter(config-line)#login
mainrouter(config-line)#exec-timeout 6 30
mainrouter(config-line)#logging synchronous
mainrouter(config-line)#line console 0
mainrouter(config-line)#exec-timeout 6 30
mainrouter(config-line)#logging synchronous
```

（2）配置各个路由表。

```
mainrouter(config-line)#exit
mainrouter(config)#ip route 192.168.0.0 255.255.128.0 172.16.2.2
```

```
mainrouter(config)#ip route 192.168.128.0 255.255.255.0 172.16.1.1
mainrouter(config)#ip route 192.168.192.0 255.255.255.0 172.16.1.1
mainrouter(config)#ip route 0.0.0.0 0.0.0.0 70.12.15.18
```

第一条路由去往东西区、试验工厂和对外服务器群，第二条去往子公司 1，第三条去往子公司 2，第四条默认路由去往互联网。

（3）配置接口地址、地址转换参数。

研究所接入互联网全部通过这台路由器，向当地电信申请的公网地址段为 70.12.15.16/29，共有 8 个地址，两个用于互联网路由器之间的连接，4 个用于对外服务器的静态地址转换。内网的其他计算机通过端口地址转换访问互联网。

```
mainrouter(config)#interface s0/0
mainrouter(config-if)#encapsulation frame-relay
mainrouter(config-if)#frame-relay inverse-arp
mainrouter(config-if)#ip address 172.16.1.254 255.255.255.0
mainrouter(config-if)#no shutdown
mainrouter(config-if)#interface f0/0
mainrouter(config-if)#ip address 172.16.2.1 255.255.255.252
mainrouter(config-if)#ip nat inside
mainrouter(config-if)#no shutdown
mainrouter(config-if)#interface s0/1
mainrouter(config-if)#ip address 70.12.15.17 255.255.255.248
mainrouter(config-if)#ip nat outside
mainrouter(config-if)#no shutdown
mainrouter(config-if)#exit
mainrouter(config)#access-list 1 permit 192.168.0.0 0.0.255.255
mainrouter(config)#ip nat inside source list 1 interface s0/1 overload
mainrouter(config)#ip nat inside source static 192.168.64.1 70.12.15.19
mainrouter(config)#ip nat inside source static 192.168.64.2 70.12.15.20
mainrouter(config)#ip nat inside source static 192.168.64.3 70.12.15.21
mainrouter(config)#ip nat inside source static 192.168.64.4 70.12.15.22
```

6．子公司路由器配置

两个子公司路由器需要配置基本参数、接口参数和路由表。由于子公司之间没有数据通信要求，所以子公司之间不配置路由表。这里只讲解子公司 1 的路由器配置，子公司 2 的路由器配置方法类似。

```
Router(config)#hostname subrouter1
subrouter1(config)#enable secret onlyforthis
subrouter1(config)#no ip domain-lookup
subrouter1(config)#line vty 0 15
subrouter1(config-line)#password onlyforthat
subrouter1(config-line)#login
subrouter1(config-line)#exec-timeout 6 30
subrouter1(config-line)#logging synchronous
subrouter1(config-line)#line console 0
subrouter1(config-line)#exec-timeout 6 30
subrouter1(config-line)#logging synchronous
subrouter1(config-line)#exit
subrouter1(config)#interface f0/0
subrouter1(config-if)#ip address 192.168.128.254 255.255.255.0
subrouter1(config-if)#no shutdown
subrouter1(config-if)#interface s0/0
subrouter1(config-if)#encapsulation frame-relay
subrouter1(config-if)# frame-relay inverse-arp
subrouter1(config-if)#ip address 172.16.1.1 255.255.255.0
```

```
subrouter1(config-if)#no shutdown
subrouter1(config-if)#exit
subrouter1(config)#ip route 0.0.0.0 0.0.0.0 172.16.1.254
```

至此，整个网络的交换机和路由器就配置完成了。

这个任务需要注意的是 IP 地址的规划。IP 地址的规划要便于地址的聚合，以减少路由表的配置条目。

参 考 文 献

[1] 刘有珠，等．计算机网络技术基础[M]．2 版．北京：清华大学出版社，2007．

[2] 冯昊，等．交换机/路由器的配置与管理[M]．2 版．北京：清华大学出版社，2009．

[3] 甘刚，等．网络设备配置与管理[M]．北京：清华大学出版社，2007．

[4] 徐敬东，等．计算机网络[M]．2 版．北京：清华大学出版社，2009．

[5] 张建文，等．计算机网络技术基础[M]．2 版．北京：高等教育出版社，2019．

[6] 张海霞．计算机网络技术[M]．北京：机械工业出版社，2016．

[7] 杭州华三通信技术有限公司．路由交换技术第一卷（上册）[M]．北京：清华大学出版社，2012．

反侵权盗版声明

　　电子工业出版社依法对本作品享有专有出版权。任何未经权利人书面许可，复制、销售或通过信息网络传播本作品的行为，歪曲、篡改、剽窃本作品的行为，均违反《中华人民共和国著作权法》，其行为人应承担相应的民事责任和行政责任，构成犯罪的，将被依法追究刑事责任。

　　为了维护市场秩序，保护权利人的合法权益，我社将依法查处和打击侵权盗版的单位和个人。欢迎社会各界人士积极举报侵权盗版行为，本社将奖励举报有功人员，并保证举报人的信息不被泄露。

举报电话：（010）88254396；（010）88258888

传　　真：（010）88254397

E-mail：　　dbqq@phei.com.cn

通信地址：北京市海淀区万寿路 173 信箱
　　　　　　电子工业出版社总编办公室

邮　　编：100036